万物数字化

刘兴波　著

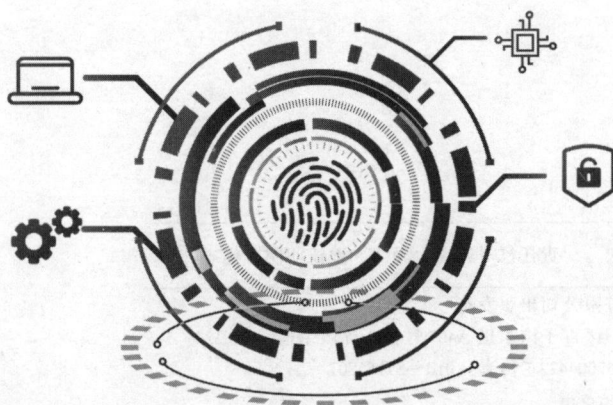

中国纺织出版社有限公司

图书在版编目（CIP）数据

万物数字化/ 刘兴波著. — 北京：中国纺织出版
社有限公司，2025.6
ISBN 978-7-5229-1469-5

Ⅰ.①万… Ⅱ.①刘… Ⅲ.①数字技术 Ⅳ.①TP3

中国国家版本馆 CIP 数据核字（2024）第046839号

责任编辑：张　宏　　责任校对：高　涵　　责任印制：储志伟

中国纺织出版社有限公司出版发行
地址：北京市朝阳区百子湾东里 A407 号楼　邮政编码：100124
销售电话：010—67004422　传真：010—87155801
http://www.c-textilep.com
中国纺织出版社天猫旗舰店
官方微博 http://weibo.com/2119887771
河北延风印务有限公司印刷　各地新华书店经销
2025 年 6 月第 1 版第 1 次印刷
开本：710×1000　1/16　印张：20.25
字数：258 千字　定价：98.00 元

前　言

　　人类正在进入数字文明新时代。数据成为重要生产资料，正在产生一股势不可当、重构一切的力量。这是正在发生的实事，也是不可逆转的历史潮流。

　　人类文明的发展过程，就是人类不断认识自然规律的过程。从1776年瓦特发明蒸汽机至今，我们历经了四次工业革命。蒸汽机代替了手推磨，这是第一次工业革命；电气技术产生电能和电子传输，实现了部分信息的自由移动，这是第二次工业革命；当互联网彻底解决了信息的自由移动，打破时空阻隔后，第三次工业革命就到来了。而今，人机交互，人工智能技术产生，数据成为生产资料的数字文明时代就诞生了，第四次工业革命已悄然而至。

　　在数字转型的新时代，全世界都在拥抱新机遇，170多个国家和地区制订了各自的数字化发展战略。到2026年，全球数字化转型投入资金将超过3.4万亿美元，这是整个经济市场的新蓝海。无论是在当下，还是在未来，"数字化"都将穿透企业的边界，连点成线、聚线成面，共同创造产业互联的新时代。数字技术，将驱动生产力从"量变到质变"，并逐步成为社会经济发展的核心引擎。目前全球十家市值最大的上市公司中，互联网平台企业就占了9家，市值占比超过90%。未来，人类将越来越习惯于在物理空间和数字之间穿梭、迁徙，将现实世界和数字世界的边界打破，融合在一起。"大平台＋小团队"形成新的企业组织结构，组织在线、沟通在线、业务在线、协同在线、生态在线等模式让企业的管理更加高效、透明、开放。创新将继续成为这个时代的一种文化符号、一种精神动力。

　　中国数字经济的规模目前已达到50.2万亿元，占GDP比重超过四成。全国网络零售市场规模连续 9 年居于世界首位,软件和信息服务业收入达到 10.8 万亿元,制造业数字化转型提档升级,重点工业、企业关键工序的数控化率、数字化研发设计工具的普及率分别达到了 58.6% 和 77%。数字经济本身已经成为驱动中国经济发展的重要力量。科技创新是第一生产力,数字技术主导的科技创新将在未来引领中国经济发展,缔造中国经济新动能,助力中国实现高质量发展和中国式现代化。

如何认识当前数字化浪潮?怎样参与数字化革命?本书从数字化认知与思维的角度,讲解了一系列数字化常识和经典成功案例,给广大读者以清晰的全方位解读。从数字商业到数字社会,从数字经济到数字变革,再到数字社会的公平正义、隐私与安全、自由创意与知识产权保护,一系列矛盾与冲突引发数字化的社会经济变革。在数字化环境下,人们将面临新的生存压力和价值取向。数据成为生产资料会让整个社会实现生产力重塑、生产关系重构、社会秩序重建。这本书将告诉你数字化已经是企业的必修课、社会的必答题、人类的必经路。未来社会所有人的竞争,又站在了同一起跑线上,谁能抓住这一个风口机会,谁就可能成为未来世界的赢家。

本书从科普的视角,剖析了数字文明时代的本质、实践和未来,全方位展示了人类文明的进程。IT 产业必将从专业走向大众,互联网已经由工具的层面、实践的层面,抵达社会制度的层面。数字化和智能化必将主宰我们的未来。

本书最大的意义还在于,给读者大众带来了数字化环境下,千行百业新的价值观和生存观,以及大众数字化观念的启蒙。比如什么叫数字、数字 ID、数字化、数字文明,为读者厘清了数字思维。读完此书,我们仿佛走进了一个新的世界,跟近了互联网的发展步伐,快速适应了数字化社会的各种变革,特别是工业数字化改造。此外,农业、商业、服务业的各种案例展示了中国数字化变革的规律、经验、方向和未来,让读者深入了解数字化时代的价值,思考的深度已经从数字化转向生存。青年学生、大众创业者、党政机关干部、企业家，需要有一本知识读本，有一套系统理论，有一系列案例分析，希望这本浅显易懂的读本能够成为大家的枕头书，给有志于数字化变革的智者以更大的想象力。

从八卦问天的算命先生到大模型生态，人类对未来世界的预见需求从未改变。然而，数字文明时代的预言家不再是人神混杂的铁嘴，而是建立在大数据、云计算、区块链、元宇宙、5G互联网全联结、星链等基础上的多业态大模型。这种产业大脑、城市大脑、治理中心改变了决策，改变了时代的革局，也改变了我们当下的生产生活方式。人机交互、人工智能、未来工厂、灯塔企业、未来社区，高智能正在代替人的大脑，"心有灵犀一点通"的人机交互时代已经到来。很多人对机器拥有的庞大智慧深感不安，但是我们还是要自信地看到，论单纯的计算能力，计算机远高于人，但在常识、直觉、道德情操、通感能力方面，还是我们人类更胜一筹。

依托大数据、云计算、区块链、元宇宙、人机交互、大模型、人工智能而产生的各种生产生活数字化应用场景，可听、可视、可移动、可孪生、可浸入、可体验、可交互。消费互联网、传媒互联网、工业互联网成为新的数字核心产业，元宇宙、Web3.0、人工智能、区块链成为未来产业的重要发展方向。数字产业自身正在不断推陈出新，形成新的产业链、供应链，甚至将多个产业链串接成一个完整的产业生态。

中国在数字化过程中，从消费互联网到产业互联网，各种工作的流程、思维的逻辑、行业的生态都已经发生剧变。数据驱动下的工厂、农庄、商场、金融、教育、医疗，社会治理、城市管理等，信息技术和数字要素正在重塑产业生态，在数字驱动下的跨部门、跨系统、跨区域、跨层级、跨业务协同，同生物进化一样，正高速改变着这个时代，让千行百业大洗牌。谁上不了数字文明这艘大船，谁就会落伍败北。

从信息化走向数字化，从数字化走向智能化，生物与数字的融合，让数据智能促进了人类的进步。但是，虽然数字化扩大了人的世界观,真正的价值观和最直接的信仰都是不变的,那就是科技向善。我们必须坚守数字时代的公平正义,这是本书最有价值的一页。

党的二十大擘画了以中国式现代化全面推进中华民族伟大复兴的宏伟蓝图。为实现这一目标,我们要不驰于空想、不骛于虚声,积极拥抱新技术,采纳新技术,加速数字化经营转型,突破关键技术壁垒;在保持在数字经济领域的领先地位的同时,实现经济形态的高质量发展,为构建数字经济赋能中国式现代化发展的新机遇奉献力量。

刘兴波

2023 年 10 月 26 日

目　录

第一章

数字文明的诞生

▶▶▶▶▶

数字源于远古,是时代变迁的符号。物皆数,万物皆可由数字编码,数字见证了人类生活、生产工具的不断改进、社会经济的巨大变革和一次又一次工业革命浪潮。数字催生了生活方式的演变、科技的进步和文明的诞生。数字、数字化转型、数字技术的应用带来全新的数字时代。数字文明的诞生,催生了数字时代的变与不变,实现了数字化在中国广袤大地的突变和蝶变。数字化代表了人类文明未来发展的星辰大海,让我们共同认识数字、加快数字化转型、共享数字化转型成果,共同豪迈走进全球联结的数字协同文明新时代。

第一节　数字化——时代变化的符号

一、数字源自远古、内涵丰富,凡物皆数

数字(Digital)即表示数目的文字。汉字的数字有小写和大写两种,"一二三"等是小写,"壹贰叁"等是大写。数字又是表示数目的符号,如阿拉伯数字"0,1,2"等。数字还能表示数量或数目字,如下文(图1-1)。

古希腊学者毕达哥拉斯(约公元前580—前500年)有这样一句名言:"凡物皆数。"的确,一个没有数字的世界不堪设想。

0～9这十个字母组成的数字,源自印度,由印度传播到阿拉伯,然后传向全世界。数字是一种既陌生又熟悉的名词,它不单单计数,还有丰富的哲学内涵。

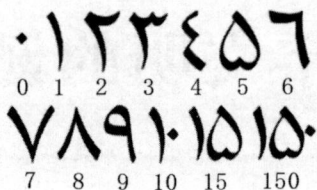

图 1-1 阿拉伯数字

1:可以看作是数字"1",一根棍子,一个拐杖,一把竖立的枪,一支蜡烛,一维空间……

2:可以看作是数字"2",一只木马,一个下跪着的人,一个陡坡,一个滑梯,一只鹅……

3:可以看作是数字"3",两只手指,斗鸡眼,树杈,倒着的 W……

4:可以看作是数字"4",一个蹲着的人,小帆船,小红旗,小刀……

5:可以看作是数字"5",大肚子,小屁股,音符……

6:可以看作是数字"6",小蝌蚪,一个头和一只手臂露在外面的人……

7:可以看作是数字"7",拐杖,小桌子,板凳,三岔路口,"丁"形物,镰刀……

8:可以看作是数字"8",数学符号"∞",花生米,套环,雪人……

9:可以看作是数字"9",一个靠着坐的人,小嫩芽……

0:可以看作是数字"0",胖乎乎的人,圆形"○",鞋底,脚丫,二维空间,瘦子的脸,鸡蛋……

二、数字王国的故事

从前,人们因为有数字,过都得很幸福。一天,国王 9 下令说:"现在 8 为左丞相,7 为右丞相,6 为国师,5、4、3 作为品官,3、2、1,作为县令,0 将永远被赶出数字王国。"0 不服气,说道:"为什么我被永远抛弃?"国王 9 说:"因为你是 0,代表什么也没有。对人类来说,你根本就没有用!你还是滚吧!"

从此以后,噩梦就降临到了数字王国。同学们考了 100 分,但是只能被记作 1 分。倒计时也只能数到 1。无论干什么事情,都没有 0 的事,百姓们开始议论纷纷。百姓甲说:"我们应该投诉数字国王 9。"百姓乙是一名学生,年年考试都第一,就因为没有 0,所以每一次都被记作 1 分。百姓乙哭着说:"还我 100 分,要么把国王的位置让给其他数字坐!"

百姓丙是一名运动员。有一次,数字王国要开运动会,邀请了百姓丙参加。在跑步开始倒数时,如果有数字 0 的话,百姓丙就可以突破数字王国的长跑纪录了。于是,百姓丙说:"你再不把数字 0 请回来,那别怪我们不客气了!"国王 9 实在没有其他的办法,只好派使者把数字 0 请回来,并把他任命为 0 将军。

此后,数字王国又充满了欢声笑语。

三、数字应用无处不在

哥伦布大航海使世界变得很大;计算机、互联网问世后,世界又变小了,小到就像一个村庄、部落或者社区。

在现代社会中,人们通过数字技术和互联网平台获取、分享信息、完成各类业务和交流沟通。数字广泛应用于各种领域,如计算机科学、金融、统计、物理学等。数字也可以表示时间、日期和其他度量单位,已成为现代人生活、工作中不可或缺的部分。

数字具有"连接""共生""当下"的本质特征和能力。"连接"与"共生"的能力,意味着每一个领域都在打破边界,形成全新价值。"当下"的能力,意味着"变化"及"变化的速度"改变着价值。

1. 数字技术应用

(1)人工智能:人工智能技术在数字生活中具有广泛的应用,例如智能语音助手、人脸识别技术、智能推荐系统等。

(2)物联网:物联网技术使得物品之间可以互相连接和通信,为数字生活带来了更多便利,例如智能家居、智能健身设备等。

(3)虚拟现实:虚拟现实技术可以为人们提供身临其境的体验,例如虚拟现实游戏、虚拟现实演艺等。

(4)区块链:区块链技术的应用领域不断扩大,在数字生活中也有多种应用,例如数字货币、智能合约等(图1-2)。

(5)云计算:云计算技术使得数字生活中的数据处理和存储变得更加便捷和高效,例如云存储、云办公等。

(6)可穿戴设备:可穿戴设备已成为数字生活的一部分,例如智能手表、智能眼镜、智能手环等。

图1-2　区块链

2.数字生活场景

(1)个人通信:通过手机、电脑等设备进行信息沟通,包括短信、语音电话、视频会议等形式。

(2)社交网络:使用各种社交媒体平台(如微信、微博、Facebook等)进行信息分享、交流互动等。

(3)在线购物:利用电商平台(如淘宝、京东、天猫等)进行商品购买、支付等操作。

(4)移动支付:使用移动支付工具(如支付宝、微信支付等)完成各类支付操作,包括扫码支付、转账等。

(5)数字娱乐:通过网络平台(如优酷、爱奇艺、Netflix、QQ音乐等)观看影视节目、听音乐等。

(6)远程办公:利用远程工作软件(如 Zoom、Teams 等)进行在线办公、视频会议等操作。

(7)个人健康:使用智能手环、健康 App 等进行健康监测、运动记录等。

【案例1-1】 智能手环——生命体征监测

我们常常看到有人佩戴智能手环。这种手环具有房颤预警、心电测量、睡眠呼吸、动态血压、血氧监测、无创血糖、电子围栏、体温测量、压力检测、体脂体重等功能(见图1-3)。

图1-3 智能手环——生命体征监测

(8)智能家居:利用智能家居设备(如智能灯泡、智能空调、智能门锁等)进行远程控制、智能化管理。

(9)数字教育:通过在线学习平台(如 Coursera、edX 等)获取知识、参加网络课程等。

3.数字生活安全

(1)隐私保护:隐私泄露已成为数字生活中的常见问题,数字生活安全部门需要加强用户隐私保护,确保个人隐私信息不被泄露和滥用。

(2)网络安全:黑客攻击和恶意软件威胁着数字生活的安全,数字生活安全部门需要采取有效的防范措施,保证网络安全(见图1-4)。

(3)电子支付安全:电子支付已成为数字生活中的主要支付方式,数字生活安全部门需要采取有效的安全措施,保护用户财产安全。

(4)身份验证:数字生活中,用户身份验证是必不可少的环节,数字生活安全部门需要加强用户身份验证的安全性,防止身份被盗用。

(5)移动设备安全:移动设备已成为数字生活不可或缺的一部分,数字生活安全部门需要加强移动设备安全,确保用户的移动设备不受黑客攻击和病毒侵袭。

(6)数据备份和恢复:在数字生活中,数据备份和恢复对于用户来说至关重要,数字生活安全部门需要确保用户数据备份的完整性和及时性,并保证数据恢复的可靠性。

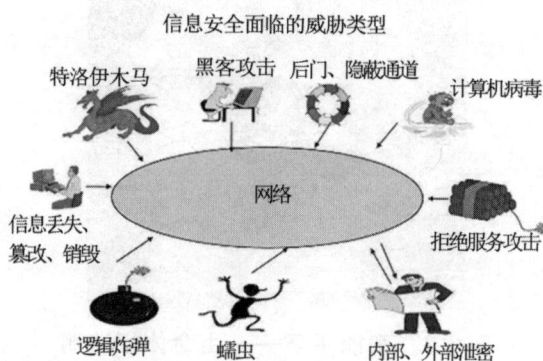

图1-4　网络安全

4.数字生活文化

(1)数字艺术:数字技术为艺术家提供了全新的表现方式和创作手段,例如数字雕塑、数字绘画、数字音乐等(见图1-5)。

(2)数字娱乐:数字技术在娱乐领域的应用丰富多彩,例如数字游戏、虚拟现实体验、数字影视等。

(3)数字教育:数字技术已经成为现代教育不可或缺的一部分,例如在线课堂、数字化教材、教育游戏等。

(4)数字社交:数字化社交已经逐渐渗透到人们的生活中,例如社交网络、即时通信工具等。

（5）数字出版：数字化出版和阅读已经成为当今出版界的一个趋势，例如电子书、数字杂志等。

（6）数字医疗：数字技术的应用为医疗行业带来了更多的机会和挑战，例如远程医疗、智能医疗设备等。

图 1-5　数字艺术

【案例 1-2】　　　　　数字化手术室

净化工程与数字信息化完美融合，将关于患者的所有信息以最佳方式进行系统集成，使手术医生、麻醉医生、手术护士获得全面的患者信息、更多的影像支持、精确的手术导航、通畅的外界信息交流，为手术观摩、设备控制、统一管理、信息集成、远程教学及远程会诊提供了一个可靠的通道，从而创造手术的高成功率、高效率、高安全性（见图 1-6）。

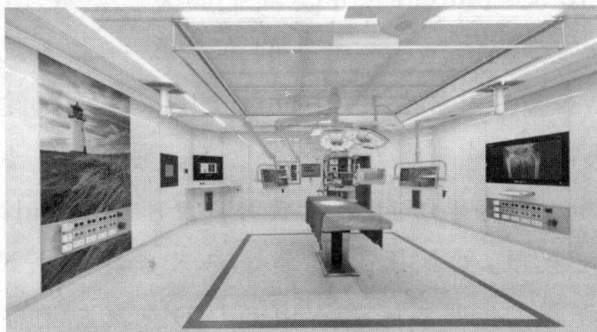

图 1-6　数字化手术室

四、万物皆可数字编码

何为数字 ID？目前，数字应用无处不在，数字有许多重要的特性，不仅可以进行运算和比较，还可以被编码成二进制形式以便在计算机系统中进行处理。为方便数字应用，出现了一个大数据新词——数字身份（Identity document of digital-ID）。

ID（Identity Document）是身份证标识号、账号、唯一编码、专属号码、工业设计、国家简称、法律词汇、通用账户、译码器、软件公司等各类专有词汇的缩写。

数据 ID 被认为是真实身份信息浓缩为数字代码，形成可通过网络、相关设备等查询和识别的公共密钥。与传统身份系统相比，数字身份有助于大幅提高整体社会效率，最大化释放经济潜力和用户价值。

数字 ID 非常简单，可利用现有数据库系统的功能实现，成本小，代码简单，性能可以接受。ID 号单调递增，可以实现一些对 ID 有特殊要求的业务，比如对分页或者排序结果这类需求有帮助。

【案例 1-3】   数字 ID 的应用来了

数字世界中最重要的应用场景是身份认证，每一个人对应一个数字 ID，无法伪造。

【案例 1-4】   Android ID 数字码

Android ID 是 Android 操作系统中的唯一标识符，用于识别设备和应用程序的唯一性。它是一个 64 位的数字，由系统根据设备的硬件信息和一些其他因素生成。Android ID 的主要用途是为开发人员提供一种独特的方式来标识和跟踪设备。它可以用于以下几个方面：①应用程序的授权管理：开发人员可以使用 Android ID 来控制应用程序的使用权限，例如限制一个账户只能在一个设备上使用。②广告跟踪：许多广告网络使用 Android ID 来跟踪设备和用户的行为，以提供更精确的广告定位和个性化广告。③数据分析：开发人员可以使用 Android ID 来分析应用程序的使用情况和用户行为，以改进应用程序的质量和性能。④设备管理：一些企业设备管理解决方使用 Android ID 来追踪和管理企业设备。需要注意的是，Android ID 是设备相关的，当设备被重置或者恢复出厂设置时，Android ID 可能会发生改变。

五、何为数字化

（一）数字化概念与特点

数字化（Digitization）是指将传统的物理形态、手工操作或人工处理转化为数字形式，通过计算机技术实现自动化处理和管理。具体来说，是将信息转换为数字（即计算机可读）格式的过程，即将任何连续变化的输入如图画的线条转化为一串分离的单元，在计算机中用 0 和 1 表示。通常用模数转换器执行这个转换。数字化具有提高效率、降低成本、实现智能化、促进创新、改善用户体验等特点。

（二）数字化本质

数字化具有三个本质：①信息共享。数字技术使得个体和企业拥有充分的信息。在数字化的时代当中，哪怕是一个很小的企业，都有机会产生巨大的价值，只要它拥有广泛连接的这个能力。②平台共生。数字平台提供的公共设施，数字技术提供的共生性创造的价值巨大。如果我们找几万人去上一堂课，成本是巨高的，学校可能也不会支持你。但是两天建 200 个微信群，10 万人可以同时上课，而且没什么成本，这就是共生。③数字协同。更重要的原因是你今天的效率不仅仅组织内部有，组织外部也有。就如直播，有非常多的平台一起来，就会有更多的人，以非常快的方式理解一本新书的大致内容，这就是协同。

【案例 1-5】　　　电子制造行业数字化架构方案

在中国制造 2025 的大背景下，数字化转型逐渐成为电子制造企业提高运营水平、迈向新增长模式的重要路径。如今,电子制造企业竞争激烈,数字化转型已成为电子企业发展的趋势。某软件公司为帮助电子制造企业突破成长,推动企业实现从传统到创新的管理转变,实现从"制造"向"智造"的新突破,提供了可供借鉴的电子制造行业数字化解决方案、系统框架与客户实践案例,加快电子制造企业数字化进程(图1-7)。

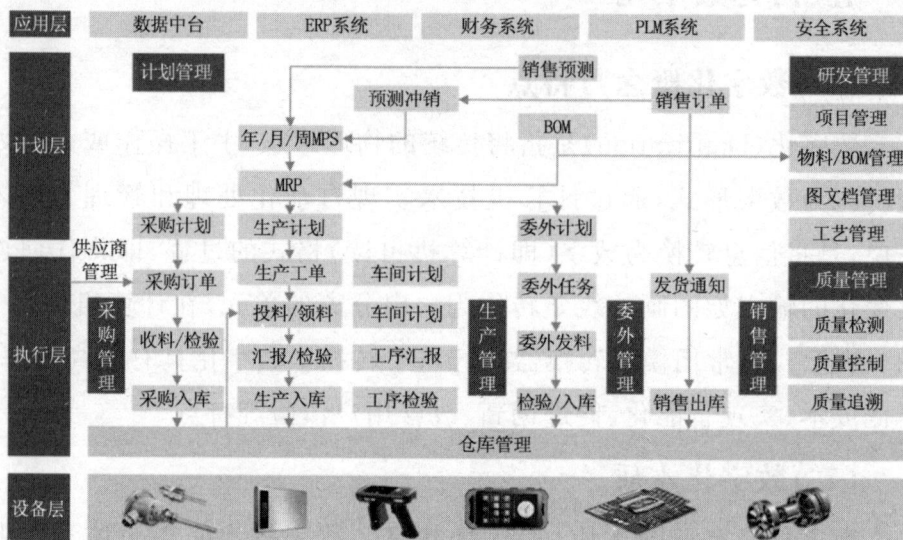

图1-7 电子制造行业数字化架构方案

六、数字技术催生数字新时代

(一)何为数字技术

数字技术(Digital Technology)是一项与电子计算机相伴相生的科学技术,指借助一定的设备将各种信息,包括图、文、声、像等,转化为电子计算机能识别的二进制数字"0"和"1"后进行运算、加工、存储、传送、传播、还原的技术。由于在运算、存储等环节中要借助计算机对信息进行编码、压缩、解码等,因此也称为数码技术、计算机数字技术等,数字技术也称数字控制技术。数字技术的应用催生了一个全新的数字时代。数字技术主要包含大数据,云计算,人工智能,物联网,区块链和5G技术等(图1-8)。

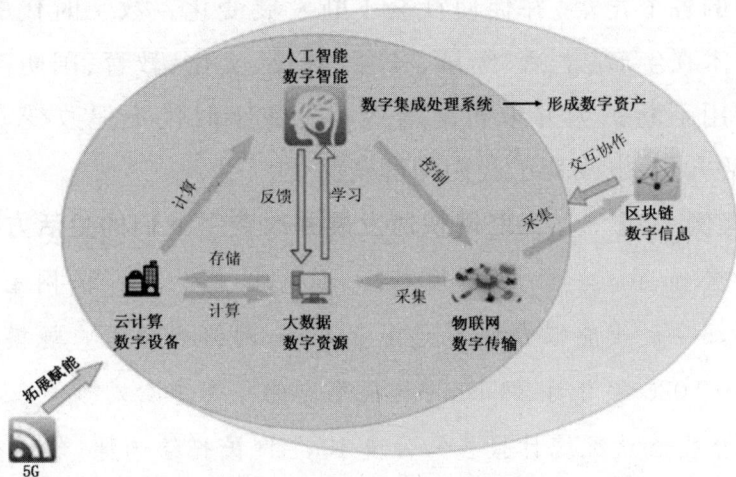

图 1-8　数据技术框架简图

【案例 1-6】　数字技术出海-中国企业抓住"一带一路"新机遇

　　2023年,第三届"一带一路"国际合作高峰论坛在京举行,旨在进一步推动"一带一路"倡议的高质量共建。作为中国对外开放的重要举措,"一带一路"的建设不仅对我国经济和贸易发展具有重要意义,也对我国数字技术的出海产生了积极的影响。从技术层面来看,"一带一路"的国际合作为我国数字技术企业提供了广阔的市场机遇。随着全球数字化进程的加速推进,数字技术已经成为各国经济发展的重要支撑。在"一带一路"共建国家和地区,我国的数字技术企业可以充分利用自身的技术优势,与当地企业和机构展开合作,共同开发创新的数字产品和服务。从商业角度看,数字技术的出海为我国企业开辟了新的增长空间。随着全球数字化浪潮的到来,海外市场对数字产品和技术的需求日益增长。通过将数字技术应用于不同领域(如智能制造、智慧城市、数字经济等),我国企业可以满足海外市场需求,提供创新解决方案。

(二)数字时代

　　数字时代(Digital Times)是继工业时代和信息时代之后的一个

新时代,也称后信息时代。在数字时代,数字信息技术广泛应用于人们生活的各个角落,并促使社会不断发展变化。数字时代的特征是数字技术在生产、生活、经济、社会、科技、文化、教育、国防等各个领域的应用不断扩大并取得显著效益。数字时代不但改变着人们生产、生活方式,也改变了我们的群众文化。

【案例1-7】　　互联网快速发展并改变了我们的生活方式

　　数据显示,全国网民规模达10.79亿人,互联网普及率达76.4%,5G行业虚拟专网超过1.6万个,网络视频用户规模为10.44亿人……2023年8月28日,中国互联网络信息中心发布第52次《中国互联网络发展状况统计报告》,为逾10亿网民描绘画像,勾勒出我国互联网发展图景。在互联网和信息化的时代浪潮中,我们拥有了更多获得感、幸福感、安全感。从数字基础设施建设不断夯实,到"5G+工业互联网"加快发展,再到短视频、网约车各类互联网应用百花齐放,互联网从未像今天一样深刻而全面地改变着我们的生产生活方式,给我们带来数字时代的全新体验。在当前市场需求稳步扩大的大背景下,数字经济更是发挥着重要的引擎作用,对经济回升的拉动作用也愈发明显。仅2023年前7个月,全国网上零售额就达83097亿元,同比增长了12.5%。

七、数字化转型驱动企业变革

　　数字化转型是建立在数字化转换、数字化升级基础上,进一步触及公司核心业务,以新建一种商业模式为目标的高层次转型。综合埃森哲和华为对数字化转型的理解可知,数字化转型以大数据、云计算、人工智能、区块链等新一代信息通信技术为驱动力,以数据为关键要素,通过实现企业的生产智能化、营销精准化、运营数据化、管理智慧化,催生一批新业态、新模式、新动能,实现以创新驱动的产业高质量化和跨领域的同步化发展(图1-9)。

2035年5G将创造13.2万亿美元经济产出

图 1-9 加速各行各业数字化转型

关注 1：华为的数字化转型"1234 方法"，提出了 1 个战略：组织整体战略，全局谋划。2 个保障：激发组织活力，创造转型文化。3 个原则：将核心原则贯穿到转型全过程。4 个行动：控制转型的关键过程。

关注 2：微软认为，数字化转型路径和四大核心能力可以概括为：客户交互、赋能员工、优化业务流程、产品与服务转型。

关注 3：阿里巴巴提倡，数字化"是一个从业务到数据、再让数据回到业务的过程"。企业数字化转型关键在于：一切业务数据化，一切数据业务化。

【案例 1-8】　　　　三一重工数字化采购转型

三一重工是一家全球领先的工程机械制造商，总部位于中国湖南长沙。作为一家大型的制造企业，采购是其日常运营中不可或缺的一部分。为了提高采购效率，降低采购成本，三一重工在 2017 年开始了数字化采购转型。他们引入了供应商门户、电子采购、采购单流转等数字化工具，同时通过数据分析和智能算法优化供应链，并将供应商的供货情况、质量等数据纳入数字化平台，实现了采购的全流程数字化管理。通过数字化转型，三一重工的采购效率提高了 30%，采购成本降低了 10%，同时也在采购环节为企业的供应商管理提供了更高的透明度和可控性。

第二节　人类生活方式的演变到数字工业革命

一、人类生活方式演变的五个阶段

数字文明的诞生使人类的生产工具不断进步、生产力不断提高、科技不断进步,也使人类生活方式的不断变革。

从茹毛饮血的原始生活,到高新科技时代,人类已经经历了几千年的生活方式演变,主要分为五个演变阶段。

(一)第一个演变阶段

时间:石器时代到 1770 年,农业生活。

标志:农业时代。

从人类祖先第一次用石头取火烤鱼开始,人类就从原始社会迈上了一个崭新的生活台阶,那就是农业时代。这个时代,人类开始利用大自然现有的资源去改善自己的生活,以利于更好地生存下去。于是乎,人类学会了合作,组织团队;与此同时,为了争夺大自然赐予的有限资源和地盘,人类展开了绵绵不休的战争。于是,人开始分三六九等,有了部落,酋长,有了君主、臣民。

这个生活阶段有一个时代关键词:资源。这也正是一切战争的根源所在。

(二)第二个演变阶段

时间:1770~1870 年,工业生活。

标志:以蒸汽机为代表的工业时代。

从一个叫瓦特的人发明蒸汽机开始,人类迈上了一个崭新的生活台阶,那就是工业时代。这个时代,人们意识到大自然赐予的资源是有限的,人的能力也是有限的,从而学会了借助现有资源创造复杂的工具来提升劳作效率,使有限的资源发挥更大的效用来改善生活。

这个伟大的发明使英国率先进入引领全球经济的重要地位，也使全球的战争开始进入文明的阶段——经济战争。

这个生活阶段有个关键词：质量。这个时代比拼的不再是资源的多寡，而是比对运用资源的效能，也就是生产工具催生的生产物质的可靠性。

（三）第三个演变阶段

时间：1870~1970 年，商业生活。

标志：商业品牌时代。

这个时代，工业技术在一些发达国家已经得到广泛的普及，各国资本家开始意识到生产高质量的产品已经不再是竞争的重点，如何让人们知道并相信自己的产品是质量最好的成了竞争的新焦点——那就是品牌的树立。有远见的资本家开始内外两手抓，在确保产品质量的同时，展开了对产品的包装和宣传攻势。事实证明，意识到这一点，并且坚持做好两手抓的商家开始威名远扬，闻名世界，成就了诸多世界知名的百年老店。

这个生活阶段有个关键词：品牌。这个时代比拼的不再是产品的质量，而是产品传播的途径—渠道，品牌是最好的渠道。

（四）第四个演变阶段

时间：1970~2009 年，电子生活。

标志：电子商务时代（互联网时代）。

这个时代里，电脑和互联网相继得到广泛的普及，一种崭新的变革史无前例地改变了全人类，到 20 世纪 90 年代末期开始在世界发达国家兴起的电子商务模式又一次深刻地改变了人们的生活方式。物质的交换已经不再仅仅依靠传统的经销渠道，产品信息的传播也不再仅仅是依靠报纸、电视等传统媒体的传递。电子商务成为引领全世界经济和生活的新通路，新兴的互联网企业在短短几年、十几年的发展下，一次又一次地刷新财富排行榜，快速超越了传统企业几十年甚至几百年积累的财富高度，也带领着全世界人民迈上了一个崭新的台阶——电子生活时代。

这个生活阶段有个关键词：速度。这个时代比拼的不再是商家的品牌，而是品牌传播和深入人心的速度。

(五)第五个演变阶段

时间：2010以后，数字生活。

标志：数字时代(智联网时代)。

如今，全球网民的数量已超过15亿，每天产生大量的数字信息充斥着互联网，搜索引擎和门户网巨头公司的服务器夜以继日的运转，造成大量的能源消耗。可是互联网每天产生的这些数据当中，有效、有用的数据不过20%，也就是说全世界运转的互联网服务器有80%是在做无用功，甚至是做负功。浪费人力、物力，消耗能源，更加重了温室效应，破坏了生态平衡。随着互联网的日益普及，全球网民数量急剧增加，这也就意味着互联网上的无效数据、垃圾数据会越来越多，实在是一件可怕又可悲的事情！

提升互联网数据产生以及传播的有效性是一件刻不容缓的事，而最有效的途径莫过于实施"实名制上网"，世界各国已经于2010年开始，纷纷提出"网络实名制"的相关举措，我国相关机构也开始了"网络实名制"的系列进程。

2010年7月，国家工商总局规定网店开始实名制；

2010年8月，国家文化部规定游戏实施实名制；

2010年9月，信息产业部规定手机实施实名制。

这一系列举措昭示着中国，乃至全世界即将进入又一个崭新的生活方式时代——数字生活时代。在数字时代里，数据将趋向于有效性、可控性、安全性，它将会带给人们更美好的生活体验。

有人将数字化时代誉为人类历史上第五次革命性的变革时代，这五次分别是农耕时代、工业时代、电气时代、信息时代和数字化时代。智联网的建成标志着新智能时代的全面到来以及第五次工业革命的全面展开。

二、四次工业革命

根据人类生活方式的演变,可将工业革命分为以下四次工业革命。每次工业革命都引发了社会、经济和科技领域的巨大变革,同时,也有人给出了第五次工业革命。

(一)第一次工业革命

时间:18世纪60年代到19世纪中期。

标志:人类开始进入蒸汽时代。

第一次工业革命是从18世纪60年代开始于英国的一场技术革命,它以蒸汽机的发明和广泛应用为标志。这一革命标志着机器代替手工劳动时代的来临,开创了工厂制度和大规模生产的先河。此次革命不仅是技术上的变革,更是社会关系的重构,工业资本主义迅速崛起。

(二)第二次工业革命

时间:19世纪下半叶到20世纪初。

标志:人类开始进入电气时代,并在信息革命、资讯革命中达到顶峰。

第二次工业革命在19世纪中后期兴起,被称为"电气时代"。它以电力、石油化工业和内燃机的发展为标志,带来了工业生产和交通运输的巨大变革。这一时期也见证了科学和技术的飞速发展,电力、通信和交通等领域都取得了突破性进展。

(三)第三次工业革命

时间:20世纪后半期,约在第二次世界大战之后。

标志:电子计算机。人类进入科技革命时代——生物克隆技术、航天科技出现。

从 20 世纪四五十年代以来,人类在原子能、电子计算机、微电子技术、航天技术、分子生物学和遗传工程等领域取得重大突破,标志着新的科学技术革命的到来。这次科技革命被称为第三次科技革命。第三次工业革命对人类社会的经济、政治、文化和生活方式产生了深远的影响。

(四)第四次工业革命

时间:21 世纪开始到 2010 年,是继蒸汽技术革命、电力技术革命和信息技术革命之后的新时代。

标志:智能化(信息化),即信息技术的升级创新与应用。

第四次工业革命,又称为智能制造革命。第四次工业革命也称为工业 4.0 时代,或智能化时代。在这个时代,信息技术的升级创新与应用成为推动产业变革的核心。工业 4.0 以物联网、人工智能和大数据为基础,将制造业与数字技术深度融合,实现生产过程的智能化和高效化。工业 4.0 旨在建立智慧工厂和智能供应链,提高生产效率和产品质量,促进可持续发展。这一革命正在不断改变我们的生产方式、工作方式和生活方式。

(五)第五次工业革命(四次工业革命+)

时间:2010 年开始的数字化时代以后。

标志:智联网。

第五次工业革命又称为数字工业革命。知识化、智能化和数字化协同是第五次工业革命追求的终极目标。

三、第四次工业革命与工业 4.0

人类社会共经历了四次工业革命。蒸汽机的发明驱动了第一次工业革命;流水线作业和电力的使用引发了第二次工业革命;半导体、计算机、互联网的发明和应用催生了第三次工业革命;信息化、智能化引发了第四次工业革命。

工业 4.0(Industry 4.0)是基于工业革命发展的不同阶段做出的划分。按照共识,工业 1.0 是蒸汽机时代,工业 2.0 是电气化时代,工业 3.0 是信息化时代,工业 4.0 则是利用信息技术促进产业变革时代,也就是智能化时代。

工业 4.0 的概念最早出现在德国。在 2013 年,汉诺威工业博览会上首次提出工业 4.0 的目标,旨在提高德国工业的竞争力,在新一轮工业革命中占领先机。中国制造 2025 与德国工业 4.0 的合作对接渊源已久。早在 2015 年 5 月,国务院正式印发《中国制造 2025》,部署全面推进实施制造强国战略。

四、前所未有的第五次工业革命浪潮

目前,媒体上提到第五次工业革命不多,但随着数字化浪潮不断推进,也预示着前所未有的第五次工业革命已经来临。也就是说在社会和技术指数级进步的推动下,第五次工业革命正在以前所未有的态势向我们席卷而来。这一轮工业革命的核心是智能化、信息化与数字化,它将数字技术、物理技术、生物技术等有机地融合在一起,形成了一个高度灵活、人性化、数字化的产品生产与服务模式,迸发出强大的力量影响着我们的经济和社会,特别是可植入技术、数字化身份、物联网、3D 打印、无人驾驶、人工智能、机器人、区块链、大数据、智慧城市等技术变革对我们这个社会的深刻影响。它发展速度之快、范围之广、程度之深是我们无法想象的。

在当前阶段,中国正面临着传统企业转型、制造业升级等重大问题。无论是政府、企业还是个人,第五次数字工业革命的内涵和意义,必将是角逐未来世界的重要砝码。第五次工业革命正在到来,中国凭借其一系列开放创新的运作,必将成为新一波经济活动和技术创新浪潮中的"弄潮儿"。

第三节　人类文明的演进

一、何为文明

在汉语中，"文明"（Civilization）一词最早出现在《周易》："见龙在田、天下文明。"唐代孔颖达曾说："经天纬地曰文，照临四方曰明。""其德刚健而文明，应乎天而时行，是以元亨""文明以止，人文也"。"文明"一词，在我国先秦的历史文献中也有涉及。《尚书·舜典》里记载"睿哲文明"，唐代孔颖达对《尚书》的疏解称："经天纬地曰文，照临四方曰明。"《牛津词典》对"文明"的定义是——"指社会高度发达、有组织的一种状态"。

在历史学领域，"文明"的本义是指有教化的、有文化的、有礼貌的，和野蛮是相对的概念。从历史学来讲，文明是人类社会发展到一定阶段的产物，文明是以文字的发明，单偶制家庭的确立和阶级的产生为标志的；是人类达到智慧水平的存在形式和存在状态；是指一切具有较高文化水平的存在形式；是人类在认识世界和改造世界的过程中所逐步形成的思想观念以及不断进化的人类本性的具体体现；是人类开始群居并出现社会分工专业化，人类社会雏形基本形成后开始出现的一种现象；是较为丰富的物质基础上的产物，同时也是人类社会的一种基本属性。

文明是人类历史积累下来的有利于认识和适应客观世界、符合人类精神追求、能被绝大多数人认可和接受的人文精神以及发明创造的总和。文明涵盖了人与人、人与社会、人与自然之间的关系。文明是使人类脱离野蛮状态的所有社会行为和自然行为构成的集合，这些集合至少包括了以下要素：家族、工具、语言、文字、宗教、城市、乡村和国家等。

二、文明的种类

文明是人类所创造的物质财富和精神财富的总和，一般可分为物质文明和精神文明。物质文明是人类改造自然的物质成果，表现为人们物质生产的进步和物质生活的改善，是精神文明的物质基础，对精神文明特别是其文化建设起决定性作用，物质文明的性质为生产方式所决定。精神文明是人类在改造客观世界和主观世界的过程中所取得的精神成果的总和，是人类智慧、道德的进步状态。

各种文明要素在时间和地域上的分布并不均匀，所以产生了具有明显区别的各种文明，按地域来讲有华夏文明、西方文明、阿拉伯文明、古印度文明、波斯文明、大洋文明和东南亚文明等，这些文明在某个文明要素上体现出独特性质的亚文明。

三、人类文明如何变迁的

从人类生活方式的演变历史发展或时间进程来看，人类文明经历了原始文明、农业文明、工业文明、现代数字文明（图 1-10）四个阶段。人类文明是一个漫长的演进过程，人类在原始文明中进化了数百万年，在农耕文明中进化了几千年，在工业文明中进化了两百多年。每一次新文明的诞生都看似偶然，实则必然。

原始文明时代，社会生产力十分低下，人们主要以狩猎为主，是完全接受自然控制的发展系统。

到了农业文明时代，开始出现青铜器、铁器、文字、造纸、印刷术等。这个时代的人们主要依附于土地进行农业生产，农业生产要素主要是土地和劳动力。按照经济基础决定上层建筑的逻辑，每一次文明形态的重塑，都脱离不开技术的驱动。

工业文明时代，是人类用科学技术控制和改造自然取得胜利的时代。随着工业的发展，农业生产比例大幅下降，工业生产比例大幅上升。影响工业生产的要素主要有资源、资本、科技、劳动力、政策等。从工业文明初期到工业文明后期,这几个要素所占比例发生了变化,它们在工业文明不同时期,所起作用也不同。

现代数字文明时代,是 20 世纪 40 年代计算机问世、信息技术大门打开,以大数据、数字化、人工智能等为代表的数字技术开启了一种新理念、新业态、新模式,打造了一个全面融入人类经济、政治、文化、社会、生态文明建设各领域和全过程的时代。

| 原始文明 | 农业文明 | 工业文明 | 数字文明 |

图 1-10　按时间历程理解的几种不同文明

数字文明是一种人类文明新形态,是文明的 4.0 版本。如果说工业文明是以工业化为重要标志、机械化大生产占主导地位的一种现代社会文明状态,那么数字文明就是以数字化为重要标志、数字技术占主导的一种现代社会文明状态。数字文明是数字技术推动下有别于工业文明的人类发展新进程,是全球参与、全民参与、技术向善的总和。数字文明以数据为中心,形成了以 5G、大数据、人工智能、云计算等数字技术为基础的新技术框架。

【案例 1-9】　　　　　　数字文明聚焦

我们不妨把数字文明聚焦在生活中的数字技术。我们在浏览短视频时,会遇到根据自己的偏好精准推荐的场景,在物流园区里会看见无人驾驶的汽车,在家里可以通过视频会议实现远程会诊,在博物馆可以利用全息投影全方位动态观赏展品……此外,3D 打印、人脸识别、扫码支付、人工智能、ChatGPT 等都是数字文明催生的结果。

历史车轮滚滚向前,工业文明的火车正缓缓驶向落日的余晖,而一张数字文明的"大网"正在无形中笼住每一个人。

第四节　迈进数字文明新时代

一、数字时代必修课，你修了吗

数字文明包括个人素养、社会文化、法律法规等多方面因素。在数字化时代大背景下，数学和数字技能已经成为各行各业必不可少的技能。若想迈入数字文明时代就需要具备数字化思维和技能，数字化是时代必修课。

无论是科技领域还是传统产业，都需要掌握一定的数学知识和数字技能来应对日益增长的数据量和复杂性。对于科技领域，数学是一项核心基础技能。例如，在人工智能、机器学习等领域中，需要掌握高等数学、线性代数、概率论等知识才能进行深入的研究和开发。而在其他领域中，如金融、医疗、制造业等，也需要掌握一定的数学知识来处理数据和做出决策。数字化也成了各行各业转型升级的必然趋势。随着互联网和信息技术的飞速发展，企业需要通过数字化手段来提高效率、降低成本、提升竞争力。

二、数字时代必答题，你答了吗

世界正处在百年变局之际，数字化、信息化已经成为不可逆转的发展大势。充分发挥数字化、数字技术对经济发展的放大、叠加、倍增作用，大力推进数字产业化、产业数字化，促进互联网、大数据、人工智能和实体经济深度融合，推动制造业、服务业、农业的数字化、网络化、智能化升级，是时代发展的题中之义，也是实现企业转型升级的必然要求。发挥海量数据和丰富应用场景两大优势，加快推进"上云用数赋智"行动，培育数字新产业、新业态、新模式，打造具有国际竞争力的数字产业集群，积极推动数字经济和实体经济融合发展，积极推进数字化和绿色化协同转型，实现数字化进程中的绿色发展。

数字化已成为时代必答题。

三、企业数字化转型正掀开数字文明时代新篇章

"数字化"的核心在于将复杂而多变的信息转化为可以度量的数字和数据。有时候,我们面对的问题就像一团乱麻,让人头痛不已。但是,一旦我们成功地将其转化为数字和数据,问题就会变得清晰明了,就像一盘拼图被慢慢组装起来一样。这项任务对外部数据的收集、传输、存储、分类和应用起着至关重要的作用。想象一下,我们要建立一个数字化模型,不仅需要大量的数据来支撑这个模型,还需要将这些数据进行整理分类,使其更加易于理解和使用。所以,挑战在于如何从庞大而混乱的数据中提取出有用的信息,就像从花海中找出最美的一朵花。

"数智化"是数字化的升级版。它可以简单地理解为数字化和智能化的完美结合。通过运用大数据、人工智能和云计算等新兴技术,我们可以更深入地挖掘数据的价值,实现智能化的分析和管理。这就像给我们的数字世界装上了一副智能眼镜,让我们能够更清晰地看到数据的本质和潜力。值得一提的是,"数智化"的发展对企业起着重要作用。它可以提升数据处理与展示的质量和效率,帮助企业优化业务价值链和管理价值链。现在,我们能够更快速地从海量数据中提取有用的信息,为企业的决策提供更有力的支持。这就像给企业的决策团队配备了一支智能箭,让他们能够更准确地射中目标。

"数字化"与"数智化"二者的区别在于,数字化是企业转型过程中的进化阶段,在大数据和云计算技术的支持下,对企业运营的全面优化;而数智化则是企业转型过程的高级阶段,是在人工智能技术的支持下,对数据作为生产要素的智能化应用。机器在预设规则下完成数据采集和录入,以及在人工指导下完成一系列自动化工作,都可以称为数字化,但这不能等同于数智化。大数据的分析、计算和应用都属于数字化的范畴,但还不能称为智能化。这是因为在这一系列

数字运作背后,依赖数据分析结果进行决策的,主要还是人类,或者在大部分场景下还是依靠人类。而不是机器。智能是智慧与能力的结合。人类从感知到记忆再到思维的过程被称为智慧,而智慧引导下产生的行为和语言表达被称为能力。

【案例 1-10】 宝武碳业的"智慧作业应用平台"

宝武碳业科技股份有限公司(以下简称宝武碳业)是《财富》世界500 强企业中国宝武钢铁集团有限公司"一基五元"战略中新材料产业重要的制造商,作为宝山钢铁股份有限公司(以下简称宝钢股份)的控股子公司,宝武碳业于 1978 年随宝钢同步开工建设。经过 40 多年的建设与发展,宝武碳业拥有 17 个制造基地和 24 家分子公司,是全球最大的煤焦油加工企业,年加工能力 245 万吨,产品覆盖焦油精制、苯类精制和碳基新材料,以及焦炉煤气净化服务等业务,产品广泛应用于新能源、航空航天、汽车、冶金、医药等领域。被列为国家发改委第四批混改试点单位,并纳入宝钢股份国企改革"双百行动"实施方案。

宝武碳业的"智慧作业应用平台"帮助化工企业现场作业,实现作业、管理和运营三个维度数据跨系统贯通和协同应用,全方位提升现场作业的工作效率和管理效果,帮助化工企业现场管理实现从粗放到精细,从无序到有序的质变(图 1-11)。

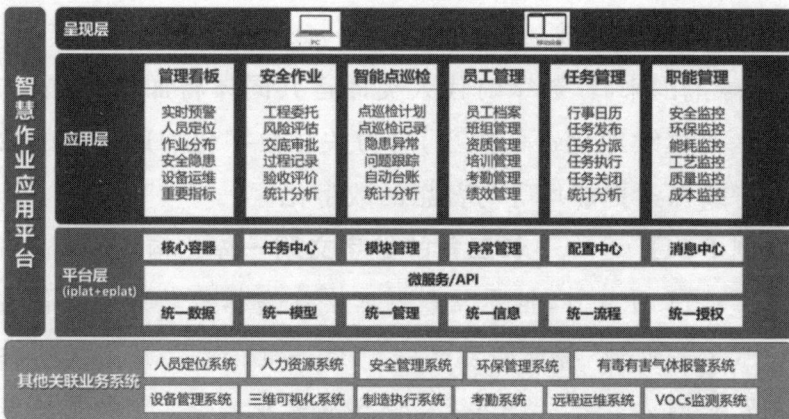

图 1-11 宝武碳业三维数据跨系统智慧作业应用平台

该平台有区域某点出现有毒有害气体报警等典型场景。平台典型构架展示的智慧作业管理平台采集现场设备、人员和环境信息,并将其转化为数字化模型,然后上传到平台上,生产人员可以通过平台掌握作业区生产情况。在这一过程中,平台是在人工预设的规则下完成自动化工作,并没有自主决策能力,所以是数字化,而不是数智化。

四、调步迈进数字文明新时代

数字文明新时代是产业数字化与数字产业化的不断融合。在数字经济时代,利用数字技术和服务,尤其是做好产业数字化和数字产业化的结合,将成为促消费的重要引擎。一方面,要通过数字技术为不同的产业赋能,推动传统产业数字化转型,尤其是农业、制造业、服务业三大产业。另一方面,要能够形成一个全产业链的数字经济系统,打造一个高水平、开放的数字经济全产业链,加速数据要素化进程,建立数据确权,以及数据资产、数据服务等交易的标准化,包括数据采集方面的标准化,涉及数据的标注、清洗、脱敏、脱密、聚合、分析等诸多环节。

行业专家一致认为:云计算是构建数字文明的基础,大数据是构建数字文明的核心,人工智能是构建数字文明的推手,我们将立足于云数智等新一代信息技术,在全球联结的基础上,积极推动经济社会向数字文明新时代迈进。

从全球范围来看,数字时代人类命运共同体将加速形成,作为互联网企业,要继续深化责任担当,着力关注数字化加速带来的数字鸿沟问题,持续探索更加均等与普惠的数字化。

【案例1-11】　　　　　长三角的数字文明一体化构建

2022年11月9日,世界互联网大会在乌镇成功举办。作为峰会的三个"永久举办地"特色活动之一,"长三角一体化数字文明共建研讨会"在互联网大会三号馆举行,会议从宏观经济、产业发展等多角度探讨数字文明新未来。"数字文明"到底是个什么文明?它离我们还有多远？它将带来哪些巨大价值？长三角的数字文明一体化构建着力点又在哪里？面向"数字文明"，我们又该展现什么样的迎接姿态？三号馆会场就此展开了精彩研讨、给出了不同角度的答案：中国愿同世界各国一道，携手走出一条数字资源共建共享、数字经济活力迸发、数字治理精准高效、数字文化繁荣发展、数字安全保障有力、数字合作互利共赢的全球数字发展道路，加快构建网络空间命运共同体，为世界和平发展和人类文明进步贡献智慧和力量。

　　乌镇是慢节奏的，人们一到乌镇，就仿佛进入了一段静谧的旧时光。沿岸人家的烟火，旖旎波折的流水……时间像被按了暂缓键。但是，乌镇是不会停留在过去的，它在互联网近乎光速的世界里急速变革，不断超越。每年的深秋或初冬，世界的目光总是聚焦在这里，在各国语言的碰撞中，人们谋划着、构建着更广阔、更宏大的"数字文明"。

第二章

生产力重塑
——数字时代的源动力

►►►►►

当前,人类社会正在进入以数字化生产力为主要标志的全新历史阶段。数字化生产力的崛起正在深刻地改变着我们的生活方式、经济模式和社会结构。这一变革对于人类社会来说,无疑是一场革命性的转变。数字化不仅仅带来了生产工具的变革,还影响着每个人的决策方式,影响着各行各业的工作方式,甚至还进一步影响着人们的生活方式。本章将从生产工具的演变开始,首先梳理现代的典型数字生产工具,以及这些数字生产工具对于我们决策的影响,然后重点分析当前关注度颇高的大模型、数字孪生、元宇宙、区块链等技术,从技术角度分析数字化对于人类社会的推动作用。

第一节　生产工具的变革

一、生产工具的主要演变过程

生产工具也就是我们常说的劳动工具,是人们在生产过程中用来直接对劳动对象进行加工的物件,是最基本,也是最主要的劳动资料。从原始人的石斧、弓箭,到现代化的各种各样的机器、工具、技术设备等都属于生产工具。生产工具的变更和发展推动着生产的变更和发展,进而推动生产力的变更和发展。简言之,生产工具是人类利用和改造自然界的产物,也是社会生产力不断发展的标志。

最早的人类生产工具可以追溯到大约 200 万年前的旧石器时代。当时,人类开始使用石头和木头制作石斧和木棍等简单的工具。这些工具主要用于狩猎和采集食物,帮助人类生存和繁衍。

在新石器时代,人类学会了冶炼金属,并制作出铜斧和铁锤等更坚固耐用的工具。这些工具的出现使农业和手工业的发展得以加速,人类开始从狩猎采集的生活方式转向农耕和手工业的生活方式。

工业革命是人类生产工具变化历程中的一个重要里程碑。18 世纪末到 19 世纪初,工业革命的发生彻底改变了人类的生产方式。蒸汽机的发明和机械化生产的兴起使得人类生产效率大大提高。当蒸汽机和机械化生产普遍成为人类生产工具之后,就迅速而彻底地改变了工业生产的面貌,如图 2-1 所示。

图 2-1　工业革命的典型代表——蒸汽机车

随着科学技术的不断发展,人类的生产工具得到进一步升级。电力和石油的广泛应用,使电动机和内燃机成为人类生产工具的主要动力来源。同时,电子技术也带来了计算机和自动化设备,进一步提高了生产效率和质量。

现在,人类生产工具正进入一个全新的时代。互联网的普及和物联网技术的兴起使得生产过程更加智能化和自动化。人类开始使用智能机器人和 3D 打印等高科技工具来完成生产任务。这些新的工具不仅能够提高生产效率，还实现了个性化生产和定制化服务。

随着科技的不断进步，我们可以期待未来人类生产工具的更大突破和创新。马克思说："手推磨产生的是以封建主为首的社会，蒸汽磨产生的是以工业资本家为首的社会。"（《马克思恩格斯选集》第 1 卷，第 108 页）。人类生产工具的变化历程不仅影响着人类的生产方式和生活方式，也推动着社会的发展和进步。

二、数字生产工具

不同于传统、可见的实体生产工具，如古代的犁、锄头、牛，现代的车床、电脑、手机、汽车、飞机等，数字生产工具除了可见的硬件，还包括软件，这些软件主要用于采集、获取、检索、表示、传输、存储、加工、分析、处理和量化各种数字化数据。硬件比如声卡、扫描仪、数码照相机、条码仪、电脑等。软件主要包括财务管理、工业设计等专业软件，微信、钉钉、腾讯等小程序，以及开发出这些软件、平台的开发工具，这些都属于我们用来创造数字经济 GDP 的数字生产工具。数字生产工具有很多，我们仅列举一些最常见、最典型的例子。

（一）芯片

芯片（Chip）是由半导体材料制成的，通常用硅。它是一块非常薄的平板，上面集成了大量的电子元件，如晶体管、电容器和电阻器等。这些元件通过微细的导线连接在一起，形成了一个完整的电路。芯片的制造过程非常复杂，需要精确的工艺和设备。芯片的主要功能是进行数据处理和存储。它是电子设备如计算机、手机、电视、汽车等的核心部件。芯片通过控制电流的流动和开关状态，来实现电子设备的各种功能，可以进行逻辑运算、存储数据、传输信号等（见图 2-2）。

图 2-2　芯片与集成电路

1958 年,美国德州仪器公司(Texas Instruments)的电子工程师杰克·基尔比和罗伯特·诺伊斯发明了第一个芯片,也被称为集成电路。这个芯片含有几个晶体管、电容器和电阻器组成的微型电路,整体只有针尖大小,却能够完成原来需要几百个电子管才能完成的任务。如今,一个芯片已经可以拥有几百上千亿个晶体管。例如 AMD 在 2023 年发布的加速卡芯片 Instinct MI300,拥有 1460 亿个晶体管,具有低功耗、高灵活性以及低延迟等优势,能够满足客户对人工智能应用需求的不断增长。

芯片是工业的核心、产业的基础,是工业生产的粮食,芯片的发展推动了电子技术的进步。随着芯片技术的不断突破,芯片的功能越来越强大,体积越来越小,功耗越来越低。这使电子设备更加高效、便携和智能化。芯片的出现也带动了信息技术和通信技术的迅速发展,推动了社会的数字化转型。以手机为例来说,手机指纹识别功能是需要指纹识别芯片。所以,一款数码产品是由芯片完成所有控制的。

【案例 2-1】　　　　　　移动电话中的芯片

移动电话中的芯片可以实现信号的接收和发送,使得人们能够进行语音通话和发送短信。此外,芯片还可以用于无线通信技术,如蓝牙和 Wi-Fi。这些芯片可以将数据传输到不同的设备,实现无线互联,目前 5G 基站大多使用 FPGA 芯片。另外,芯片在卫星通信系统中也扮演着关键角色。卫星通信芯片可以接收和发送信号,使得卫星能够与地面站进行通信,并实现远距离通信。此外,芯片还可以用于光纤通信技术,实现高速的数据传输。

【案例 2-2】 **汽车中的芯片**

每辆汽车上面搭载的芯片多达 1600 个。芯片是行车电脑非常重要的组成部分,若芯片出现故障,或者是缺少芯片,都会导致行车电脑无法运行。发动机控制单元通过芯片来监测和控制发动机的运行状态,以提高燃油效率和减少排放。车载娱乐系统则利用芯片来处理音频和视频信号,提供高质量的娱乐体验。此外,驾驶辅助系统如自动驾驶和智能停车也离不开芯片的支持,它们都是通过芯片的计算能力和传感器的数据来实现驾驶功能的自动化。

(二)网络

汉语中,"网络(Net)"这个名词最早是用于电学的。《现代汉语词典》(2020 年 8 月版)这样解释"网络":"在电的系统中,由若干元件组成的用来使电信号按一定要求传输的电路或这种电路的部分,叫网络。"而 2020 年的版本中,"网络"则包括 4 种含义,其中一种就是指"由若干器件或设备等连接成的使信号按一定要求传输的系统"。我们日常生活中所说的"网络",多数情况下指的是互联网(Internet)。

网络技术的发展历程可以追溯到 20 世纪 60 年代末期,当时美国国防部的高级研究计划局(ARPA)开始了一个名为 ARPANET 的项目。这个项目旨在建立一个可以在分散的计算机之间进行通信的网络。1969 年,ARPA 成功地将四所大学的计算机连接起来,这标志着互联网的诞生。

在接下来的几十年里,网络技术迅速发展。

1971 年,电子邮件的概念被引入互联网,使人们可以通过网络发送和接收电子邮件。随着时间的推移,电子邮件已成为人们最常用的通信工具之一。

20 世纪 80 年代,互联网开始向商业领域扩展。由于互联网的用户数量迅速增长,商业公司也开始利用网络来进行商业交易和广告宣传。

20 世纪 90 年代是互联网发展的关键时期。1991 年,互联网的第一个网页诞生,这标志着万维网的诞生。网页的出现使人们可以通过浏览器访问和浏览海量信息。同时,互联网的速度也得到了提升,从拨号上网逐渐发展到宽带上网,使得人们可以更快速地获取和传输信息,一首歌曲的下载时间从 20 分钟缩短到 1~2 秒。

21 世纪,随着移动设备的普及,移动互联网开始兴起。人们可以通过手机和平板电脑随时随地访问互联网,这极大地改变了人们的生活方式和工作方式。之后,移动应用程序的出现使得人们可以通过手机完成各种任务,如购物、预订餐厅和社交媒体等。

网络技术的核心是数据的传输和处理。当我们在浏览器中输入一个网址时,我们的计算机会向互联网上的服务器发送请求,服务器会将请求的数据传输回我们的计算机,然后通过浏览器将数据呈现给我们。这个过程中涉及了各种网络协议和技术,如 TCP/IP 协议、HTTP 协议和 HTML 语言等。网络技术的目标是实现快速、可靠和安全的数据传输,以及有效地处理和管理大量的信息。

除了数据的传输和处理,另一个重要的方面是网络应用和服务,如搜索引擎、社交媒体、在线购物和在线音视频等。这些应用和服务使我们能够方便地获取信息、进行交流和完成商业活动。网络技术还包括网络安全等服务。

(三)数据

数据(Data)是用于表示客观事物未经加工的原始素材,不仅指狭义上的数字,还可以是具有一定意义的文字、字母、数字符号的组合、图形、图像、视频、音频等,也是客观事物的属性、数量、位置及其相互关系的抽象表示。例如,"0、1、2…""阴、雨、下降、气温""学生的档案记录、货物的运输情况"等都是数据。数据经过加工后就成为信息。数据可以是连续的值,比如声音、图像,称为模拟数据;也可以是离散的,如符号、文字,称为数字数据。

数据的历史跟人类的历史一样悠久。目前已知最古老的壁画——这属于图形数据——已有 4 万多年的历史。公元前 9000 年,人们就开始使用符号来记录数据,如用圆圈表示猎物、用线条表示道路等。在古代,人们通过各种方式收集数据,如观察天文现象、记录温度和降水等。随着文字的出现,数据的记录和传承得到了极大的改善。现代,随着计算机技术和互联网的发展,数据的产生、存储和利用方式发生了根本性的变化。每个人,甚至每台数字化设备,每天都在产生大量数据,这些并不由数据的产生者保管,而是由第三方保管,其中既有私有数据,也有公有数据,数据的相互交融,进一步增加了数据的总量。

在日常生活中,从我们的社交媒体账户到我们的健康记录,数据记录了我们的个人信息和活动。这些数据可以帮助我们更好地了解自己,例如,通过分析我们的健康数据来改善生活方式,或者通过观察我们的社交媒体数据来了解我们的兴趣和喜好。

此外,数据还推动着创新和科学研究。在各个领域,数据被用于发现新的知识和解决问题等,例如,在医学领域,研究人员使用大量的医疗数据来了解疾病的发病机制和治疗方法。

(四)数据

随着信息技术和网络技术的发展,数据也开始云化,即所谓"云数据"。云数据是基于云计算商业模式应用的数据集成、数据分析、数据整合、数据分配、数据预警的技术与平台的总称。云数据通过被优化或部署到一个虚拟计算环境中形成数据库,通过网络等实现按需付费、按需扩展、高可用性以及存储整合等优势,具有实例创建快速、支持只读实例、读写分离、故障自动切换、数据备份、Binlog 备份、SQL 审计、访问白名单、监控与消息通知等特征。

【案例 2-3】 **"东数西算"**

"东数西算"即"东数西算工程",指通过构建数据中心、云计算、大数据一体化的新型算力网络体系,将东部算力需求有序引导到西部,从而优化数据中心建设布局,促进东西部协同联动。简单地说,就是让西部的算力资源更充分地支撑东部数据的运算,更好地为数字化发展赋能。2022 年 2 月,国家发改委等 4 个部门联合印发文件,同意在京津冀、长三角、粤港澳大湾区、成渝、内蒙古、贵州、甘肃、宁夏启动建设国家算力枢纽节点,并规划了 10 个国家数据中心集群。实施"东数西算"工程,推动数据中心合理布局、优化供需、绿色集约和互联互通,有利于提升国家整体算力水平,实现全国算力规模化集约化发展;有利于促进绿色发展,持续优化数据中心能源使用效率;有利于扩大有效投资;有利于推动区域协调发展,推进西部大开发形成新格局。

【案例 2-4】 **国家数据局**

2023 年 3 月 10 日,十四届全国人大一次会议第三次全体会议表决通过《国务院机构改革方案》。该方案决定组建国家数据局,负责协调推进数据基础制度建设,统筹数据资源整合共享和开发利用,统筹推进数字中国、数字经济、数字社会规划和建设等。

(五)机器人

机器人(Robot)是自动执行工作的机器装置。它既可以接受人类指挥,又可以运行预先编排的程序,也可以根据以人工智能技术制定的原则纲领行动,如图 2-3 所示。它的任务是协助或取代人类工作,例如生产业、建筑业,或是危险的工作。国际上对机器人的概念已经逐渐趋近一致。一般来说,人们都可以接受这种说法,即机器人是靠自身动力和控制能力来实现各种功能的一种机器。联合国标准化组织采纳了美国机器人协会给机器人下的定义:"一种可编程和多功能的操作机;或是为了执行不同的任务而具有可用电脑改变和可编程动作的专门系统。"

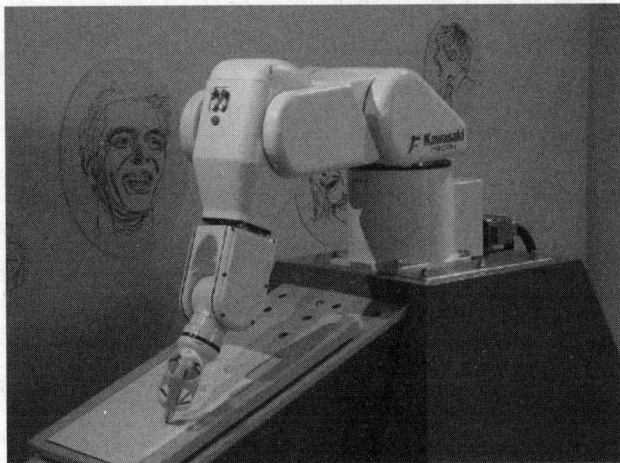

图 2-3　机器人作画

　　1920 年,捷克斯洛伐克作家卡雷尔·恰佩克在他的科幻小说中,根据 Robota(捷克文,原意为"劳役、苦工")和 Robotnik(波兰文,原意为"工人"),创造出"机器人"这个词。1942 年,美国科幻巨匠阿西莫夫提出"机器人三定律":机器人不得伤害人类,或坐视人类受到伤害;除非违背第一定律,否则机器人必须服从人类命令;除非违背第一或第二定律,否则机器人必须保护自己。该定律后来也成为人工智能领域的道德规范和指导原则,在人工智能和机器人应用的伦理和法律方面具有重要的意义和作用。1969 年,日本早稻田大学加藤一郎实验室研发出第一台以双脚走路的机器人,被誉为"仿人机器人之父"。日本一向以研发仿人机器人和娱乐机器人的技术见长,后来更进一步,催生出本田公司的 ASIMO 和索尼公司的 QRIO。

　　机器人密度是衡量一个国家制造业自动化发展程度的关键指标之一。国际机器人联合会主席 Marina Bill 指出,2021 年全球制造业机器人密度的平均值飙升至每万名员工 141 台,是 6 年前的两倍多。2021 年中国对工业机器人的大规模投资使其在机器人密度排行榜上首次超越美国,全球排名上升到第五位。中国的快速增长显示了其投资的力量,但中国工业距离实现全面自动化仍有很长的路要走。

　　按照中国发布的《"十四五"机器人产业发展规划》,"十四五"期间,中国的目标是机器人产业营业收入年均增速超过20%,形成一批具有国际竞争力的领军企业及一大批创新能力强、成长性好的专精特新"小巨人"企业,建成3～5个有国际影响力的产业集群,同时制造业机器人密度实现翻番。

目前,机器人主要的应用领域是工业。它们能够自动执行重复性的任务,提高生产效率和质量,还可以在危险环境中代替人类工作,减少工人的伤害风险。另外,在医疗保健领域,机器人也发挥着重要作用,它们可以用于手术操作、康复治疗和辅助护理等方面。

机器人还在农业、建筑业、教育、航天探索、环境监测、安全巡逻等领域应用。

【案例2-5】　　　　　　汽车焊接机器人

沈阳新松机器人公司成立于2000年,是一家以机器人技术和智能制造解决方案为核心的高科技上市公司。新松拥有自主知识产权的工业机器人、移动机器人、特种机器人三大类核心产品,以及焊接自动化、装配自动化、物流自动化三大应用技术方向,同时面向国家主导产业及战略新兴产业,持续孵化汽车工业、电子工业、半导体、新能源、智慧城市、智慧康养等N+个具有高度竞争力和良好成长性的优势战略业务,构建了健康科学可持续的产业体系。以汽车工厂的焊接机器人为例,每辆汽车的车身上有4000～5000个焊点,焊接质量决定车身整体的强度。新松点焊机器人,车身焊点合格率超过99%、焊点重复精度严格控制在0.1mm以内,可靠性稳定性强,连续24小时生产,从而提高生产效率及节拍,实现产能大幅提升。

(六)3D打印

传统的材料加工方法主要是在铸造的基础上,通过切削、打磨等手段,这种方法需要被称为减材制造。3D打印技术是一种革命性的制造方法,它是通过逐层堆叠材料来创建三维物体,所以属于增材制造,如图2-4所示。

图 2-4　3D 打印

早在 20 世纪 80 年代,3D 打印技术就开始萌芽了。当时,这项技术还被称为"快速成型技术",因为它能够快速地将数字模型转化为实体物体。然而,由于技术限制和高昂的成本,这项技术并没有得到广泛应用。随着时间的推移,3D 打印技术逐渐成熟起来。在 20 世纪 90 年代,一些关键的突破使得这项技术更加可行和实用。例如,研究人员发现了一种新的 3D 打印方法,称为"层积制造"。这种方法通过将物体逐层堆叠而成,使得 3D 打印变得更加精确和高效。

21 世纪初,3D 打印技术迎来了一个重要的里程碑。随着专利保护的结束,越来越多的公司开始投入到 3D 打印技术的研发和生产中。这导致了 3D 打印技术的成本大幅下降,同时也推动了技术的进一步创新。

目前,3D 打印技术已经开始应用在一些特定领域,其中,制造业是 3D 打印技术的重要应用领域之一。传统的制造过程通常需要大量的人力和时间,而且很难生产出复杂的形状和结构。但是,通过 3D 打印技术,制造商就可以更快速地生产出复杂的产品,并且可以根据客户的需求进行定制。这种灵活性使得制造商能够更好地满足市场需求,并且减少了原材料的浪费。

3D 打印技术在医疗、制造、航空航天、建筑、教育、艺术、汽车制造等众多领域得到了广泛的应用。如在汽车制造领域,3D 打印技术可以用于制造汽车零件和原型车。

【案例 2-6】 　　　　　　3D 打印零部件

传统精铸工艺采用开模压制、蜡模浇铸的方法来铸造模具成品，在此生产方式中，小批量复杂零件生产面临着成本高、周期长、设计验证难以多次修改的问题。近年来，多喷射 3D 打印技术的应用使得这些挑战被一一克服，实现了铸件的快速生产与交付，将蜡模制造周期从 14 天缩短到 1 天，平均减少了 30%～50% 的综合成本，同时还确保了品质的稳定性和一致性。浙江闪铸集团有限公司成立于 2011 年，是中国首批专业 3D 打印设备及耗材研发生产企业。2022 年 9 月，客户 A 接到欧洲知名门窗公司定制化订单，数量 60 件，要求 10 天内完成。而传统工艺从开模到射蜡、出蜡模所需时间为 25 天，无法满足客户交付要求。因此他们采用了 3D 打印技术生产这批产品，单台设备一天 24 小时可以打印 30 件门窗固定零件蜡模，蜡模打印＋精密铸造共 10 天，满足客户交付要求。采用可溶解支撑蜡和自动支撑的打印方式，实现去除支撑之后，保证镂空的细节和强度。

（七）显示屏

我们常见的显示屏是一种用于显示图像及色彩的设备或者电器，包括阴极射线显像管显示屏（CRT）、液晶屏幕、激光屏幕等等。广泛应用于手机、电脑、显示器、电视以及具有图像或者文字显示功能的设备上。

1896 年，德国物理学家朱利叶斯·普鲁克和约翰·威廉·希托夫，在真空管中发现了阴极射线，并注意到投射在阴极对面管发光壁上的阴影。1897 年，由德国物理学家费迪南德·布劳恩发明了这个冷阴极二极管，它由一个变形克鲁克斯管与磷光体涂覆的屏幕的结合构成。布劳恩也是第一个设想使用 CRT 作为显示装置的人。1927 年 9 月 7 日，21 岁的法恩斯沃斯，利用图像解析器摄像管将其第一幅图像（一条简单的直线）传输到他位于旧金山格林街 202 号实验室另一个房间的接收器上，被称为第一台真正的全电子电视机。1968 年，美国发明了液晶显示器，逐步替代了笨重的 CRT 显示器。

一方面,显示屏推动了信息传播的方式。过去,人们获取信息主要依靠报纸、广播和电视等传统媒体。而现在,我们只需要轻轻一点,就能够通过显示屏访问各种各样的信息。

另一方面,显示屏改变了人们接收信息的方式。相比于传统媒体,显示屏可以通过图像、视频和动画等多媒体形式更加生动地展示信息。显示屏的多媒体特性为信息的传达提供了更多的可能性。

【案例 2-7】 　　　　　　　　　　**柔性显示屏**

目前京东方公司(BOE)的柔性屏出货量位居国内第一、全球第二。12 月 28 日,京东方投资 465 亿元打造的重庆第 6 代 AMOLED (柔性)生产线项目举行量产暨客户交付仪式,正式对外宣布量产。该工厂月规划产能为 48000 片玻璃基板,6 代产线最经济切割为 6.7 英寸手机屏幕,如果按 160mm×78mm 的宽高尺寸计算,能够切割 207~209 块 6.7 英寸手机屏幕(见图 2-5),乘以玻璃基板数量,可以满足近千万片手机柔性屏的月产能。

图 2-5　柔性显示屏

显示屏改变了人与人之间互动的方式。在过去,人们对于信息的了解是被动的,只能通过阅读或者观看来接收信息。而现在,我们可以通过显示屏与信息进行互动。例如,在学习过程中,我们可以通过触摸屏幕来进行操作,参与到学习的过程中。这种互动性不仅提高了学习的效果,也增强了人们对信息的兴趣和参与度。显示屏使得信息不再是单向传递,而是更加动态和有趣。

（八）云服务

云服务是一种通过互联网提供计算资源和服务的方式。简单来说，它就是将计算任务和数据存储从个人电脑或本地服务器转移到远程的数据中心。这些数据中心由大型科技公司建立和维护，拥有强大的计算能力和存储空间，用户可以通过云服务提供商提供的界面，随时随地访问和管理自己的数据。

云服务的概念最早可以追溯到 20 世纪 60 年代。那个时候，科学家们开始意识到计算机在存储和处理能力上的限制。他们开始思考如何通过网络来共享计算资源，以提高计算效率。这就是云服务的初衷，通过将计算资源集中起来，使其可以被多个用户共享。

然而，直到 20 世纪 90 年代，云服务的概念才真正开始被广泛应用。随着互联网的普及，人们意识到通过网络共享计算资源的潜力。这促使一些公司开始开发云服务平台，以满足用户的需求。其中最著名的例子就是 Amazon 的 AWS（亚马逊网络服务）。AWS 于 2002 年推出，成为云服务的先驱。它为用户提供了一种灵活的方式来租用计算资源，从而避免了昂贵的硬件投资。

随着时间的推移，越来越多公司开始投入到云服务的研发和推广上。微软、谷歌、IBM 等科技巨头纷纷推出自己的云服务平台。这些平台不仅提供了计算资源的租用，还提供了各种其他的云服务，如存储、数据库、人工智能等。这使用户能够根据自己的需求灵活选择所需的服务，而无须关注底层的硬件和软件。

云服务具有极高的灵活性和可扩展性、高可靠性和安全性等优势。然而，云服务也面临一些挑战和问题。首先，对于个人用户来说，云服务可能涉及隐私和数据安全问题。用户的个人数据存储在云端，还可能会受到黑客的攻击或滥用。因此，用户需要选择可信赖的云服务提供商，并采取一些安全措施来保护自己的数据。其次，云服务也存在一定的依赖性。如果用户没有网络连接，就无法访问云端的数据和应用程序。这对于某些需要离线工作的用户来说可能是一个问题。

【案例2-8】　　　　　　阿里云服务产品

阿里云是目前国内云服务市场占有率最高的品牌,现已为全球200多个国家和地区提供服务,还是奥运会官方云端合作伙伴,其业务生态布局全行业。阿里云所使用的飞天大数据平台,是自主研发的计算引擎。拥有EB级的大数据存储和分析能力、10K任务分布式部署和监控。提供243个行业解决方案,37个行业通用解决方案。全球合作伙伴数量超过10000家,服务客户超过10万家。在技术领域,阿里云是国际开源社区贡献最大的中国公司。保护中国超过40%的网站,防护全国50%的大流量DDoS攻击,每天成功抵挡2000次攻击;全年帮助用户修复超过833万个高危漏洞。

第二节　数字化决策

一、传统决策与数字化决策

决策一般是指一个组织的领导者,为了实现特定的目标,根据客观条件,经过分析、计算和判断选优后,对未来行动做出决定的过程。典型的决策如企业计划要进入新的市场,或者决定成立新的产品线。决策与决定不同,相较于决定而言,决策更为重大。如"今天中午吃比萨吧"这不是决策,只能算是决定。

传统企业决策通常需要经过烦琐的流程和多个层级的批准,可能更多地依赖经验和直觉,将市场、营销数据作为支持决策的依据,一般而言传统的企业决策可能更加保守和谨慎。

而数字化的企业决策更加依赖大数据分析,更加注重创新和实验,愿意尝试新的想法和方法,并通过实验来验证其可行性,而不是单纯依赖经验或者因果分析来制定决策。

数字化决策和传统决策是企业管理中的两种主要决策方式。二者主要在决策过程、决策依据、决策速度、决策风险、决策质量和决策效果等方面存在明显差异。数字化决策具有决策效率高、决策精准、可靠等优点。

【案例 2-9】　　　　　**数字化辅助决策**

2004 年夏天，飓风弗朗西斯正在向美国佛罗里达半岛袭来。沃尔玛想要了解他们的客户在为飓风囤货时偏好什么商品，于是分析了几家经历过类似环境灾难的沃尔玛门店的数据，找到了那些与正常时期相比购买量激增的商品。结果显示馅饼和啤酒的销量在风暴准备期间急剧增加。沃尔玛就把馅饼和啤酒在飓风路径上的门店大量铺货，销量惊人。通过使用经过验证的数据，沃尔玛能够在帮助有需要的人的同时增加利润，而不是凭空想象大家在飓风光临时需要什么。

二、数字化思维提升企业决策质量

在现代商业环境中，企业决策的重要性不可忽视。过去，许多企业的决策过程主要是基于主观地拍脑袋和凭经验的方式，缺乏科学性和可靠性。如今，随着技术的进步和数据的广泛应用，企业决策的方式发生了重大变革，越来越多的企业开始采用数据决策和商业洞察指导的科学决策方式来提升整体决策的质量。这种转变不仅仅是为了追求更高的效率和利润，更是为了应对日益复杂和竞争激烈的商业环境。通过基于数据和洞察力的决策，企业能够更好地了解市场趋势、客户需求和竞争对手的行为，从而更准确地制定战略和计划。此外，科学决策还可以帮助企业降低风险和错误决策的可能性，提高决策的可靠性和可预测性。因此，企业决策过程向科学决策方式的转变是一个必然趋势，它将对企业的长期发展和竞争力产生积极的影响。

【案例 2-10】　　　　　**智能量化分析系统**

2019 年，上海化工宝数字科技有限公司推出 ClearMind 量化分析系统,该系统采集化工行业价格、产量、开工率、终端产品销量、物流等数据,运用回归、时间序列和机器学习等算法,建构预测模型,输出价格、进出口、库存、行业预警等指标类的预测结果。通过信息处理技术,对化工——新能源产业链数据集进行建模与计算,洞悉和预测产品行业发展,进而为化工行业企业的运营提供决策依据。经过企业试运行,价格模型的预测同向概率可以达到 70%~75%。

三、数字化背景下的系统思维增强全局性掌控能力

数字化技术的快速发展为企业提供了丰富的数据视图,包涵了用户反馈、经营分析、财务分析、企业成本和行业竞争对手数据,使企业能够以全局视角进行思考。

数字化提供了更全面和准确的用户反馈。通过数字化平台,企业可以收集和分析用户的行为数据,了解他们的偏好和需求。这种数据视图使企业能够更好地了解市场需求,优化产品和服务,从而提高用户满意度和忠诚度。此外,数字化还可以帮助企业与用户建立更紧密的联系,通过个性化推荐和定制化服务来满足用户的需求。

数字化还提供了经营和财务分析的重要数据视图。企业可以通过数字化平台收集和分析销售数据、成本数据、利润数据等,从而深入了解企业的经营状况和财务状况。这些数据视图可以帮助企业发现问题和机会,制定相应的经营策略和财务决策。例如,企业可以通过分析销售数据找出销售瓶颈并采取措施改善销售业绩,或者通过分析成本数据找出节约成本的方法,提高企业的盈利能力。

数字化还可以提供企业成本和行业竞争对手数据的视图。通过数字化平台,企业可以实时监控和分析成本数据,从而找出成本高的环节并采取措施降低成本。同时,数字化还可以帮助企业了解行业竞争对手的动态,包括市场份额、产品创新、营销策略等。这些数据视图可以帮助企业制定竞争策略,提高市场竞争力。

然而,数字化也带来了一些挑战。数字化需要企业具备相应的

技术和人才。企业需要投入大量的资源来建立和维护数字化平台，同时还需要拥有专业的数据分析团队来解读和运用数据。此外，数字化还涉及数据安全和隐私保护的问题，企业需要采取相应的措施来保护用户和企业的数据安全。

【案例 2-11】　　　　　"管理驾驶舱"

目前很多大型生产企业都建设有"管理驾驶舱"，如图 2-6 所示。该系统将企业内采购、制造、库存、销售、能耗、客户等一系列数据汇聚在一起，并在控制中心集中展示和分析。企业管理者可以通过管理驾驶舱，形成企业数字化管理整体框架，覆盖财务、营销、制造、设备、安全、环保等各个专业部门的日常 KPI 报表分析应用，可以支撑市场动态、同业竞争态势及单损益/日损益等跨部门大数据应用场景建设，为未来数据支撑的应用场景建设探索新的实现机制，有效支撑企业数据资产化并发挥其数据价值。

图 2-6　管理驾驶舱

四、数字化背景下的敏捷迭代思维加速企业升级

借鉴互联网公司敏捷迭代思维，在满足客户基本要求的情况下，应快速完成产品并交付，并将开发重点放在产品交付给客户后，通过数字化手段持续采集用户反馈并持续改进产品的性能，或者根据用户的反馈持续改进生产工艺，快速反应，不断完善自身。这一策略的重点在于持续收集用户需求和持续改进，这就需要借助数字化手段

持续跟踪用户反馈。难点则在于持续改进将项目周期变长,如原本 6 个月可以完成的项目,可能需要持续跟踪 2 年甚至更长的时间,在此期间,用户的反馈间隔将越来越长,这就需要每个工程师同时参与多个项目,增加了企业对于项目管理的难度,因此需要借助数字化系统,提高企业内部生产、工艺、客服等部门的协同处理能力,实现数字化管理。

互联网的快速发展和不断变化的市场需求使得传统的产品开发和交付方式面临巨大的挑战。在过去,企业通常采用瀑布模型的开发流程,将产品的开发和改进集中在项目开始阶段,然后一次性交付给客户。然而,这种方式往往导致产品与市场需求脱节,无法及时满足客户临时变化的需求。

为了应对这一挑战,许多互联网公司开始采用敏捷迭代的思维方式。敏捷迭代的核心理念是快速交付产品,并在产品交付后持续采集用户反馈,通过不断改进产品来提高其性能和质量。这种方式的优势在于能够更加灵活地适应市场需求的变化,快速迭代产品,提高用户满意度。

与此同时,数字化手段成为必不可少的工具。通过数字化系统,企业可以实现对项目的跟踪和管理,提高各部门之间的协同能力。例如,通过数字化手段,企业可以实时监控产品的性能和用户反馈情况,及时调整产品的开发方向。同时,数字化系统还可以帮助企业内部各个部门之间的协同工作,例如生产部门可以根据用户的反馈持续改进生产工艺,客服部门可以及时解决用户的问题,提高用户满意度。

五、数字化背景下的用户思维驱动企业发展

传统企业在市场导向和营销导向方面的决策往往是基于产品销售情况来的。企业依靠销售数据来判断产品的受欢迎程度和市场需求情况,从而调整市场策略和产品定位。但是这种方式存在一定的

局限性。首先,销售数据只能反映出产品销售的结果,而无法体现用户的真实需求和反馈。其次,我们的个人经验和市场的判断可能受到主观因素的影响,这样就导致决策不一定满足用户需求。所以传统企业的发展往往缺乏科学性和客观性,容易陷入盲目的境地。

然而,在数字化背景下,企业就可以通过引入客户关系管理(Customer Relationship Management,CRM)等系统来收集和汇聚用户反馈。CRM系统可以帮助企业建立完整的用户档案,记录用户的消费行为、偏好和反馈意见等信息。通过对这些数据进行分析和挖掘,企业可以更加全面地了解用户的需求和行为模式,并根据这些信息来改进产品和服务。例如,企业可以根据用户的反馈意见来调整产品的设计和功能,以便更好地满足用户的需求。此外,企业还可以通过CRM系统来进行市场细分和目标客户的定位,从而更加精准地进行营销活动。

【案例2-12】　　　　以用户思维设计电子产品

360公司在设计一款路由器时,他们设计出的路由器是鹅卵石形状,外形小巧优美,并在保证信号强度的前提下采用了内置天线。此外,公司通过用户调研发现,大部分用户都是无线接入。于是,他们就只保留了2个网线接口。但这样看似完美的产品,却遭受了销售的困境。其原因是,用户对路由器产品的理解和期望是另外一番情况。用户觉得,"那么小一个盒子,怎么会这么贵""居然没有天线,信号肯定不行——人家都三四根天线""接口那么少,将来不够用了咋办"。后来,他们根据这些用户的反馈,切实按照用户思维,对产品做了改进:调整了产品尺寸、增加了天线和网口,重点增强了路由器的信号强度。

六、数字化背景下的生态思维推动全产业链协同

随着数字化时代的到来,企业面临着前所未有的机遇和挑战,生态思维成为推动全产业链协同发展的重要理念。通过构建良好的企

业生态环境,实现上下游产业链共生,可以为企业带来更多的机会和竞争优势。

数字化背景下的生态思维可以促进企业之间的合作与共赢。例如,国产操作系统始终无法打开局面不是因为技术不过硬,而是因为缺少整个生态环境。在数字化时代,企业之间的竞争已经不再是单纯的产品和价格之争,而是更多地侧重于创新能力和合作关系上的竞争。通过生态思维,企业可以意识到自身在产业链中的位置和作用,并主动与上下游企业进行合作,实现资源共享、优势互补。微软在发布一款操作系统后,整个软件行业都会主动来适配 Windows,但是一款国产操作系统发布之后,则需要去适配整个软件行业。

生态思维还可以帮助企业更好地适应数字化变革带来的挑战。数字化技术的快速发展正在改变企业的经营方式和市场环境。传统的产业链模式已经无法满足数字化时代的需求,企业需要转变思维方式,从线性的产业链向生态化的产业网络转变。企业通过生态思维,可以更好地适应数字化变革带来的挑战,找到新的商业模式和增长点。例如,一家传统的服务器制造企业可以通过数字化技术将自身转变为一个云服务提供商,为客户提供定制化的云资源解决方案,帮助客户实现增值和差异化竞争。

生态思维还可以促进企业的可持续发展。在数字化背景下,企业不仅需要关注自身的利益,还需要考虑社会和环境的可持续发展。企业通过生态思维,可以将自身的发展与社会责任和环境保护相结合,实现经济、环境和整个社会的共赢。例如,一个数字化平台可以通过智能化管理来优化资源配置,减少能源消耗和环境污染,提高资源利用效率,实现可持续发展。现在很多行业都出现了专业的互联网交易平台,这些平台通过为国内外化工企业、贸易商、物流公司和其他配套企业提供网上销售采购、商情发布、企业推广、信息资讯、物流协同、供应链融资等一系列专业的电子商务服务,汇聚了行业内的大部分企业,形成了行业生态圈。

第三节　大模型时代

一、何为大模型时代

模型一般有深度学习和机器学习两种，都含有大量参数。这些参数可以通过训练过程自动调整以捕获输入数据中的复杂关系。AI大模型是"大数据＋大算力＋强算法"结合的产物，凝聚了大数据内在精华的"隐式知识库"，包含了"预训练"和"大模型"两层含义，即模型在大规模数据集上完成预训练后无须微调，或仅需要少量数据的微调，就能直接支撑各类应用。简单来说，就是在大数据的支持下进行训练，学习出一些特征和规则，微调后应用在各场景任务中。目前，大模型主要应用在自然语言处理、计算机视觉、语音识别等领域。

这些模型具有数量级庞大的参数和极高的计算复杂度，需要海量数据、大规模计算力和强大的算法优化能力等条件来支撑它们的训练和应用。例如 OpenAI 的 GPT（Generative Pre-trained Transformer）系列，最开始的 GPT-1 拥有 1.17 亿个参数，GPT-3 的参数到达 1750 亿个，据外媒报道，OpenAI 的首席执行官 Sam Altman 在出席"the AC10 online meetup"的线上 QA 时透露"GPT-4 不会比 GPT-3 大，但会使用更多的计算资源"。

大模型时代催生了一系列新兴的 AI 技术和应用场景，如自然语言处理、计算机视觉、语音识别、推荐系统等，使得 AI 技术逐渐成为人类社会发展的重要推动力量。

在大模型时代，AI 技术已经不仅仅是若干个单独的算法或者模型，而是通过集成、协作、创新等方式形成了更加完整和广泛的技术体系，拥有更多的可能性和应用空间。所以，企业和组织需要投入更多的资源和精力，在数据、算力以及人才等方面寻找突破口和优化策略，以获得更为准确和高效的 AI 应用解决方案，进而提高自己的竞争力、创新能力和信任度。同时，各国政府也需要加强监管和规范 AI 技术的发展，保障公众利益和人类社会的可持续发展。

从大模型的应用领域来划分，可以分为通用大模型和行业产品大模型。下面就分别从这两个方面简要介绍大模型的应用案例。

二、通用大模型

现在最常见的通用大模型是 ChatGPT，它是美国人工智能研究实验室 OpenAI 于 2022 年 11 月 30 日推出的一种由人工智能技术驱动的自然语言处理工具。ChatGPT 甫一问世，业界就掀起了惊涛骇浪。短短 40 天内，其日活用户量越过 1000 万大关，服务器甚至一度被挤爆。

ChatGPT 采用 Transformer 神经网络架构，也是 GPT-3.5 架构，拥有语言理解和文本生成能力，通过连接大量的语料库来训练模型，做到与真正人类几乎无异的聊天场景进行交流，并进行撰写邮件、视频脚本、文案、翻译、代码等任务。

通用大模型具有强大的泛化性、通用性和实用性，敲开了人工智能技术从专用人工智能转向通用人工智能的大门，打开了大规模商业化的想象空间，成为新一轮大国技术竞争的核心领域。大模型成为人工智能新赛道。

每一次工业革命都诞生了颠覆性的技术创新，也极大地推动了社会生产力发展。AI 大模型是人工智能历史的分水岭，甚至是工业革命以来人类文明史的分水岭。事实上，在 2023 年大模型爆火之前，主流的说法已经认为人工智能将引领第四次工业革命。大模型使得人工智能可以更好地模拟和应对更复杂的现实问题，为新的颠覆性的技术创新提供了基础，它将推动各个行业的变革。

【案例 2-13】　　　　通用大模型的不同产品

ChatGPT 能够通过理解和学习人类的语言来进行对话，还能根据聊天的上下文进行互动，像人类一样来聊天交流，甚至能撰写邮件、视频脚本、文案、翻译、代码,写论文等。大语言模型 ChatGPT,在人工智能领域引发了新一轮的科技竞赛,多家国内外企业相继推出类似产品。在阿里云峰会上,阿里巴巴也正式推出其大语言模型——通义千问。2023 年春季,OpenAI 陆续发布 ChatGPT、GPT-4,引发了 AI 界的全民狂欢,至此,人工智能领域正式开启了全新的时代——大模型驱动的 AI 时代。

三、行业产品大模型

随着 ChatGPT"狂飙",人工智能已然来临,并开启了大模型驱动新时代。国内外企业正在抢抓大模型行业机会来赋能产业升级。行业产业界关注点也从最初的更多关注通用大模型纷纷转向推出赋能产业的大模型。

【案例 2-14】　　　　　　　　行业产品大模型

华为轮值董事长胡厚崑在 2023 世界人工智能大会上表示,人工智能的发展关键是要脚踏实地,推动人工智能走深向实,真正为千行百业服务,赋能产业升级。腾讯集团高级执行副总裁、云与智慧产业事业群 CEO 汤道生提出,产业场景是大模型最佳"练兵场","通用大模型可以在 100 个场景中,解决 70%～80% 的问题,但未必能 100% 满足企业某个场景的需求"。比起通用大模型,企业更需要针对具体行业的大模型,并结合企业自身的数据进行训练和精调,以打造出更实用的智能服务。360 集团创始人周鸿祎认为,"大模型将成为每个数字化系统的标配,手机、汽车均可部署,将无处不在。中国发展大模型要抓住产业机会,赋能千行百业才能引领工业革命"。

(一)大模型在 IT 行业的应用

随着人工智能的进步,研究人员开始探索一种新的方法,即使用预训练的大规模语言模型来生成代码。这种方法的核心思想是通过对自然程序代码进行预训练,得到一个能够理解这些代码的大型语言模型。利用这种语言模型,一个不懂程序的人,也可以根据自然语言的需求描述或其他提示,通过预训练代码大模型直接生成满足需求的程序代码,或者帮助软件开发人员检查和测试代码。其训练逻辑如图 2-7 所示。

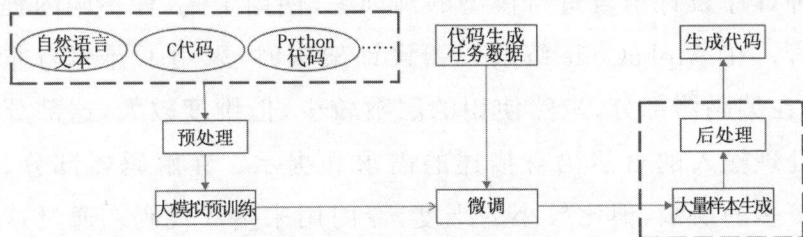

图 2-7　大规模语言模型训练逻辑

如图 2-7 所示,该方法首先通过对自然语言文本和一种或多种程序语言代码进行模型预训练,生成预训练语言模型然后在针对特定任务的数据上对模型进行微调,得到面向具体代码生成任务的生成模型。通过使用该模型生成大量的代码样本,可以使用某种后处理程序从中筛选出正确的代码,并将其作为最终的生成结果。

从以上结构中可以看到,基于大模型的代码生成的核心就是"代码大模型"。目前,其主要类别可以分成三类,如图 2-8 所示。

图 2-8　语言模型的分类

第一个模型是左到右语言模型。最典型的是 MIT 提出的 PolyCoder 模型,它采用了 GPT-2 架构,使用程序设计语言代码进行预训练,使用了 12 种程序设计语言代码,却并没有使用任何自然语言的文本进行预训练。可以看出,这样的代码大模型,用它生成程序测试时,能够直接通过测试的概率非常低,虽然可以生成更多的样本,测试通过概率会更高,但本质上看,它的正确率整体来说还是非常低。所以,预训练代码大模型直接生成的程序代码质量相对较低。

第二个模型是编解码语言模型。典型应用是 DeepMind 提出的 AlphaCode,它的框架基于编解码器架构,与 PolyCoder 相同,也是基于多种程序设计语言进行模型的预训练,使用了 12 种不同的程序设计语言。在 AlphaCode 编解码器设计架构时,采用了异构与非对称结构,在编码器部分,虽然使用的层数较少,但维度较大,这部分主要用于处理输入的自然语言描述的需求和提示。在解码器部分,采用了比较多的层数,但比较小的维度,专门用来生成代码。通过这种架构,就能在同样的参数规模下更好地提高代码生成质量。DeepMind 的研究人员同样发现了从预训练语言模型里生成的代码质量相对较低。所以,他们采用了后处理的策略进行筛选和过滤,以得到正确的代码。此外,他们还试图通过生成海量样本的形式,从中找到正确的生成代码。

第三个模型是掩码语言模型,也是对话式生成方式。Salesforce 提出的 CodeGen 模型(A Conversational Paradigm for Program Synthesis),通过大型语言模型进行对话式程序生成的方法,将编写规范和程序的过程转换为用户和系统之间的多回合对话,把程序生成看作一个序列预测问题,用自然语言表达规范,并对程序进行抽样生成。

由此可以发现,目前的代码大模型采用了与自然语言大模型相同的架构。然而,实际上自然语言和程序设计语言之间存在较大差异。自然语言的语法复杂且不严格,层次结构不清晰,语义不精确,表达具有多义性,而程序设计语言的语法简单且严格,层次结构清晰,语义明确,表达不会产生歧义。总体上来看,程序设计语言具有递归结构。在代码生成过程中,大模型会复制训练数据中的代码片段,这可能导致生成的代码存在版权问题。这种现象的出现是因为目前的大模型架构在学习和理解方面的能力较弱,更偏向于记忆。

未来的大模型可能会从记忆代码片段转换到学习人类编程的模式,而不是单纯的记忆代码片段。

（二）大模型在教育行业的应用

传统的教学方法通常侧重于灌输知识,从而忽视了很多个性化和多样化的学习需求。然而,大模型的出现为教育行业带来了新的可能性。

大模型拥有广泛的知识和思维能力,就像一名跨学科的教师。无论是热门的学科还是小众的领域,大模型都能够给出相对有逻辑的回答。这种独特的特性使得 GPT 能够成为一名理想的辅助教师,能够为学生提供更广泛的知识背景和问题解决方法,满足不同学生的学习需求。

大模型技术的应用将催化"启发式"教学模式的发展。传统的应试教学模式注重知识的灌输和试题的训练,相对缺乏让学生主动去思考和创造的机会,而大模型可以与学生进行对话并引导他们思考,激发学生的学习兴趣和能动性。通过和大模型的互动,学生可以提出问题、探索知识,从而更加积极主动地参与学习过程。此外,大模型还能够推动教育领域的个性化和多样化变革等。

当然,大模型作为一种教学辅助工具,并不能完全替代传统教师的角色。传统教师在教学中不仅能传授知识,还能起到引导学生思考、激发学习兴趣以及培养学生创新思维的作用。因此,在引入大模型技术的同时,我们也应该充分发挥传统教师的优势,将 GPT 作为一种辅助手段,而不是替代品。

【案例 2-15】　　　　　　　　教育辅助 App

依托大模型技术,猿辅导为用户提供在线教育产品及服务,推出了猿辅导、斑马 App、小猿搜题、小猿口算、猿题库等多款在线教育产品,为用户提供网课、智能练习、难题解析等多元化的智能教育服务。目前,猿辅导拥有百亿级学生的学习行为数据,在助力网课教学的同时,真正实现了因材施教。同时,利用海量数据持续迭代优化算法,对图像、声音、文字等复杂信息对象进行精确识别和分析,应用到拍照搜题等产品功能中。猿辅导 AI 研究院以"研发重投入,聚焦最前沿"为准则,目前已向业界开源共享超过 5 项自主研发技术。2018 年,猿辅导 AI 研究院的 MARS 数据模型获微软"MS MARCO 机器阅读理解水平测试"第一名,参加"斯坦福问答数据集"AI 赛事获世界第一。学生在学习时如果遇到不会的题目,通过手机对着题目拍照,就可以得到这道题的详细答案,甚至是专家的解答视频。

(三)大模型在金融行业的应用

金融行业一直以来都是高度复杂且竞争激烈的领域,而且随着人工智能技术的快速发展,给行业带来了进一步的巨大变革和机遇。大语言模型作为一种先进的自然语言处理技术,必然对金融行业的经营、管理、产品营销及客户服务等方面产生深远影响。

以客户服务为例,大家都应该深有体会,现在银行业的所谓"智能"客服,其实并不智能,还被人戏称为"人工智障"。然而,我们相信引入大模型后有望更好地满足客户需求。因为大模型拥有强大的自然语言理解和生成能力,能够更好地理解我们的问题并提供准确的回答。无论是网上银行应用、移动银行还是电话服务中,大模型都可以实现更高效、个性化的客户服务,为客户提供更好的体验。

我们也必须意识到,虽然大模型在金融行业具有巨大的潜力,但其应用仍面临一些挑战。首先,保护客户隐私和数据安全是至关重要的,任何应用大模型的金融机构都必须严格遵守相关法律法规。其次,大模型并不是上帝,所以它的分析结果有可能存在错误。因此,在引入大模型技术之前,金融机构需要对其进行充分的测试和评估,以确保其准确性和稳定性,并在使用过程中由专人对大模型的判断结果进行确认。

【案例 2-16】　　　　　　金融行业大模型

2023 年 5 月,度小满开源了国内首个金融行业大模型,已经有上百家金融机构申请试用。9 月,C-Eval、CMMLU 公布了大语言模型评测基准的成绩,度小满金融大模型在两大权威榜单上的所有开源模型中排名第一,也是国内首个同时在两大权威榜单排名第一的金融大模型。目前,度小满正在与百度云共建基于文心一言的金融行业解决方案。

(四)大模型在医疗行业的应用

大家肯定都忘不了2019年底暴发的新冠疫情,这次疫情给我们的生活带来了重大影响,但同时也推动了互联网医院的发展,因为它们具有突破时空限制,还能避免接触,减少病毒传播的持续性。诸如平安好医生、阿里健康、京东健康等平台都建立了轻问诊模式,聘请自有医生和外部签约医生提供问诊服务。我们认为,大模型可以用于在线问诊支持,为用户提供基本的、常规化的问诊服务。这会有助于互联网医疗平台大幅提高问诊效率,并且不再受限于医生数量的供给能力。

然而,在大模型技术应用的过程中,医学界也面临一些挑战与问题。例如,医学领域的专业性和复杂性、与医患之间的沟通和信任问题等。因此,在医疗信息化公司与医院、互联网医疗平台开展合作时,必须加强数据保护措施,确保患者数据的安全性和隐私性。同时,也需要不断加强与医生和用户之间的沟通,提高大模型技术的接受度和信任度。

【案例 2-17】 大模型根据胸片 CT 识别结节

2020年,阿里巴巴达摩院和阿里云联合浙大一附院、万里云、长远佳和古珀医院等多家机构合作,基于5000多个病例的CT影像样本数据,并学习、训练样本的病灶纹理,研发了新冠病毒肺炎的辅诊助手。该模型可在20秒内对疑似案例的CT影像进行判读,区分新冠肺炎、普通病毒性肺炎及健康的影像,根据纹理特征计算疑似新冠肺炎的概率,并直接算出病灶部位占比,分析结果准确率达到96%。2021年,哈尔滨工业大学(深圳)人工智能研究院院长刘劼提出一种观点:在根据胸片CT判断结节方面,人工智能的准确率已经超过了医生。

(五)大模型在图像视频行业的应用

图像视频行业是一个由新老业态交织而成的多元化领域,涵盖了文字、图像、艺术、影像、声音等多种形式的生产和传播,包括报纸、图书、广播、电影、电视、动漫等诸多细分领域。从产业链条的角度来看,图像视频行业主要涉及信息采集、制作、分发、传播等环节。我们认为,大模型将主要影响产业链前端的信息采集和制作环节。

根据中国信通院和京东探索研究院发布的《人工智能生成内容（AIGC）白皮书》,在大模型赋能之下,图像视频行业有望实现多模态的延伸,进一步提高新兴应用的供给能力。举例来说,大模型可以改进写稿机器人、采访助手、视频智能剪辑、合成主播等新型应用,从而改变内容的生产模式,并满足读者、观众或者收听者对于内容的需求。

【案例 2-18】　　　大模型可以有效减轻画师的工作量

2019 年夏天,中央美术学院研究生毕业展上,展出了一套系列组画《历史的焦虑》。从表现手法和观念上来说,这些画并没有太多新奇之处,但绘画语言娴熟,格调不俗。然而观众在知道作者的身份后,纷纷驻足欣赏。原来,这组画的作者"夏语冰"其实是人工智能机器人"微软小冰"。作为实验艺术系教授邱志杰的"研究生",这组作品是她通过三年的深度学习后自动生成的画作。无独有偶,今年 8 月,在美国科罗拉多州博览会的美术比赛上,一位游戏设计师通过人工智能绘画工具生成的作品《太空歌剧院》,参加了数字艺术单元竞赛,获得了第一名,在插画圈引起热议,并漫溢到整个网络,如图 2-9 所示。

图 2-9　获奖作品《太空歌剧院》(*Theatre Dopera Spatial*)

四、"大模型热"下的"冷思考"

通用大模型下的人工智能是人类历史上第一次关于智能本身的革命。人工智能领域正式开启了全新的 AI 大模型时代,同时 AI 技术的发展也给人类带来了许多挑战和问题,包括技术突破、模型简单、算法公正性、人机关系、数据隐私侵权等。大模型不应成为脱缰野马,我们需要"大模型热"下的"冷思考"。

(1)过去的人工智能技术发展,曾经几次引起产业界的投资热潮,但最终往往昙花一现,而技术没有在产业端形成扎实的应用是重要的原因之一。反观国内大模型产业,从表象上看是热火朝天,各种大模型产品层出不穷,但深入分析各个产品的应用模式,往往存在技术路线同质化严重、数据生态不完善、算力掣肘、模型创新有限等问题。

(2)国内存在大模型算力不足的问题。目前英伟达是全球 GPU 领域的绝对龙头,近两年推出的 A100、H100 是数据中心级云端加速芯片,为人工智能、数据分析和 HPC 数据中心等提供算力。但是,由于美国限制将高端人工智能芯片出口到中国,国内人工智能的高端场景随之受限,而目前国内厂商的芯片水平,相比于英伟达的 A100 和 H100,产品差距还是十分明显的。例如国内的蔚来、小鹏、毫末智行等是基于英伟达 A100 打造自动驾驶训练中心,缺乏相关芯片将直接影响下游产品的开发和使用效果。

(3)目前企业开发实施的产品模型及应用还面临四大技术挑战:一是数据准备时间长,数据来源分散,归集慢,预处理百 TB 数据需 10 天左右;二是多模态大模型以海量文本、图片为训练集,当前海量小文件的加载速度不足 100MB/s,训练集加载效率低;三是大模型参数频繁调优,训练平台不稳定,平均约 2 天出现一次训练中断,需要 Checkpoint 机制恢复训练,故障恢复耗时超过一天;四是大模型实施门槛高,系统搭建繁杂,资源调度难,GPU 资源利用率通常不到 40%。

(4)大模型应用将引发人类社会伦理问题。现在看来,美国好莱坞大片《终结者》和《我,机器人》等科幻电影的情节并不是杞人忧天。随着大模型的快速发展,人类所面临的 AI 大模型的挑战将不仅仅是职场动荡、失去工作、社会失业率高等问题,现在大模型已经在很多方面超越了人类的能力,人是否或早或晚会成为大模型的工具人?如果 AI 出现推理能力、并在无人知晓原因的情况下越过界限(比如机器人三定律)后,是否会对人类造成威胁?

(5)大模型时代隐私泄露及侵权问题突出。大模型本身参数规模巨大、数据来源多样。生成式大模型的结果是从海量的语料中随机拼接式的概率化生成,传统上用于认定隐私侵犯的手法在大模型时代会失效,因此在侵犯识别层面就已造成困难。对用户而言,要建立起对大模型隐私的安全意识,充分认识到在使用大模型的过程当中,数据有可能被服务方所收集,从而导致隐私泄露;对厂商而言,要提升服务的规范性,给予用户充分的知情权,在用户完全授权的情况下,在收集用户相关的使用数据时,不应该超出用户授权的范围。

无论是对于行业企业,还是个人,既要仰望星空、更要脚踏实地地注重大模型时代及其发展,一方面要充分发挥政府引导作用和创新平台催化作用,整合创新资源,加强要素配置,营造创新生态;另一方面,各行业企业要注重产品研发,创新出能够满足实际应用场景需求的大模型产品,将技术转化为盈利模式,才能实现可持续发展。

第四节　更强大、更活跃的数字化

一、数字孪生

(一)数字孪生的理解

数字孪生(Digital Twin)是一种旨在准确反映物理对象的虚拟模型。数字孪生不仅包括物理对象的尺寸、物理位置、姿态等可见信息,还包括这一物理对象的相关人员所关心的其他不可见信息。以风力涡轮机为例,涡轮机涉及外形以及温度、电流、电压、振动等物理参数,这些不可见的数据来自风力涡轮机传感器,传感器将这些数据上传到数字化系统并应用于数字副本,相关人员可以直观地在数字孪生中看到物理对象的实时状态。

数字孪生的雏形出现于20世纪60年代,美国国家航空航天局在太空探索任务中率先使用了数字孪生技术,每个航天器在当时都被精确复制成相同的模型,供美国国家航空航天局工作人员用于研究和模拟。1991年,耶鲁大学计算机科学教授David Gelernter首次提出了数字孪生的概念。然而,密歇根大学Michael Grieves博士被认为是2002年首次将数字孪生概念应用于制造业,并正式宣布了数字孪生的软件概念。2003年前后,关于数字孪生的设想首次出现于美国密歇根大学的产品全生命周期管理课程上;直到2010年,"Digital Twin"一词在NASA的技术报告中被正式提出;2012年,美国国家航空航天局与美国空军联合发表了关于数字孪生的论文,重点应用于未来飞行器发展。

(二)数字孪生系统的特点

大规模的多源数据整合。数字孪生的一个重要特点是多源异构数据融合。在实际运行过程中,各个行业领域都会产生大量的基础数据,包括各种地图要素数据、监测视频数据、实时报文数据、BIM数据、传感、商业系统、各类数据库等。

内核支持数据的驱动。数字化孪生系统就是通过数据驱动来实现物理实体对象与数字世界模型对象之间的全面映射。其中与之类似的内核级支持数据驱动,也是数字孪生可视化决策系统的核心功能。

可视化分析与决策支持。数字孪生系统最有实际应用意义的是帮助用户建立真实世界的数字孪生模型。在既有的大量数据信息基础上,建立一系列商业决策模型。

（三）数字孪生的作用

首先,数字孪生将使生产更便捷,创新速度更快,生产周期更短。数字孪生通过设计工具、仿真工具、物联网等各种手段,将物理设备的各种属性映射到虚拟空间中,形成了一个可拆解、可复制、可修改、可删除的数字镜像,从而提升操作人员对物理实体的了解,比如说在现实中你很难实时掌握一个燃烧锅炉内部不同位置的温度和压力变化,而通过数字孪生技术就可以将这些数据直观地展示在锅炉模型上,这就轻松解决了很多由于物理条件限制而无法完成的操作。

其次,数字孪生技术将提升测量、分析和预测能力。通过对物体传感数据的实时了解,借助经验模型的预测和分析,可以通过机器学习计算,总结出一些原本无法测量的指标,从而提高对机械设备、流程的理解力以及控制和预测力。比如在设备维护方面,将温度、振动、碰撞、载荷等数据实时输入数字孪生模型中,并将设备使用环境数据输入模型,使数字孪生的环境模型与实际设备工作环境的变化保持一致,通过数字孪生技术在设备出现状况前提早进行预测,以便在预定停机时间内更换磨损部件,避免意外停机。

数字孪生可以帮助实现工业知识的软件化。在传统的工业设计、制造和服务领域,经验往往是一种模糊而很难把握的形态,很难将其作为精准判决的依据。而数字孪生的一大关键进步是可以通过数字化手段,将原有无法保存的专家经验进行数字化,并提供保存、复制、修改和转译的能力。

【案例 2-19】　　　　　　波音 777 客机

波音 777 客机在整个研发过程中没有使用过任何的图纸模型,所涉及的 300 多万个零部件完全依靠数字孪生技术进行模拟、实验。据报道,该技术帮助波音公司减少了 50% 的返工量,有效缩短了 40% 的研发周期。

（四）数字孪生的应用场景

数字孪生是个普遍适应的理论技术体系,通过数字化建模的方式建立物理世界和数字世界之间精准的映射关系、实时反馈机制,可以构建起虚拟世界对物理世界描述、诊断、预测和决策的新体系。可以应用在众多领域,在产品设计、产品制造、医学分析、工程建设等领域应用较多。其中,在国内应用最深入的是工程建设领域,关注度最高、研究最热的是智能制造领域。

以国内一家大型煤化工企业为例,他们以"数据＋模型"驱动数字虚体为技术主线,构建了面向企业设备层、工序层、产线层等不同层级的工业数字孪生系统。该系统具备数字化映射、数字化监测、数字化诊断、数字化预测、数字化仿真和数字化优化等全部功能,如图 2-10 所示。

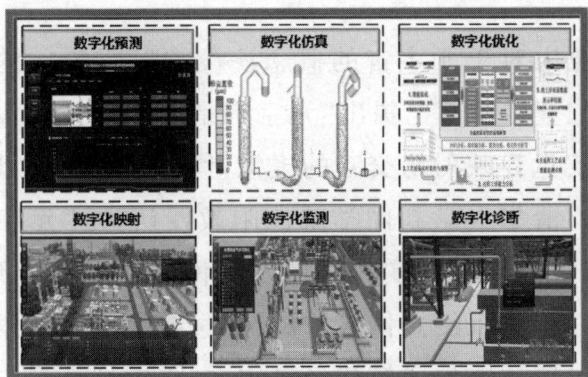

图 2-10　数字孪生管理系统工业场景数字化能力

二、元宇宙

(一)元宇宙的概念

目前"元宇宙(Metaverse)"没有形成公认的统一概念。"元宇宙"的鼻祖——科幻作家尼尔·斯蒂芬森1992 年在其著作《雪崩》中提出的原始概念:元宇宙是平行于现实世界的、始终在线的虚拟世界,是现实与虚拟的结合,让世界不再有距离。人们在元宇宙里可以拥有自己的虚拟替身,这个虚拟的世界就叫作"元宇宙"。小说描绘了一个庞大的虚拟现实世界,在这里,人们用数字化身来控制,并相互竞争以提高自己的地位。在如今看来,小说描述的还是超前的未来世界。2021年被称为"元宇宙元年",美国社交媒体Facebook率先更名为Meta,并宣布计划投资数十亿美元建设元宇宙,大力发展"元宇宙"业务;美国游戏公司Roblox上市,被视为"元宇宙"第一股;微软宣布计划开展Dynamics 365 Connected Spaces和Mesh for Microsoft Teams两个项目,推进元宇宙建设。随后国内外互联网科技巨头也纷纷宣布入局"元宇宙"领域。

简言之,元宇宙是把现实世界搬到虚拟世界中,通过完全的复制,提高产业的规划与实际效率。我们一般认为,元宇宙包括八大因素:身份、朋友、沉浸感、低延迟、多元化、随时随地、经济系统和文明等。

目前,行业内对于元宇宙的概念还没有形成统一的认识。北京大学陈刚教授、董浩宇博士提出"元宇宙是利用科技手段进行链接与创造的,与现实世界映射与交互的虚拟世界,具备新型社会体系的数字生活空间"。清华大学新闻学院沈阳教授认为:"元宇宙是整合多种新技术而产生的新型虚实相融的互联网应用和社会形态,它基于扩展现实技术,提供沉浸式体验,以及通过数字孪生技术生成现实世界的镜像,通过区块链技术搭建经济体系,将虚拟世界与现实世界在经济系统、社交系统、身份系统上密切融合,并且允许每个用户进行内容生产和编辑。"

不难看出,元宇宙与数字孪生有着密不可分的联系。数字孪生主要面向工业领域,而元宇宙的概念更广泛,它包括了整个"宇宙"。

也有人把元宇宙概念的界定模式分为三类:一是物质世界数字化,即在互联网实现人类视觉、听觉数字化的基础上,元宇宙实现了触觉、味觉等各种感官体验的高度仿真;二是"平行世界",即元宇宙描述了人类能够在虚拟空间进行与现实世界相同的活动;三是元宇宙整合了多种新技术从而产生的新型虚实相融的互联网应用和社会形态,虚拟世界与现实世界在经济系统、社交系统和身份系统层面相互交叉融合。

（二）对元宇宙的理解思考

可以从以下方面对元宇宙进行深刻理解思考。

首先，元宇宙是人类叙事方式。元宇宙将成为人类历史上一种全新的叙事方式，叙事的逻辑将从真实世界跃迁到虚拟世界，将创造一个虚实融合的全新故事。元宇宙的叙事方式既能够促进人类物质上的再一次发展，也能满足人类在精神上的需求。

其次，元宇宙是数实融合空间。三十多年前，钱学森院士在《致汪成为》的手稿中，就已提到与元宇宙紧密相关的虚拟现实，并将它翻译为具有浓厚中国味的词——"灵境"。他认为有了灵境，人的创造能力将会大大提高，从而形成大成智慧。元宇宙区别于传统环境最显著的特征就是现实和虚拟时空的融合，成为一种数实融合空间。元宇宙不仅仅呈现数字世界，而且更强调数字和现实的融合，除了现实中的空间会融合到数字空间，数字空间中的时间将不再完全对应现实空间中的时间，一切将变得更加多样和多维。

最后，元宇宙不是指单一的数字技术，它是集人类各种数字技术之大成者。数字产业化和产业数字化形成元宇宙的生产力闭环；依靠数据价值化使得数据作为数字文明创造的主要生产要素，驱动数字产业化和产业数字化；通过治理数字化不断去改造生产关系，推动生产力创造一个有效而健康的元宇宙环境。元宇宙逐渐成为数字社会的进阶形态，成为推进人类文明迈向更高级文明的重要推动力。

理性审视、发展元宇宙是我们未来的一大目标，但我们不宜过度夸大和炒作"元宇宙"及相关概念。"元宇宙"是整合多种新技术而产生的新型虚实相融的互联网应用和社会形态，其本质是沉浸式体验，这本身符合人类社会信息技术与社会深度融合的发展大趋势。人类社会的数字化程度越来越高，与信息技术之间的"亲密"程度也越来越高，因此沉浸式发展是科技不断满足人们"亲密度"需求的必然过程;"元宇宙"基于扩展现实技术提供沉浸式体验,基于数字孪生技术生成现实世界的镜像,基于区块链技术搭建经济体系,将虚拟世界与现实世界在经济系统、社交系统、身份系统上密切融合,它仍是以往科技创新的延续。

(三)元宇宙赋能实体经济

实体经济的发展,文明的进步,都是以解决社会生产的内在矛盾为基础。元宇宙不是凭空产生的,而是立足于经济发展的社会需求之上。要素、技术、场景、生态,既是实体经济发展和转型的引擎,也是元宇宙赖以运转的根基。从另一个维度来看,元宇宙代表的不是一个概念,而是文明演进的一种形态。如上一个信息时代的过往,在浪潮的簇拥之下,会迅速为经济发展注入新的动力。在全球经济的新一轮机遇期,技术与变革,社会与文明,都在寻求一个新的空间与动力。元宇宙是虚实融合的新兴赛道,作为植根数字化、落地场景化的全球热点新赛道,元宇宙如何赋能实体经济,走出以虚促实的中国路径,成为新一轮科技革命和产业革命的战略要点,因此全国上下都开始积极探索元宇宙项目,并于 2022 年和 2023 年先后召开了世界元宇宙大会(见图 2-11)。

图 2-11　2023 世界元宇宙大会

【案例2-20】　　　　元宇宙平台"张家界星球"

2022年11月20日,全球首个景区元宇宙平台"张家界星球"测试版在湖南张家界正式发布,游客们还能参加世界首座虚拟山峰命名权拍卖活动,只要支付1元报名费即可参与体验和竞拍。该项目充分应用中国移动5G、UE5游戏引擎开发、云端GPU实时渲染等多种融合技术,通过数字孪生构建张家界景区虚拟世界,展现大自然亿万年的鬼斧神工,还原张家界武陵源景区(张家界国家森林公园)的万千奇峰。该项目通过XR、区块链、云计算等技术的加持,实现文旅场景融合创新,助力智慧旅游新体验,为用户提供更加丰富的文旅、社交、娱乐、消费等多元应用场景。

（四）元宇宙的价值

元宇宙的第一个价值是交互性。面对面交流可以看到彼此的表情以及小动作,还能感受到言外之意和弦外之音,因此信息密度最强;视频对话的信息密度次之;语音通话和文字表达的信息密度再次之。元宇宙打破了虚拟空间与物理空间的边界,创造了虚拟世界复刻人与人面对面交互的体验,为创造更多价值提供了空间,比如线上办公。无论是互联网1.0阶段还是2.0阶段,都可以实现线上办公。但这时的办公只是实现了办公的便利性,并未优化办公体验。元宇宙开发的虚拟办公环境,模拟的是真实的办公场景,创造的是逼真的混合式工作体验,在家里办公如同在办公室一样,对话场景可实现立体声沟通,有效保证了办公效率。

元宇宙的第二个价值是沉浸性。沉浸式体验是指人们在进行活动时可以完全投入情境当中,注意力专注,并且能过滤掉所有不相关的、有知觉时获得的愉悦感的心理状态。元宇宙是实现沉浸式体验的一种形式,比如线上娱乐。在互联网1.0阶段和2.0阶段,人们的娱乐方式都要通过屏幕来进行,或者是大屏,或者是小屏。有了屏幕就有了隔膜感,而很难收获现场感。元宇宙破除了这一限制,它所打造的三维空间,能让用户身临其境。假如"你"到了元宇宙的KTV,那么你可以跟天南海北在同一时间 KTV 的人们欢聚一堂，尽情嗨歌，给你带来完美的沉浸式体验。新冠疫情期间，很多聚集活动受到了限制，就连一年一度的春节联欢晚会也要限制现场观众人数或者直接不带观众录制。在元宇宙剧场，你只需要提前进入剧场就可以"当一回春晚观众"。演职人员只要按照导演安排出场演出，那么所有人都可以享受现场观看春节联欢晚会的体验。

【案例 2-21】　　　　　　　**《消失的法老》**

"消失的法老——胡夫金字塔沉浸式探索体验"是全球首个商业化运营的大空间沉浸式探索（Immersive Expedition）项目，去年 6 月在法国巴黎全球首展，上海是这一项目首次在亚洲举办，也是第一次在法国本土以外落地。从流程来看，《消失的法老》与第一视角冒险游戏颇为接近，用户可以跟随导游引导进入金字塔内部空间游览，之后又跟随化身猫形的女神巴斯特穿梭时空，观看胡夫被制成木乃伊的过程，了解埃及的历史文化。游客的游玩场景如图 2-12 所示。

图 2-12　"消失的法老——胡夫金字塔沉浸式探索体验"元宇宙文娱项目

元宇宙的第三个价值是协作性。它要实现的是人与人的连接，也就是需求的连接，因为人只为自己的需求买单。元宇宙是人与人协作的空间，比如线上购物。

（五）元宇宙对社会发展的影响

虽然理解各异，但综合来看，"元宇宙"将会给社会发展带来五个方面的重要影响：一是在技术创新和协作方式上进一步提高社会生产效率；二是催生出一系列新技术、新业态、新模式，促进传统产业变革；三是推动文创产业跨界衍生，极大刺激信息消费；四是重构工作生活方式，大量工作和生活将在虚拟世界发生；五是推动智慧城市应用场景建设，创新社会治理模式。

"元宇宙"是数字技术的革命，也是数字文明的重要成果，它拥有广阔的发展空间和无限的可能性。"元宇宙"能够创造多大价值，关键取决于我们如何认识和利用它。

三、区块链

（一）区块链的基本内涵

区块链（Blockchain）是分布式数据存储、点对点传输、共识机制、加密算法等计算机技术的新型应用模式，其本质上是一个去中心化的数据库。按照实现方式不同，可分为公有区块链、行业（联盟）区块链和私有区块链三种类型。区块链系统由数据层、网络层、共识层、激励层、合约层和应用层组成，具有分布式账本、非对称加密、共识机制、智能合约四大核心技术，具有去中心化、不可篡改、全程留痕、可追溯、集体维护、公开透明等特点，涉及数学、密码学、互联网和计算机编程等很多科学技术问题，在金融领域、物联网和物流领域、智能制造领域、公共服务领域、数字版权领域、保险领域、公益领域等方面都具有广泛的应用空间。

举一个形象的例子，在传统的记账方式下，财务人员管理着所有的账本，其他人不能随便修改。但是在区块链的世界，每个人都可以记账，然后新增的账本内容可以分发给系统内的所有人，这样每个人都有一本完整的账本。任何想要篡改账本的人，都必须修改每一个人手中的记录，在节点足够多的情况下，这种篡改几乎是无法实现的，这就是区块链防篡改的奥秘。

（二）区块链的起源与发展

区块链起源于比特币,同时比特币也是目前区块链技术最主要的应用场景。2008 年 11 月 1 日,一位自称中本聪的人发表了一篇文章《比特币:一种点对点的电子现金系统》,这篇文章阐述了区块链技术,以及 P2P 网络技术、加密技术和时间戳等电子现金系统的核心理念。2009 年 1 月 3 日,出现了第一个序号为 0 的区块,6 天之后出现了序号为 1 的区块,两个区块相连接,标志着比特币的诞生。2014 年,"区块链"作为一个关于去中心化数据库的术语进入公众视野。2019 年 10 月,国家强调"把区块链作为核心技术自主创新的重要突破口","加快推动区块链技术和产业创新发展"。2023 年 6 月 1 日,在《区块链和分布式记账技术参考架构》中,我国首个获批发布的区块链技术领域国家标准正式发布。2023 年 6 月 16 日,国家新闻出版署发布《出版业区块链技术应用标准体系表》等 10 项行业标准。

（三）区块链的四大优势

理论上,区块链的分布式账本技术主要具有四大优势:一是高效率,区块链通过共享账本,就可以做到把跨行、跨境交易在公共账本上一次性完成结算,这就大幅缩短了交易环节,简化了交易流程,降低了交易摩擦;二是高透明度,去中心化的账本是公开的,任何人都可以查看交易记录,透明度很高,更加便于监管;三是开放和全球化,所有人都可以自由加入区块链并得到所有信息,整个系统高度透明,只有各方的私有信息是加密的;四是自动化和智能化,区块链是用代码来管理客户的资产,降低人工管理的成本和风险,提高自动化程度。

（四）区块链的作用

区块链技术的集成应用,有利于推进新的技术革新和产业变革,在建设网络强国、发展数字经济、助力经济社会发展等方面发挥着重要作用;有利于解决当前存在于金融、公益、监管、打假等很多领域的痛点和难点,对于推进国家治理体系和治理能力现代化具有重要意义。国家强调要把区块链作为核心技术自主创新的重要突破口,加快推动区块链技术和产业创新发展。

当然,区块链技术作为数字经济时代发展的重点产业,仍然存在不足,技术应用要同步,发展仍面临一定挑战,热追背后需冷静,共同维护区块链产业生态的良性运转。

【案例2-22】　　　　　区块链在农业领域的应用

区块链与农业相结合,可以在农产品溯源、农业金融等领域实现落地,加强食品安全保障。2020年2月5日,国务院在《关于抓好"三农"领域重点工作确保如期实现全面小康的意见》中,明确提出"加快物联网、大数据、区块链、人工智能、第五代移动通信网络、智慧气象等现代信息技术在农业领域的应用",推进数字乡村工作。腾讯安全发布"安心平台",以联盟链作为核心技术,通过"一物一码"将商品流转全过程信息聚合上链,主体身份(私钥)唯一实现了信息不可篡改,身份不可抵赖,为防伪溯源奠定基础前提;多方共识机制、分布式存储账本,使区块链数据在供应链各环节高效共享、多方协同;支持联盟成员动态扩展,引入公证处、监管部门等权威机构对溯源数据进行权威背书,实现社会价值。

【案例2-23】　　　　　区块链在双碳中的应用

区块链与"双碳"工作相结合,可以帮我们加快碳达峰碳中和进程。利用区块链技术的不可篡改性和透明性,将其用于跟踪和记碳足迹的各个环节,从而建立一个可信的碳足迹全生命周期记录系统。同时,区块链技术还可以实现碳排放的全要素可信流转,包括碳交易、碳减排等。这种技术的应用将有助于提高碳排放管理的透明度和可信度,为碳减排和可持续发展提供更有效的支持。

四、大数据与云计算

(一)大数据

一般认为,"大数据(Big Data)"是指所涉及的资料量规模巨大到无法透过主流软件工具,在合理时间内达到撷取、管理、处理,并整理成为帮助企业经营决策更积极目的的资讯,或称海量数据或巨量资料。大数据包含非结构化,半结构化和结构化数据,但主要关注非结构化数据。大数据的"大小"是一个不断移动的目标。大数据具有大量、高速、多样、低价值密度、真实性 5 大特点。大数据包含了大规模并行处理(MPP)数据库、数据挖掘、分布式文件系统、分布式数据库、云计算平台、互联网和可扩展的存储系统等特殊技术。研究机构 Gartner 认为"大数据"是一种资产:"大数据"是需要新处理模式才能具有更强的决策力、洞察发现力和流程优化能力,来适应海量、高增长率和多样化的信息资产。麦肯锡全球研究所的定义则更接近一般观点,即"大数据"是一种规模大到在获取、存储、管理、分析等方面都大大超出了传统数据库软件工具能力范围的数据集合,具有海量的数据规模、快速的数据流转、多样的数据类型和低价值密度四大特征。

大数据的商用价值,主要体现在三个方面,首先,对大量消费者提供产品或服务的企业可以利用大数据进行精准营销。其次,小而美模式的中小微企业可以利用大数据做服务转型。最后,在互联网压力之下必须转型的传统企业需要与时俱进,充分利用大数据的价值,并对庞大数据的专业化处理。

"大数据"这一概念,大约出现在 20 世纪 90 年代。最早提出"大数据"时代到来的是全球知名咨询公司麦肯锡,麦肯锡称"数据,已经渗透到当今每一个行业和业务职能领域,成为重要的生产因素。人们对于海量数据的挖掘和运用,预示着新一波生产率增长和消费者盈余浪潮的到来"。大数据在物理学、生物学、环境生态学等领域,以及军事、金融、通信等行业存在已有时日,却因为近年来互联网和信息行业的发展而引起人们关注。现代社会是一个高速发展的社会,科技发达,信息流通,人们之间的交流越来越密切,生活也越来越方便,大数据就是这个高科技时代的产物。

（二）云计算

云计算（Cloud Computing），简单来讲就是把电脑上所有的部件功能虚拟化，电脑的运算、存储、读写等功能均可通过网络访问数据中心的服务器来实现。从本质上来讲，云计算也是分布式计算的一种，指的是通过网络"云"将巨大的数据计算处理程序分解成无数个小程序，然后，通过多台服务器组成的系统进行处理和分析这些小程序得到结果并返回给用户。早期云计算就是简单的分布式计算，解决任务分发，并进行计算结果的合并。因而，云计算又称为网格计算。通过这项技术，可以在很短的时间内完成对数以万计的数据的处理，从而达到强大的网络服务。现阶段所说的云服务已经不单单是一种分布式计算，而是分布式计算、效用计算、负载均衡、并行计算、网络存储、热备份冗杂和虚拟化等计算机技术混合演进并跃升的结果。

云计算的历史可追溯到 1956 年。云计算是继 20 世纪 80 年代由大型计算机向客户端/服务器（C/S）模式大转变后，信息技术的又一次革命性变化。2006 年 8 月 9 日，Google 首席执行官 Eric Schmidt 在搜索引擎大会（SES San Jose 2006）上首次提出云计算概念，旨在希望通过基于网络的计算方式，将共享的软件/硬件资源和信息进行组织整合，按需提供给计算机和其他系统使用，向用户提供个性化服务。

云计算提供基础设施即服务、平台即服务和软件即服务三种服务模式。云计算有几种不同的模型，其中包括公有云、私有云和混合云。公有云是由云服务提供商提供的，可以被任何人使用，如 AWS，GCP，Azure 等；私有云是为特定组织提供的，只能由该组织内的人使用；混合云是两者的结合。

相对于传统的计算机机房，云计算的优点很多，比如灵活性高，弹性大，高可用性，而且成本低，用户只需要按照使用量付费。云计算不只是一个工具、一项技术,也是一种数字经济时代的创新范式,可以对各个产业进行全新赋能。从过去到未来也许不是线性的,可以通过云计算等新技术创造新的游戏规则,实现"换道超车"。

(三)大数据与云计算相辅相成

大数据为云计算提供了丰富的应用场景。云计算属于一种算力基础设施,可以将硬件设备转化为网络服务,如果缺乏相应的软件应用,则会形成巨大的资源浪费。云计算就是大数据的处理平台,企业可以利用大数据的信息来改进业务流程,降低成本和提高效率。大数据分析可以帮助企业发现新的商机和洞察客户需求,从而提高销售额和客户满意度。

【案例 2-24】 城市大数据中心的功能案例

上海市大数据中心成立于 2018 年 4 月,是市政府办公厅所属全额拨款副局级事业单位,主要承担全市政务云和政务外网等基础设施、公共数据资源集中统一管理及"中国上海"门户网站、"一网通办"的建设和管理。优先支持服务"五个中心"建设的功能型、枢纽型基础平台,服务先进制造业、现代服务业等重点聚焦的人工智能、大数据、工业互联网、智能网联汽车、金融服务、云计算等产业应用,以及其他聚焦计算功能、服务提升城市能级和核心竞争力的重大项目应用。

(四)大数据与云计算应用

大数据与云计算的应用空间非常广阔。据中国信通院日前发布的《2022 年中国云计算发展指数》显示,中国云计算应用已从互联网向政务、金融、工业、交通、物流、医疗健康等传统行业领域渗透,上云比例和应用深度大幅提升,其中 2022 年工业用云量占比已达到 11.6%。在某城市,"城市大脑"通过数字孪生和智能化技术结合,为交通疏导提供了数据决策支持。基于城市大脑打造的"宜键生命护

航"，为急救、消防等特种车辆规划最优行进线路，最高能够节约 50%
的通行时间。

云计算赋能数字经济新发展。云计算是推动数字经济与实体经济深度融合的催化剂，近年来，中国云计算产业年增速超过 30%，是全球增速最快的市场之一。云计算正成为赋能数字经济的创新平台和基础设施。

【案例 2-25】　　　云计算助力算力中心快速发展

工信部数据显示，截至 2022 年底，中国算力总规模达到 180EFLOPS（每秒 18000 京次浮点运算），存力总规模超过 1000EB，国家枢纽节点间的网络单向时延降低到 20 毫秒以内，算力核心产业规模达到 1.8 万亿元。如何让算力更普惠，向更多行业和产业释放技术红利，是云计算持续赋能数字经济发展的关键。

（五）大数据下云计算的"远征"如何行稳致远

近年来，我国大数据、云计算处于爆发式增长阶段，受到政府、金融、教育等各行业单位的青睐，出现了政务云、教育云、金融云、医疗云等行业云服务形态，其自身也得到了迅速发展和广泛应用。但在数据安全、计算技术基础平台、核心技术、专业人才匮乏等方面仍然存在突出问题，这将影响国内云计算产业持续健康发展。

大数据下云计算的"远征"要行稳致远，首先是数据安全风险，其次是基础平台风险，再次是供应链安全风险，最后是专业人才匮乏风险。

五、虚拟仿真、人机交互、人工智能

（一）虚拟仿真

虚拟仿真（VR）又称计算机仿真，是指利用计算机生成三维动态实景，对系统的结构、功能和行为以及参与系统控制的人的思维过程和行为进行动态性、逼真地模仿（见图 2-13）。

图 2-13　虚拟仿真技术

虚拟仿真技术最早应用在军事领域，如洲际导弹的研制、阿波罗登月计划、核电站运行等方面。直至 20 世纪 70 年代中期，虚拟仿真技术开始扩展到民用领域，并从 20 世纪 80 年代开始，借助计算机技术的发展大规模地应用于仪器仪表、虚拟制造、电子产品设计、仿真训练等人们生产、生活的各个方面。例如虚拟驾驶模拟器，学生可以在不同的路况和天气条件下进行驾驶操作，增强驾驶技能和安全意识。还有虚拟医疗实训，学生可以通过虚拟医疗模拟器，模拟开展各种医疗操作，如手术、注射等，提高医疗技能和应急处理能力。在驾驶员培训方面，学生可以通过虚拟飞行模拟器，安全地学习起飞、降落、空中导航等飞行动作，提高飞行技能和安全意识。

（二）人机交互

人机交互，也被称为人机互动（英文：Human-Computer Interaction 或 Human-Machine Interaction，简称 HCI 或 HMI），是指人与计算机之间使用某种对话语言，以一定的交互方式，为完成确定任务的人与计算机之间的信息交换过程。人或用户通过人机交互界面与系统进行交流和操作。小如收音机的播放按键，大到飞机上的仪表板，或发电厂的控制室。人机交互是计算机科学、行为科学、设计媒体研究以及其他几个研究领域的交叉学科。1959 年，美国学者 B. Shackel 在考虑如何降低人在操纵计算机时的劳动疲劳时，完成了一篇关于计算机控制台设计的人机工程学论文，因此被认为是第一篇提出人机界面概念的文章。1969 年,英国剑桥大学召开了第一次人机系统国际大会,这被视为是人机界面学发展史的里程碑,同年,第一份专业杂志国际人机研究(IJMMS)也创刊发行。

通过与计算机进行交互,我们可以轻松地获取各种信息、完成各种任务;同时,人机交互也让我们更好地理解了计算机系统的工作原理和运行方式;更深入地了解它们是如何处理数据、执行指令以及生成输出结果的,对于提高我们的科学素养和技术能力非常有帮助。

总之,人机交互是一个非常重要的技术趋势,在未来还将继续发展壮大。

(三)人工智能

人工智能(Artificial Intelligence,AI)是研究、开发用于模拟、延伸和扩展人的智能的理论、方法、技术及应用系统的一门新的技术科学。人工智能是计算机科学的一个分支,该领域的研究包括机器人、语言识别、图像识别、自然语言处理和专家系统等。其主要目标之一是使机器能够胜任一些通常需要人类智慧才能完成的复杂工作,但不同的时代、不同的人对这种"复杂工作"的理解是不同的。人工智能是一门极富挑战性和广泛性的科学,从事这项工作的人必须懂得计算机知识,心理学和哲学,机器学习,计算机视觉等。

20 世纪 70 年代以来,人工智能被称为世界三大尖端技术之一(空间技术、能源技术、人工智能),也被认为是 21 世纪三大尖端技术(基因工程、纳米科学、人工智能)之一。2017 年 12 月,人工智能入选"2017 年度中国媒体十大流行语"。2021 年 9 月 25 日,为促进人工智能健康发展,《新一代人工智能伦理规范》发布。

人工智能在很多学科领域都获得了广泛应用,并取得了丰硕的成果。包括语音识别、文本分类、机器翻译等自然语言处理方面,以及人脸识别、物体识别、场景识别等图像识别领域,还可以被用于智能推荐,比如,基于用户历史数据和行为模式,推荐个性化内容,利用传感器和算法实现车辆自主导航和控制,通过大数据分析和机器学习技术,预测金融风险并进行风险管理,利用医学图像分析、病例推理等技术,提高医疗效率和准确性,利用传感器网络和数据分析技术,实现城市交通、环境监测等方面的智能化管理。

人工智能是新一轮科技革命和产业变革的重要驱动力量。现今科研界已研究出不少优秀实用的人工智能产品,大到无人机、无人驾驶汽车等,小到智能手环、智能眼镜等。

六、智联网

(一)物联网

物联网(Internet of Things,IoT)是指通过各种信息传感器、射频识别技术、全球定位系统、红外感应器、激光扫描器等装置与技术,实时采集任何需要监控、连接、互动的物体或过程,采集其声、光、热、电、力学、化学、生物、位置等各种需要的信息,通过各类可能的网络接入,实现物与物、物与人的泛在连接,实现对物品和过程的智能化感知、识别和管理。物联网不需要人为干预,物与物之间可以有智慧地进行数据交流、筛选和最终整理运用。

物联网可以将物理世界的各种设备与互联网相连,实现设备之间的互联互通,使得物理世界中的各种设备具有智能感知、数据交换和自主决策能力,从而实现智能化、自动化、远程化的管理和控制。

物联网概念最早出现于比尔·盖茨在1995年出版的《未来之路》一书中。书里,比尔·盖茨提及物联网概念,只是当时受限于无线网络、硬件及传感设备的发展,并未引起世人的重视。1999年,MIT Auto-ID Center成立,他们开始着手研究将物理世界与数字世界连接起来的技术。2003年,Auto-ID Center发布了物联网的白皮书,将物联网定义为"通过网络连接物理世界和数字世界,实现物品的全球唯一标识和通信"。这标志着物联网的正式提出和研究进入实质性阶段。

物联网是一门多学科交叉的新兴研究领域,主要包括传感器技术、数据通信技术、云计算技术、人工智能技术等。传感器是物联网的基础，它可以感知物体的状态和环境信息，并将这些信息转化为数字信号。数据通信技术用于将传感器采集到的数据传输到云端或其他设备，实现数据的共享和交流。数据处理技术包括数据存储、数据分析和数据挖掘等方面，用于从海量数据中提取有用的信息和知识。

物联网的发展受到多个因素的推动。首先，物联网技术的成熟和成本的降低，使得物联网应用变得更加普及和可行。其次，大数据和人工智能技术的发展，为物联网提供了更强的智能化支持。最后，人们对于生活和工作的智能化需求也助推了物联网的发展。

物联网的应用非常广泛，包括智能家居、智能交通、智慧城市、工业自动化等领域。万物互联实际上就是物联网，其万物互联能力的持续增强和架构支撑体系的不断完善，正将物联网的发展带到一个全新的阶段，也是未来发展趋势的一个重要方向，物联网可以在各个领域实现智能化、自动化、远程化的管理和控制，为人们的生活和工作带来更多的便利和舒适。其中，智能网联汽车作为物联网产业的典型应用之一，近年来的发展态势愈发明确、发展程度更加深刻，同时还隐藏着巨大的发展潜力。

【案例 2-26】　　　　物联网展会

10 月 20 日，为期 4 天的 2023 世界物联网博览会正式拉开帷幕。博览会期间的无锡峰会、各企业的展台，以及车联网、智能制造、移动物联网等分论坛成为了解中国物联网发展的重要窗口。工信部副部长徐晓兰在大会上透露，目前，我国物联网产业规模突破 3 万亿元，移动物联网连接数达 21.7 亿户。可以说，物连接已经超过了人连接，而中国的算力规模已经位居全球第二，而这些数据也成为中国发展物联网产业的"成绩单"。

(二)智联网

智联网(Internet of Intelligences，IOI or Intelligent Grid，IG)是以 5G 无线通讯信号为载体的一种新型网络，通过射频识别(RFID)、

红外感应器、全球定位系统、激光扫描器等信息传感设备,按统一的协议,把我们身边的物品与互联网相连接,通过信息交换和通信,实现对物品的智能化识别、定位、跟踪、监控和管理。以各种超大数量(TB级,甚至PB级)的能够独立与外界交互的自动/智能感知体为基本单元(细胞)。通过去中心化的类生物网络连接形成的一个巨大网络,并构成具有类生物特性的智能共生体。

智联网的最终目的是推动大规模社会化协作,为复杂系统提供知识功能和知识服务,通过集小智慧为大智慧,群策群力,帮助人们更好地认识世界,获得更好的生活质量。

自20世纪中期至今,网络化工业控制及其自动化已经经过了3个发展阶段,20世纪六七十年代以模拟仪表控制系统为特征,之后八九十年代出现集散控制系统,在21世纪初现场总线控制系统获得了应用和大范围普及,最新的趋势则是现在正在普及的工业物联网。网络化工控系统总体趋势是从简单的本地仪控,慢慢演化到远程智能的复杂系统管控。最初的工业物联网以工业用通信为主要关注点,开发人员的主要任务是精确性、确定性、自适应性和安全性。如今随着智能制造的快速发展,已经出现了"软件定义工业""类工业领域""广义工业""社会制造""社会工业"等智能大工业新形态,而智联网将在该发展过程中起到决定性的作用。工业智联网的诞生,将会以极高的效率整合各种工业和社会资源,减少工业过程中的浪费和消耗,解放工业生产力,并促进智能大工业的出现和高速发展。

(三)互联网、物联网和智联网的关系

物联网是物物相连的互联网。物联网的核心和基础仍然是互联网,物联网将各种信息传感设备与网络结合起来,实现人、机、物三者间随时随地的互联互通。物联网本质其实是智联网,如汽车高端功能中的自动泊车、倒车雷达、倒车影像、自动避障、远程遥控、无人驾驶等,都属于智能网联的范围。

智联网是以互联网、物联网为前序基础科技,在其之上建立起来

的一个全新的面向智能的语义知识网络。智联网是一个超级大脑，充分应用人工智能，实现数据资源统一、社会分工高效协同。

如果说互联网的实质是实现"虚连"或"被动联结"，物联网的实质是"实连"或"在线联结"，则智联网的实质是"真联"或"主动联结"。也有人说，"人工智能＋物联网"＋互联网"三位一体的智联网形态将会是下一个互联网技术革命。

（四）智能网联

智能网联是指将通信技术、信息技术和交通技术紧密结合，在道路交通信息系统、生活社会设施系统和汽车系统三个层面上，推动交通运营的智能网络化应用系统。所以很多人也把智能网联称为智能交通系统（ITS）。

智能网联技术是交通运营的一种全新方式，它结合了通信技术、计算机技术和信息技术，采用多个模块和技术组成一个联网的交通网络，对车辆和路网的负载、管理、监测和控制进行有效的管理。它还可以做到路径优化，避免堵车，提高交通效率，缩短出行时间，减少车辆的运行油耗和污染。

智能网联的目的是建立一个可以解决社会、经济和环境挑战的智能交通网络，包括建设、运行和维护。首先，通过智能网联系统提供精准的交通信息，帮助司机准确地规划路线，使行车路线尽可能优化，降低堵车风险，保证驾乘人员的出行安全，同时也可以检测路面质量和交通流量，进行快速改善和维护路网。其次，智能网联系统可以利用车载终端、无线传感器网络和云端计算机，实现智能车辆、智能交通和智能投票等新型交通模式。另外，还可搭建一个充分整合交通、汽车和物联网技术的智能网络，以期达成交通系统的总体智能化，实现智慧交通的解决方案。在安全方面，智能网联不仅能够保护公共安全，还可以有效提高道路交通的安全性和可持续性，提升司机驾驶体验，提高驾驶安全意识，降低交通事故的发生，并节约能源、缓解交通拥堵和环境污染，实现智慧城市可持续发展的可行性。

　　智能网联是智联网在交通运输领域的应用,其中在汽车无人驾驶领域已进入起步阶段。因此,也有人说智能网联是智能汽车与车联网的相互结合,是通过搭载传感器、执行器、控制器,结合现代化通信与网络技术,从而实现车与人、路、后台等智能信息的共享互通,实现安全、舒适、节能、高效行驶的目标,并最终替代人来操作的新一代汽车技术。完整的智能网联系统及应用需要有环境感知、无线通信、车载网络、先进驾驶辅助、信息融合、信息安全、人机界面、智联交互等核心技术支持。随着交通和汽车智能化、网联化的快速发展,交通智能网联将迎来规模化部署和推广的有利时机。

　　面对交通智能网联的未来,智能网联除了要解决这些核心技术难题外,还要通过解决交通出行中的安全、效率等问题,并和城市建设、高速公路等场景相结合,从而让人民群众有获得感、幸福感。为了实现智能网联运营可持续发展,还要注意标准探索,打造开放生态。因此,虽然"未来已来",但我国的智能网联运营还有很长一段路要走,还需要政府、企业、高校、科研机构,甚至个人,联合起来实现技术与应用的突破。

【案例 2-27】　　　　　　　　　**车辆网先导区**

　　截至 2023 年 9 月,我国先后建设了七个国家级车联网先导区,全国已开放智能网联汽车测试道路里程超过 15000 公里,道路测试总里程 7000 多万公里。各个先导区研究任务略有不同,江苏(无锡)主打路端建设,依托其坚实的物联网、集成电路、软件服务等产业基础,推进智慧城市基础设施建设与智能网联汽车协同发展;天津(西青)主推标准认证的评价体系建设,拥有中汽中心——国家汽标委驻津的独特优势,以及完整的测试体系;湖南(长沙)探索的是场景创新、运营模式,依托湘江新区,以智能系统测试区为切入点开展了一系列的测试场景建设;重庆(两江新区)则依托山城特有的 3D 地势特征,致力于探索复杂道路交通的全场景测试。

第三章
生产关系重构
——人类生活的新秩序
▶▶▶▶▶

当数据成为生产资料，人们的生产生活就从物理空间向数字空间转变，旧的生产工具、生产资料和劳动力被数据颠覆。旧的商业逻辑、商业模式被彻底改变。人类的经济格局发生了翻天覆地的变化。传统的组织形式在数字化平台的加持之下变得更加协同高效。数据共享打破了层级、区域、系统、专业的边界，各种在线协同软件带来了数字化灵活工作方式，无论是政府职能部门，还是企业个体，必须重新思考自己在数字化生产关系中的定位，共同创造一个公平可信、透明高效、价值最大化的生产关系。

当前，数字经济已成为国民经济高质量发展的新动能。随着人工智能在产业数字化进程中从"单点突破"迈向"泛在智能"，一个以数字化、网络化、智能化为特征的智慧社会正加速到来。智能算力作为人工智能的基石，是算力网络构建多要素融合新型信息基础设施的关键领域。目前，智能算力已成为数字经济高质量发展的核心引擎，智能算力的基础设施建设也迎来了高潮。智算中心作为集约化建设的算力基础设施，它以 GPU、AI 芯片等智能算力为核心，提供软硬件全栈环境，主要承载模型训练、推理、多媒体渲染等业务，支撑千行百业数智化转型升级。然而传统智算中心的智算资源利用率较低，资源分布相对碎片化，不利于整体效能的提升，亟须一个可聚合各类型算力、实现敏捷化资源管理的平台,使资源可以被极致利用,算力池化技术应运而生。为凝聚产业共识,进一步推动算力池化技术成熟,中国移动发布了白皮书,分析了智能算力发展的趋势及面临的挑战,系统性介绍了算力池化的定义与目标、总体架构、关键技术和当前业界的探索实践,并呼吁业界紧密合作、加快构建算力池化统一的标准体系。数字经济时代,随着智慧城市、智慧交通、智慧家庭等智能场景的逐步落地,人工智能正深刻地改变我们的生产、生活方式。

同时随着 5G、边缘计算等支撑技术的持续发展,数智业务转型过程中所产生的数据量正在以更加难以计量的速度爆发,据 IDC 公布的《数据时代 2025》显示,从 2016 年到 2025 年全球总数据量将会增长 10 倍,达到 163ZB,其中非结构化数据占 70% 以上,计算模式将变得更加复杂,对智能算力的需求也在不断提高,智能计算将成为主流的计算形态。

随着数据极大地提高了生产力水平,以数字化为特征的新的生产力又决定了数字时代的生产关系。传统的生产关系是以土地、厂房、机器等作为生产资料,而数字时代的生产关系是以数据作为新的生产资料,是万物数字化之后形成无穷的数据库,通过大数据、大算力、强算法构建以人工智能为特征的人类生活新秩序。

数字化转型就是寻找适应新生产力发展的生产关系的过程。数字经济时代的人类会更多地采用数字化工作方式,未来可能不再局限于集中在某个固定办公场所,更多的是利用腾讯、钉钉,飞书等协同软件,采用远程的、去中心化的工作模式开展工作、创造价值、获得生活成本。因此,当数据成为生产资料时,社会分工发生变革、人们的生活方式发生转变、生产效率全面提升、社会治理更加科学有序,价值重塑、流程再造、秩序重构都会一一实现。

第一节　数据成为生产资料

一、数据与生产资料

生产力的三要素包含劳动资料、劳动对象和劳动者。生产资料是劳动者进行生产时所需要使用的资源或工具，一般包括土地、厂房、设备、工具、原料等，生产资料是生产过程中劳动资料和劳动对象的综合。它是任何社会进行劳动生产必备的物质条件，是企业进行生产或扩大再生产的物质要素。

数据是事实或观察的结果，是对客观事物的逻辑归纳，是用于表示客观事物未经加工的原始素材。数据可以是连续的值，如声音、图像称为模拟数据；也可以是离散的，如符号、文字称为数字数据。数据是对信息量化的描述与概况，包含数字所承载的信息，还包含文字、图片、声音、视频等更多形式所承载的信息，这些都可以统称为数据。

数据作为信息的载体，承载着信息的内容；信息通过数据来表现，让信息变得更易识别。数据可以用于科学研究、设计、查证、教学等。数据的基本特征是多样性、变异性、关联性。多样性是指数据集中包含多种不同类型的数据，可以是文本、数字、图像等。数据科学家需要使用合适的工具来处理分析这些数据。变异性是指数据集中的数据值之间的差异，数据科学家可以选择合适的统计方法和模式来分析数据。

当我们谈到数据正在成为一个新的生产资料时（图 3-1），我们就可以想象过去的矿山、原油、土地。而数据跟过去不同，过去的生产资料越用越少，数据这个生产资料则比较复杂，其存在跟使用次数无关。

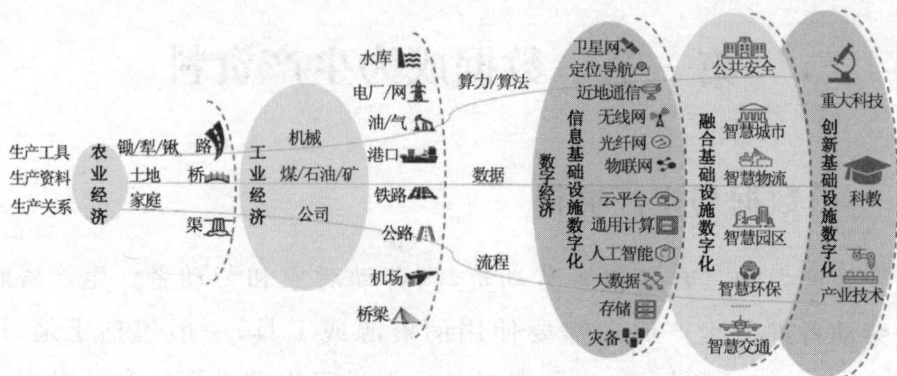

图 3-1　数字时代——数据成为生产资料

二、国家大数据战略

中国于 2015 年提出"国家大数据战略",其主要内容包括:构建大数据研究平台,即国家顶层规划,整合创新资源,实施"专项计划",突破关键技术;构建大数据良性生态环境,制定支持政策、形成行业联盟、制定行业标准;构建大数据产业链,促进创新链与产业链有效嫁接。

在大数据技术推动下,个人信息的应用已经由商业和经济领域,逐步扩大到政治、社会治理和公共政策等领域,并给公民的政治生活和国家的网络安全与主权等带来越来越大的影响。理性和开放是迎接大数据浪潮的必备素质,无论对于政府、公司还是个人。要避免成为信息孤岛,避免不再错失这次产业革命,就要从顶层设计入手,在软件、硬件和信息沟通机制三个层面做好准备。

大数据具有去中心化和非结构性特点,为此,政府一定要开放心态,打开数据之墙,让公众可以真切地参与到执政过程中,做到真正的政府公开,科学执政。同时,用户隐私权会成为大数据时代一个极具争议的话题。大数据从本质上要求信息开放,而信息开放是一个复杂的问题,有些涉及行业内部竞争,受到商业因素影响,企业不愿意开放;有些涉及个人或者行业本身的隐私或机密,无法开放。在大数据应用的过程中,对互联网用户隐私权和数据的保护,是开放信息的重要考虑因素。在思考这一问题时,国家应该具体问题具体分析。政府应该审慎分析哪些领域的数据能开放,考虑开放共享后数据的管理、数据的质量、数据的隐私和数据的保护等问题。

挖掘大数据的价值,推动大数据的发展,政府需要发挥自身作用。大数据是一个众多关键行业关注的问题,从国家角度来看,大数据是一种重要的战略性资源。同时,学术界要和产业界共同支持和鼓励大数据发展。只有学术和产业价值融合,才能真正发挥大数据的应用价值。虽然学术界和产业界关注的价值点并不完全一致,但仍存在一些共性。发现和利用其中的共性,对解决大数据发展中出现的问题很重要。

只有抓住大数据的机遇,中国才能占据现代化的制高点,这不仅体现在国内生产总值的量的积累上,还体现在信息时代的国际竞争力上。

三、生产资料到底属于谁

生产资料到底属于谁?以电冰箱、汽车为例:万物互联、产业互联网对生产厂家而言是很重要的,我们将来生产的每个设备,无论是电冰箱还是汽车都要联网了,这个汽车被谁在开?开了多长时间,电冰箱被谁在用,用得怎么样,存储了什么样的食品?

这个数据到底属于谁?用户愿不愿意把"吃什么东西"都让电冰箱厂家知道,奔驰汽车也好,特斯拉也好,所有的软件都能获取各式各样的价值信息,这个信息是属于特斯拉厂家?电信运营商?还是我们个人?还是属于我们用的各种应用软件?操作系统?对于行业、工业来讲,当设备联上网之后,数据就是厂家生产中最核心的部分,当数据的所有权不能被明确或者被攻击的时候,整个生产就要断掉。数据的所有权、数据的流动等问题解决不了,就会牺牲个人的隐私,而且对行业来讲,可能还涉及生产的流程能不能继续,它的核心竞争力还能不能保证的问题。

四、数据成为生产资料应用一

当数据成为生产资料,计算成为生产力,互联网就成了一种生产关系。

早在 2018 年 4 月首届数字中国建设峰会上,就有人在主旨发言中提出:未来 30 年,数据将成为生产资料,计算会成为生产力。互联网是一种生产关系,有了计算能力,有了数据,有了人类的创新,人类社会将会发生天翻地覆的变化。

未来 30 年,互联网将不再是互联网公司的互联网,互联网是所有人的互联网。如果说过去 20 年互联网从无到有,那么未来 30 年,互联网将"从有到无",这个"无"是无处不在的"无",没有人能够离开网络而存在。

全社会要对互联网公司、互联网技术和整个互联网的发展有更加深刻的认识,第一次和第二次工业革命释放了体力,第三次工业革命释放了脑力。"第一次工业革命欧洲抓住了机遇,第二次工业革命美国抓住了机遇,第三次工业革命亚洲应该抓住机遇,这是我们亚洲,也是中国的机遇。"

未来技术领域的创新是一场没有硝烟的战争。中国需要一大批能够担当大任的企业,将数据、生产资料和相关技术引向应该走的方向,在关键技术、关键领域解决未来问题,在人类的发展问题和国际技术竞争中担当重责。

五、数据成为生产资料应用二

数据将成为生产资料,精细化分析和管理是与时俱进的需要。

例如对航空公司而言,依据数据制定全生命周期发动机检修及运营方案。作为飞机的核心部件,检修发动机的费用高昂,但航空业对安全性的要求极高,检修是必不可少的。

精准合理地确定换发、检修的时间点、频率、模式,直接关系到航空公司的运营成本。检修周期拉得太长,可能会出风险,周期太短又会拉升成本,还有仓库里备用发动机的数量、临时租用的成本等也要纳入考量范围,最终通过数据模型得到最佳平衡点。这需要企业提供很多数据,包括发动机部件有没有裂痕、裂痕程度对应的维修成本,还有飞机运行时间表等,都要做大数据采集。虽然计算过程非常复杂,但最终节省的成本是以亿元计的。

这体现在社会的各个领域:如钢铁厂里铁矿石、煤炭、焦炭的配比;航空公司的机组人员排班;汽车主机厂的生产工序;电商平台的动态定价;仓储货架的摆放方案;打车软件所设置的上车地点;高精尖的智能手机制造商;还有日常生活中随处可见的咖啡店……看起来完全不相关的领域,但对其数据模型的建立、数据优化分析、其背后的数学逻辑与管理是相通的。

数据成为生产资料的价值在于重建了人类对客观世界理解、预测、控制的新体系、新模式。这种模式本质是用数据驱动的决策替代经验决策,即基于"数据＋算力＋算法"对物理世界进行描述、原因分析、结果预测和科学决策。

第二节　社会分工的变革

一、社会分工的概念

社会分工是随着生产发展引起的社会劳动的分工,是指社会不同部门之间和各部门内部的分工;是超越一个经济单位的社会范围的生产分工;是进行各种劳动的社会划分及其独立化、专业化;是人类出现商品经济发展的基础。社会分工是分工的重要形式,把社会生产分为农业、工业等大类,叫作一般分工;把农业、工业等社会生产的大类再分为重工业、轻工业、种植业、畜牧业等,叫作特殊分工。有经济各部门的分工,如农业、工业、商业、交通运输业等;有各部门内部的分工,如工业又分为机械制造、采矿、冶金、纺织业等。

二、三次社会大分工

恩格斯在《家庭、私有制和国家的起源》一书中提出的发生在东大陆原始社会后期的三次社会大分工,即把游牧部落从其余的野蛮人群中分离出来;手工业和农业的分离;商人阶级的出现。恩格斯对于三次社会大分工的论述,是与他把人类社会划分为蒙昧时代、野蛮时代、文明时代的论述相结合的。三次社会大分工发生于野蛮时代的中后期,经过这三次大分工,人类社会进入文明时代。

三次社会大分工说法较多,但也有人认为自从人类诞生之初至今、分工协作模式经历了远古时代(石器时代)、农业时代和工业时代三次变革,如今正处在第四次变革时期:互联网时代。在互联网时代有两个特征,一是信息不对称的大幅减轻,使得个人的比较优势可以被充分利用;二是随着生产率的提升,每个人的碎片化时间越来越长,最终结果就导致个人的特长将被充分利用。例如,一个修理自行车的老师傅,过去他能做的就是摆个地摊,给行人修理自行车,但在互联网时代,他可以把他几十年积累的修理自行车的经验,做成视频,帮助大家自行诊断自行车故障,类似于互联网修车培训技术学校。

三、科技发展下的社会分工与变革

人类社会分工是让擅长的人做自己擅长的事情,使平均社会劳动时间最大缩短、生产效率显著提高。科技加速发展,信息产生和传播日益迅速,基础设施更加完善,进而导致社会资源配置在变革中更加有效、更加完善。

围绕提升资源配置效率的变革正在加速行进向纵深发展。电商的崛起正是基于此,它重构了交易,重置了资源配置;打破了消费者选择的单一性和地域性,也打破了生产者和销售者的对象局限性,打通了堵点,提升了资源配置效率。类似于此的模式变革有很多,如微信等社交平台,滴滴等出行平台,以及地图导航、政府的一网通办等服务端的变革。智能制造也在加速推进,生产端的变革也在愈演愈烈。

第三节　生活、工作方式的转变

数字化转型引起社会分工的变革,也带来生活、工作方式的转变。

一、生活方式的转变

生活方式是指个人及其家庭的日常生活的活动方式,包括衣、食、住、行以及闲暇时间的利用等。当今世界经济全球化,"生活方式"一般指人们的物质资料消费方式、精神生活方式以及闲暇生活方式等内容,通常反映个人的情趣、爱好和价值取向、具有鲜明的时代性、地区性和民族性。

随着社会进步、科技发达,我们出行和通信交流方式发生了很大变化:曾经的马车、驴车到后来的自行车,再到后来的汽车、电车,火车、高铁、飞机,共享单车、共享汽车;原来的烽火、书信、电话,再到后来的移动手机,QQ、微博、微信、腾讯等。快捷、高效、安全、环保等现代或后现代生活方式正向我们展现。

二、工作方式的转变

芯片、网络、机器人、云服务、智慧交通等生产工具的变革,数字孪生、元宇宙、区块链、虚拟仿真、大模型、大数据、人机交互/可视化、人工智能、智联网等带来的更强大、更活跃的数字化时代,不仅改变了我们的生活方式,更是变革了我们的工作方式。

（一）远程和混合工作方式将成为职场主流

居家工作、远程工作和混合工作的形式安排将成为职场标配，这种灵活性既提高了员工的幸福感，也提高了生产效率。

（二）元宇宙将会在工作中扮演着重要角色

元宇宙是数字与物理世界融通作用的沉浸式互联空间，是新一代信息技术集成创新和应用的未来产业，是数字经济与实体经济融合的高级形态，有望通过虚实互促引领下一代互联网发展，加速制造业高端化、智能化、绿色化升级，支撑建设现代化产业体系。当前，全球元宇宙产业正加速演进，为抢抓机遇引导元宇宙产业健康安全高质量发展，有力支撑制造强国、网络强国和文化强国建设，制订本行动计划。

2023年，无论是远程工作还是集中办公，越来越多的组织感受到了元宇宙的影响。在企业环境中，元宇宙与工作的融合，将以日益沉浸的协作式办公形式出现。众所周知，Meta（前 Facebook）在其元宇宙平台 Horizon 上投入了重金，该平台就包括一个名为 Horizon Workrooms 的工作环境。英伟达也将 Omniverse 作为一个元宇宙平台在推广。微软的 Mesh 平台在其 Microsoft Teams 协作工具中也添加了虚拟形象和混合现实功能，让用户浅尝了一下类似元宇宙的氛围。

自2023年起，元宇宙的方方面面——比如数字化身和永久的多用途环境——将很可能在我们的工作生活中扮演越来越重要的角色。

（三）"四天工作制"或将取代"朝九晚五"成为"新宠"

近年来，包括英格兰、比利时、瑞典和冰岛在内的许多国家都进行了"四天工作制"的试验：在不减薪的前提下试行一周工作四天的办公模式。以后我们可能会看到更多公司采用弹性的工作时间，允许员工在工作之余，兼顾育儿和教育等方面的重心。

减少工作时间是一项令人兴奋的实验，对员工的身心健康具有潜在的积极影响。尽管这不太可能成为强制性的政策,但越来越多的员工会积极寻求提供弹性工作制的机会,这意味着那些能够提供弹性工作制的公司将优先挑选最优秀的员工。

第四节 价值重塑

一、价值重塑的理解

重塑是指通过技术甚至社会影响等对某一个事物重新定义,进行调整,以期达到更好的协同、升级或改变的功能。重塑是寻求解决新的挑战、帮助改变某一方面的思考方式、改变现有方式的一种方法。重塑也可以指人们重新思考自身的价值观、行为和思维方式,以便从中得到更大的成功。通过重塑,能够更清晰地认识自己,对某件事物做出真正的选择,帮助走出困境,并最终实现目标。重塑改变着人、组织、社会等方方面面的价值。

在传统社会中,"产品"是价值的有形载体。进入"信息部落"社会,产品被虚化为价值。无论是有形资产,还是无形资产,最终都以其价值参与到社会经济生活中。

任何经济体的增长都是价值转换的结果。价值重塑是指以一种显著的方式改变历史,改变文化,影响社会政治趋势,推动时代进步,涉及重新评估长期价值观念和行为方式,以便更好地跟上社会、技术和经济变化进程。以实物消耗为主的经济增长,被信息、数字消费和知识消费取代。互联网、人工智能、数字化转型的时代是世界经济高度融合发展的时代。价值重塑是数字时代最基本的经济活动。

二、企业组织价值重塑的变化

数字技术带来变化的场景下,ESG 已经成为企业发展的重要指标之一(ESG:环境-Environmental、社会-Social 和治理-Governance)。

企业的环境保护、社会责任和治理结构等对企业的价值重塑不容忽视，价值重塑也在不断变化。企业组织价值重塑要做出五个根本性改变。

(1)组织的功能，从管控到赋能。企业内部要整体化、数字化转型，外部要平台化和生态化，管控是没有办法实现的，所以必须转向赋能。

(2)组织的结构从科层制转到平台化。通过平台化可以让企业内部的复杂性降低，让成员有更大的自由发展的空间。

(3)结构设计的变化，从分工到协同共生。如果我们还是仅仅讨论分工，那就做不到这种新价值。对于制造企业来讲，就做不到成本优势，必须把从分工到协同共生的这个全价值链拉通，才可以得到部分优势。

(4)从实现组织目标到兼顾人的意义。如果仅仅着眼于实现组织绩效目标，而不去关注人的价值，在今天这个数字化的背景下，便很难发挥组织的价值。我们既要关心组织绩效目标的实现，还要关心一件事情，就是人工作的意义。

(5)组织学习。对于组织来讲，如果你真的要面向未来，那你必须通过组织学习去寻求你对知识的沉淀、知识的把握，以及你对未来价值的创造。

三、产业价值重塑的改变

产生价值重塑的改变主要体现在以下四个方面：

(1)产业链环节的价值重塑。"价值重塑"最重大，也是最重要的部分在产业链分工层面。

(2)集群性产品技术的价值重塑。近几年以及未来几年内，在集群性的产品技术上，"价值重塑"变化最大的地方发生在新能源汽车领域。新能源汽车行业的估值体系正在由传统制造业向"平台＋软件"型企业转移。以特斯拉为例，特斯拉软件变现方式主要为 FSD 完全自动驾驶选装包、OTA 付费升级以及订阅服务收费,大体可以分为功能性软件收入和服务型软件收入。

（3）（某项）生产要素的价值重塑。在所有生产要素中,数据的"价值重塑"最为典型。如今,全球每天产生 2.5 万亿字节的数据,随着越来越多的人和设备连接到 Internet,该数字将以更快的速度增长。随着数据收集的持续增长和用于货币化的新技术的兴起,它将成为越来越有价值的资产。投资者应考虑使用分析框架来更好地评估公司数据,以便更好地了解其内在价值和增长潜力。举例来说,S&P 500 指数中排名前五的公司——苹果,Alphabet,微软,亚马逊和 Facebook,都是数据丰富的科技公司,它们合计占该指数的 26%,这意味着数据确实非常有价值。

（4）（某项）产品功能的价值重塑。腾讯创始人马化腾曾经说过:"微信最初就是一个邮箱。微信其实是邮件,是个快速的短邮件,只是它快到让你以为不是邮件。"产品功能的重新排列组合,价值重塑的确是十分神奇!

一个单一的产品功能值多少钱?2009 年,当时估值为 65 亿美元的 Facebook 花了 5000 万美元收购社交聚合网站 FriendFeed。FriendFeed 的核心业务贡献是发明了"点赞"这个功能。无独有偶,"点赞"之外,抖音的"特效"是另一个将单一功能价值发挥到极致的典型。2021 年上半年,抖音平台平均每天上线超过 100 个新款特效,平均每五个投稿里,就有一个使用特效,特效已经成为深受抖音用户喜爱的表达方式。数据统计,有超过 8000 万用户首次在投稿中使用特效。

第四章

数字经济

国家《"十四五"数字经济发展规划》指出,数字经济是继农业经济、工业经济之后的主要经济形态,是以数据资源为关键要素,以现代信息网络为主要载体,以信息通信技术融合应用、全要素数字化转型为重要推动力,促进公平与效率更加统一的新经济形态。

发展数字经济是把握新一轮科技革命和产业变革新机遇的战略选择,事关国家发展大局。做好数字经济各项工作,需要深入理解和把握数字经济的概念及其内涵和外延,明晰数字经济的形态特征,制造业是经济建设主战场。

本章重点关注数字化与经济的关系,首先分析数字经济及其五种形态,进一步阐述数字经济对于制造业、农业、服务业的推动作用,最后重点分析数字化与金融业的关系,说明数字化对于社会发展的重要影响力。

第一节　数字经济的来龙去脉

一、数字经济一词的来源

"数字经济"一词最早出现于 20 世纪 90 年代,来自美国学者唐·泰普斯科特 1996 年出版的《数字经济:网络智能时代的前景与风险》。

该书描述了互联网将如何改变世界各类事务的运行模式,以及如何影响新的经济形式和活动。2002 年,美国学者金范秀将数字经济定义为一种特殊的经济形态,其本质为"商品和服务以信息化形式进行交易"。这个词早期主要用于描述互联网对商业行为所带来的影响,其实当时的信息技术还没对经济产生颠覆性的影响,只是一种提质增效的助手工具,所以数字经济一词更像是对于未来世界的描述。

不过,随着信息技术的不断发展与深度应用,社会经济数字化程度不断提升,特别是大数据时代的到来,进一步加速了数字经济的发展,扩大了数字经济的影响。当前广泛认可的数字经济定义源自 2016 年 9 月二十国集团领导人杭州峰会通过的《二十国集团数字经济发展与合作倡议》,即数字经济是指以使用数字化的知识和信息作为关键生产要素、以现代信息网络作为重要载体、以信息通信技术的有效使用作为效率提升和经济结构优化的重要推动力的一系列经济活动。

二、数字经济的内涵

一般而言,数字经济是指人类在全球化数据网络基础上,利用各种数字技术,通过数据处理来优化社会资源配置、创造数据产品、形成数据消费,进而创造人类的数据财富、推动全球生产力发展的经济形态。

数字经济的内涵非常宽泛,从广义来看,凡是直接或间接利用数字技术来引导要素市场发挥作用、推动生产力发展的经济形态都可以纳入其范畴。但正是因为其内涵过于宽泛,让人在处理数字经济问题时有点迷茫。

也可以从数字产业化和产业数字化两方面理解数字经济。数字产业化指信息技术产业的发展,包括电子信息制造业、软件和信息服务业、信息通信业等数字相关产业;产业数字化指以新一代信息技术为支撑,传统产业及其产业链上下游全要素的数字化改造,通过与信息技术的深度融合,实现赋值、赋能。从外延看,经济发展离不开社会发展,社会的数字化无疑是数字经济发展的土壤,数字政府、数字社会、数字治理体系建设等构成了数字经济发展的环境,同时,数字基础设施建设以及传统物理基础设施的数字化奠定了数字经济发展的基础。

三、数字经济特征

数字经济主要有三个重要特征。一是信息化引领。信息技术深度渗入各个行业,推动了各行各业的数字化,并积累了大量数据资源,进而通过网络平台实现共享和汇聚,通过挖掘数据、萃取知识和凝练智慧,又使行业变得更加智能。二是开放化融合。通过数据的开放、共享与流动,促进组织内各部门间、价值链上各企业间,甚至跨价值链、跨行业的不同组织间开展大规模协作和跨界融合,实现价值链的优化与重组。三是泛在化普惠。无处不在的信息基础设施,按需服务的云模式,以及各式各样的商贸金融服务平台,降低了人们参与经济活动的门槛,使得数字经济出现"人人参与、共建共享"的普惠格局。

四、中国数字经济发展的现状和趋势

数据作为发展数字经济的关键要素,已经逐渐渗透到经济社会中的每一个角落,使得中国经济取得长足进展。根据国家网信办《数字中国发展报告》,2021 年,我国数字经济规模达到 45.5 万亿元,占 GDP 比重 39.8%;2022 年我国数字经济规模达 50.2 万亿元,总量稳居世界第二,占 GDP 比重提升至 41.5%。而且数字经济在未来较长一段时间都将保持快速增长,预计到 2025 年,中国数字经济核心产业增加值占 GDP 比重可以达到 10%。

《"十四五"数字经济发展规划》还详细描述了我们的未来数字生活。在基础设施方面,以互联网为核心的新一代信息技术正逐步演化为人类社会经济活动的基础设施,并将对原有的物理基础设施完成深度信息化改造,从而极大突破沟通和协作的时空约束,推动新经济模式快速发展。在行业产业方面,数字化转型将从消费和服务领域向制造业领域推进,各业态围绕信息化主线深度协作、融合,完成自身转型、提升变革,并不断催生新业态,同时也使一些传统业态走向消亡。在此过程中,将劳动、土地、资本、技术、管理、知识等各类要素数字化并数据化,对提高生产效率发挥乘数倍增作用,形成新型数据生产力。在治理体系方面,数字经济发展给政府监管体系以及国际治理体系带来诸多挑战。未来十年将是全球治理体系深刻重塑的十年。二十国集团将"数字治理框架"分为两个主要部分:一是促进互联互通,二是建立全球治理制度和规范。2021年10月,联合国贸易和发展会议发布的《2021年数字经济报告》称,当前,数据驱动的数字经济表现出极大不平衡,呼吁采取新的全球数据治理框架,以应对全球数据治理的挑战。

当然,在数字经济未来的前进道路上,还有很多挑战需要我们去克服。在技术上,我国关键领域创新能力不足,产业链供应链受制于人的局面尚未根本改变。在应用层面,我国数据资源规模庞大,但价值潜力还没有充分释放,还需要进一步挖掘数据价值;在制度上,我国数字经济治理体系需进一步完善,个人信息保护、网络攻击防范、数据交易规范等制度还需要进一步完善。另外,数字经济也面临着"贫富差距"问题,不同行业、区域、群体间数字鸿沟未有效弥合,甚至有进一步扩大趋势,加深了不同地区和社会群体之间的贫富差异。

五、加快数字化发展,建设数字中国

在一定程度上,建设数字经济,就是建设国家未来。2021年3月12日,《中华人民共和国国民经济和社会发展第十四个五年规划和2035年远景目标纲要》发布,在第五篇"加快数字化发展建设数字中国"中进一步部署:"迎接数字时代,激活数据要素潜能,推进网络强国建设,加快建设数字经济、数字社会、数字政府,以数字化转型整体驱动生产方式、生活方式和治理方式变革。"激活数据要素、建设数字经济,已经成为社会的共识。

当今世界正经历百年未有之大变局,人类历经数百年建立的经济、金融秩序随着全球产业链、供应链面临强大冲击而发生改变,基于全球数字化浪潮而出现的各种经济发展模式、金融创新模式层出不穷,哪个国家能够在数字化发展模式上取得理论和实践上的突破,哪个国家就拥有了未来。

第二节　数字经济的五种形态

一、数字经济包括哪些行业

根据国家统计局口径,数字经济主要分为数字产业化和产业数字化。其中,数字产业化包括数字产品制造业、数字产品服务业、数字技术应用业和数字要素驱动业,组成数字经济的四大核心产业。产业数字化主要是指数字化效率提升业。这五个数字经济行业,实际上就是数字经济的五种形态。

二、数字产品制造业

数字产品制造业是数字经济核心产业之一。数字产品制造业是指利用数字技术和网络平台,通过对信息的收集、加工、分析和利用,以及对物理产品的数字化生产和运营管理,实现产品制造的全过程数字化和智能化的产业。概念有些绕口,我们来举几个例子。计算机、机器人和电子元器件都属于数字产品,所以他们的生产企业就是数字产品制造业。

基于数字技术的数字产品制造范围很广,主要包含计算机制造、通信及雷达设备制造、数字媒体设备制造、智能设备制造、电子元器件及设备制造、其他数字产品制造业等6个中类,其中又包含了51个小类。

(1)计算机制造业:生产各种计算机系统、外围设备、终端设备以及其他有关装置的产业,具体是计算机整机、零部件、外围设备、系统、信息安全设备等。

(2)通信及雷达设备制造业:固定或移动通信接入、传输、交换设备等通信系统建设所需设备的制造、固定或移动通信终端设备的制造、雷达整机及雷达配套产品的制造。

(3)数字媒体设备制造业:播电视节目制作、发射、接收的设备及配件,还有电视机、音响、影视录放等设备的制造。

(4)智能设备制造业:主要方向是机器人,包含有工业机器人、特殊作业机器人、服务消费机器人等制造业,除此之外,还有智能照明器具、可穿戴智能设备、智能车载设备、智能无人飞行器及其他智能消费设备的制造业。

(5)电子元器件及设备制造业:是数字产品制造业当中小类最多的,共17个。主要有半导体器件、电子元器件、机电组件、光伏设备及元器件、电气信号设备、电子真空器件、集成电路、显示器件、半导体照明器件、光电子器件、电阻电容电感元件、其他元器件等设备制造行业。

(6)其他数字产品制造业:相对宽泛,包含有光纤光缆的制造与信息化学品制造、增材制造、装备制造(3D打印技术)、计算器及货币专用设备制造、记录媒介复制、电子游戏游艺设备制造、工业自动控制系统装置制造等9个小类。

数字产品制造业的发展,不仅能够推动传统制造业的转型升级,提升产业竞争力,还能够培育新兴产业,推动经济结构的优化和升级。因此,深入理解和掌握数字产品制造业的含义,对于推动数字经济发展,实现经济高质量发展具有重要的指导意义和实践价值。

【案例 4-1】 数字化应用

据工业和信息部统计,我国上规模的工业企业研发设计数字化工具的使用率达到 55.7%,生产设备数字化水平持续提升,关键工序数控率达 75.1%,实施网络化协同运作的企业占 39.2%,数字化管理比例达 68.1%。

三、数字产品服务业

数字产品服务业也是数字经济核心产业之一。手机、电脑的销售、维修,都属于数字产品服务业。具体分为数字产品批发、数字产品零售、数字产品租赁、数字产品维修、其他数字产品服务业 5 个种类,其中包含 10 个小类。

(1)数字产品批发业指各类计算机、软件及辅助设备、电信设备、广播影视设备的批发和进出口活动。

(2)数字产品零售业指各类计算机、软件及辅助设备、电信设备、音像制品、电子出版物的零售活动。

(3)数字产品租赁业包含两个小类,分别为各类计算机、通信设备的租赁活动,各种音像制品的出租活动。

(4)数字产品维修业主要方向是各类计算机、辅助设备、通信设备的维修活动,其中通信设备包括了手机、电脑等生活常用设备。

(5)其他未列明的数字产品服务业。

四、数字经济应用业

在数字技术应用业大类中,共包含软件开发业、电信广播电视和卫星传输业、互联网相关服务业、信息技术服务业、其他数字技术应用业等 5 个中类,其中又包含了 25 个小类。像我们身边的程序员,就是典型的数字经济应用业的从业人员。

数字经济应用业是最主要的数字经济落地形式。第一,数字经济推动软、硬件实现跨界融合。5G、卫星通信、人工智能、云计算、物联网等新型基础设施与新兴产业通用技术的应用边界比较模糊,硬件与软件技术具有高度关联性与交互性。第二,数字经济推动产业实现跨界融合。电子商务等新模式、新业态发展以及产业数字化转型,推动三次产业与产业互联网及相关服务深度融合,进而打破了三次产业间的界限。第三,数字经济推动层级间、部门间实现跨界融合。数字技术发展有助于推动纵向层级间趋向扁平化、横向部门间迈向一体化。第四,公共产品与私人产品跨界融合。数据将越来越多的企业、管理机构联系在一起,使得部分公共产品与私人产品的界限变得模糊。

五、数字要素驱动业

数字要素驱动是指依靠各种生产要素(土地、劳动力、资本、数据)的投入来促进经济增长,以及从市场对生产要素的需求中获取发展动力的方式。数字要素驱动就是通过数据要素的投入和市场对数据的需求,来实现经济增长、获取发展动力的行业。包括互联网平台、互联网批发零售、互联网金融、数字内容与媒体、信息基础设施建设、数据资源与产权交易、其他数字要素驱动业等7个行业种类。我们身边的美团外卖平台,还有工业企业正在大力推进的工业互联网平台,以及金融行业的智慧服务平台都属于数字要素驱动业,都是利用数字化技术,将传统的生产要素网络化,提高原本小范围、低效率的使用模式。

如何推动数据要素市场化、规范化、制度化建设,提升数据要素治理水平和市场化配置效率呢?我们认为首先要改革数据要素市场,针对数据要素化给出数据成为要素的基本条件,梳理数据的确权、定价、交易等问题,然后针对数据要素激活的标志,建立健康的数据产业生态,分析数据与土地、资本、科技、劳动力等要素融合后的影响,培养和发现融合过程中产生的商业机会,通过市场的作用推动数字要素驱动业的发展。

六、数字化效益提升业

数字化效益提升包括智慧农业、智能制造、智能交通、智慧物流、数字金融、数字商贸、数字社会、数字政府、其他数字化效率提升业 9 个中类,其中包含 42 个小类。以传统产业为基础,以数字化手段为辅,应用数字技术和数据资源为传统产业带来极大的产出增加和效率提升,这些工作都属于数字化效益提升业。举个例子,农业是个传承了几千年的传统行业,但是在数字化技术的帮助下,一些农业大市开始通过物联网、无线通信、大数据、人工智能等技术,自动汇集田间监测点病虫监测数据,然后通过大数据模型分析发出预警信息,从而指导全市病虫防控工作开展。

在数字经济时代,企业能否抓住数字中国的政策红利、技术红利和数据要素红利,全面提高自身的全要素生产率、核心竞争力和数字化效益,从而做强、做优、做大主营业务,并可持续发展十分重要。

第三节 制造业是数字经济的主战场

一、智慧工厂

(一)什么是智慧工厂

德国政府于 2013 年在汉诺威工业博览会上正式公布"工业 4.0"概念且席卷全球,并被认为是以信息物理系统(CPS)技术为核心的第四次工业革命。工业 4.0 的最大主题,"智慧工厂"的概念也是在此时被提出的,贯穿产业升级全过程。

智慧工厂是现代工厂信息化发展的新阶段。传统的工业生产采用 M2M 的通信模式(Machine-to-Machine/ Man),实现设备与设备间的通信。智能工厂则是在自动化及数字化工厂的基础上,利用物联网技术,实现人、设备和系统三者之间的智能化、交互式无缝连接。

在智能工厂里,企业管理者可以清楚掌握产销流程,提高生产过程的可控性,减少生产线上人工的干预,最大程度优化生产计划编排与生产进度。

智能制造的核心是智能生产,而智慧工厂则是实现智能生产的主要手段。智慧工厂需要引入智能设备和传感器,构建智能化的生产系统和网络化的分布式生产设施,持续采集设备运行数据,利用大量数据分析这些数据,再搭配安全可靠的云计算能力,在实现对设备状态运筹帷幄的基础上,进一步创新企业的研发、生产、运营、营销和管理过程,提高产品研制和生产效率。而且智能工厂的设备相互之间也具备通信和自适应能力,系统中的各个组成部分能够自行组成最佳的系统结构,具备协调、重组和扩充的特性,甚至还具有自我学习和自行维护的能力。因此,智慧工厂实现了人与机器的相互协作,其本质是人机交互。传统工业生产与智慧工厂的联系与区别如图 4-1所示。

图 4-1 传统工业生产与智慧工厂的联系与区别

智慧工厂已在石化、钢铁、机械装备制造、汽车制造、航空航天、飞机制造等行业得到了广泛应用。《中国制造 2025》明确提出要推进制造过程智能化,在重点领域试点建设智能工厂/数字化车间,这必将加速智能工厂在工业行业领域的应用推广。智慧工厂的控制系统可以掌控每个产品的生产状态,比如上一步工序是否满足下一步的生产要求,设备是否需要调试,以及什么时候开始调试。物料仓库也清楚当前库存是否满足下一步生产需要,是否需要补货,如果需要补货,应该通知哪个部门的哪个负责人。相应地,人在智慧工厂里的作用会被压缩到极致,人只需要对关键步骤发出指令,对突发事件做出决策,就能保证工厂的有序生产。

化繁为简,我们总结了智慧工厂的12个特征,供读者参考。

(1)设备互联:实现了设备与设备互联,通过与设备控制系统集成,以及外接传感器等方式,整个工厂的生产过程都是可追溯的。

(2)联动软件:各种工业软件联动,包括 MES(制造执行系统)、APS(先进生产排程)、能源管理、质量管理等,最大程度上实现了生产现场的可视化和透明化。

(3)实时洞察:各种数据的实时更新保证了管理者对整个工作流程的监控,从生产排产指令的下达到完工信息的反馈,实现闭环。

(4)模块重组:系统中各组承担为可依据工作任务,各模块自行组成最佳系统结构。

(5)可视展示:结合信号处理、推理预测、仿真及多媒体技术,将实境扩增展示现实生活中的设计与制造过程。

(6)人机共存:人机之间具备互相协调合作的关系,各自在不同层次相辅相成。

(7)自主能力:可采集与理解外界及自身的资讯,并以之分析判断及规划自身行为。

(8)自我学习:通过系统自我学习功能,在制造过程中落实资料库补充、更新,以及自动执行故障诊断,并具备对故障进行排除与维护,或通知对的系统执行的能力。

(9)高自动化:自动化程度进一步提高,管理者操心的事能用数据反映,系统也会根据以往的数据结合企业的产品和生产特点,持续提升生产、检测和工厂物流的自动化程度。

(10)高效生产:能够跟着数据走。产量按订单驱动,拉动式生产,尽量减少留存,避免浪费。推进智能工厂建设充分结合企业产品和工艺特点。

(11)绿色制造：绿色和节能进一步升级，能够及时采集设备和产线的能源消耗，实现能源高效利用。

(12)生态环保：将绿色智能的手段和智能系统等新兴技术融于一体，构建一个高效节能的、绿色生态环保的、环境舒适的人性化工厂。

【案例4-2】　　　　正大食品无人水饺工厂

正大食品无人水饺工厂有几千平方米的厂房，它们干净整洁，机器24小时不休息的工作，可是看不到一个员工。从和面、放馅再到捏水饺，是一条完全干净整洁的流水线。以前整个工厂需要200个工人，现在生产相同的东西用工却在20人以下，这意味着"无人工厂"压缩人工可达90%。

（二）如何打造智慧工厂

要实现智能工厂，需要无线智慧感测器、控制系统网络化、工业通信无线化、物联网、智能机器人等技术。这些技术的实现对芯片有着极高的要求。传统芯片设计模式无法高效应对快速迭代、定制化与碎片化的芯片需求，半导体企业正在往智能化方向发展。

随着第四次工业变革的兴起以及数字世界与物理世界的深度融合，打造智慧工厂所必需的技术也已渐趋成熟，这也让万千中国制造企业有望实现真正意义上的"智慧制造"。

由于各个行业生产流程不同，加上各个行业智能化情况不同，智能工厂有以下几个不同的建设模式。

第一种模式是从生产过程数字化到智能工厂。在石化、钢铁、冶金、建材、纺织、造纸、医药、食品等流程制造领域，企业发展智能制造的内在动力在于产品品质可控，侧重从生产数字化建设起步，基于品控需求从产品末端控制向全流程控制转变。

第二种模式是从智能制造生产单元（装备和产品）到智能工厂。在机械、汽车、航空、船舶、轻工、家用电器和电子信息等离散制造领域,企业发展智能制造的核心目的是拓展产品价值空间,侧重从单台设备自动化和产品智能化入手,基于生产效率和产品效能的提升实现价值增长。

第三种模式是从个性化定制到互联工厂。在家电、服装、家居等距离用户最近的消费品制造领域,企业发展智能制造的重点在于充分满足消费者多元化需求的同时实现规模经济生产,侧重通过互联网平台开展大规模个性定制模式创新。

在完成建设并投产后,就需要我们去关注智慧工厂的工厂运营管理。包括制造资源控制,现场运行监管,物流过程管控,生产执行跟踪和工作监督,通过对 MES、QMS、ERP、SCM 等系统的集成以及对自动化设备传感器数据的对接,打造企业的智慧。通过工厂智数合一管理平台,实现制造管理的统一化与数字化。

当然,智能工厂并不是简单地把生产设备联网,因为智慧工厂的真正精髓是生产节拍。每个主加工设备的节拍都不一样,只有经过专业设计、规划,并在 ERP、MES 系统的统筹调度下,才能实现真正的智慧化生产。

每家工厂的工艺、流程并不完全相通,因此,在打造智慧工厂时需要因地制宜设计不同的建设方案。智慧工厂的设计原则应遵循产品生产工艺,合理利用、配置自动化设备,将主加工工艺设备联结起来,并进行统筹管理。在实际进行工艺设计时,会根据客户产品比例、产品特点、销售模式(内销 or 外销)、产能要求、电力负荷等一系列因素综合考虑。可以说,每一个智慧工厂都是独特的。

(三)智能工厂给我们带来什么影响

曾经的自动化工厂,在生产过程中,需要大量硬件工程师的协助,还需要工人 24 小时倒班盯生产线,看是否会出现机器故障。有了智能工厂,及时的预警及纠错功能,可以让工人们更省心省力,并且在发展的过程中,智能工厂还会根据订单需求,转变工作模式,对电力、物力及生产力的利用逐渐达到峰值。

智慧工厂的互连、优化、透明、可视、前瞻、灵活、高效、绿色、环保等特点特征使得智慧工厂是一个灵活柔性的系统,它具有工业知识软件化、预测性维护、自动化物流、生产工艺自适应优化和环境实时监测等一系列特征(图 4-2),能自我优化整个网络的表现,自适应、实时或近实时学习新环境条件,并自动运行整个生产过程,有助于管理层做出明智的决策,并帮助企业改善其生产流程。

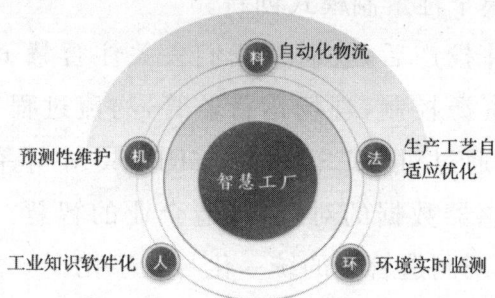

图 4-2　智慧工厂及其 5 大因素的数字化举例

根据化工企业现场管理需求,按照应急管理部《"工业互联网＋危化安全生产"试点建设方案》(应急厅〔2021〕27 号)的要求,规划设计并搭建"智慧作业"数字化应用平台,帮助化工企业现场实现作业、管理和运营三个维度数据跨系统贯通和协同应用,全方位提升现场作业的工作效率和管理效果,帮助化工企业现场管理实现从粗放到精细,从无序到有序的质变。

【案例 4-3】　　　　企业智慧作业应用平台

以国内一家大型煤化工企业的智慧作业应用平台为例,来说明智慧工厂的作用。该平台包括平台层、应用层和呈现层,其中智慧作业应用层由三维数字工厂管理看板、智能点巡检管理、安全作业管理、任务管理、员工管理、职能管理等功能模块共计数十种工业 App 组成,主要以移动端 App 应用为主。该平台旨在助力企业提升安全管理效率,保障现场数据采集和信息传递效率;系统内置标准安全管理业务流程,固化国家规定和行业标准,结合技术手段确保业务流程合规；自动将存在逻辑关系的现场数据进行汇总，使各项业务数据形成完整、动态的信息链条，管理人员可以一键筛选查看统计报表，提升安全管理的全面性和及时性。最终通过现场作业数据的统计和倾向性智能分析，全面降低现场作业风险、有效预防事故和隐患，实现企业管理效益最大化，平台技术架构如图 4-3 所示。

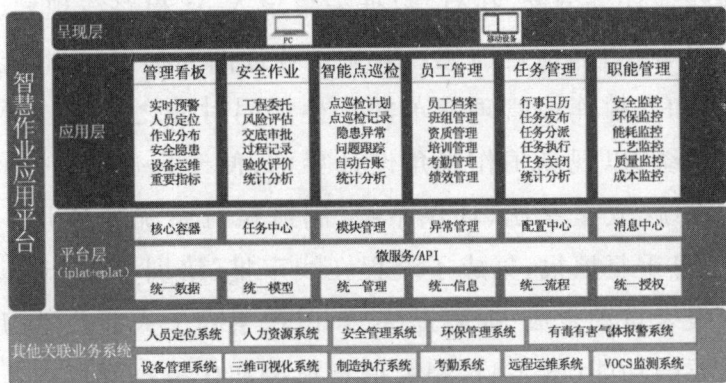

图 4-3 智慧作业平台的技术架构

实现以数据为核心的经营管理效率提升和效果优化。通过对投入产出、设备状态、能耗成本、质量检测、特种作业、环保排放等跨系统数据进行定时采集和汇总，可视化呈现，帮助分厂/作业区管理层及时掌握日常生产经营状况，在每日早会中快速利用系统总结昨日工作，布置当天任务；借助可穿透一线作业现场情况的任务跟踪系统（PDCA 闭环），轻松完成领导履职职责；在月末、年底时，根据人员完成任务的数量、及时性、质量等数据的统计分析，结合岗位职责完成情况和相关权重、培训考试的成绩等因素，计算确定员工绩效等级，真正实现基础管理的公平公正和快速落地。

建立以集控（内操）为枢纽的数字化现场管理体系。通过智慧作业 App 应用平台的开发和应用，整合现有多个智慧制造系统、智慧安全、智慧环保等管理平台，在三维数字化工厂人机界面上，形成数据汇总和交互呈现，方便及时有效把握现场真实情况；借助数据系统化分析和处理能力，及时将必要信息通过系统发送给外操和相关管理人员,形成作业区数据流、人流、作业流"三流合一",管理闭环。

切实支撑外操作业的标准化、人性化和智能化。通过智慧作业App应用平台移动端App的开发和结合智能终端的应用,基于平台系统内的"五制配套"的管理逻辑框架和作业标准,现场外操人员在日常工作和应急处置过程中,根据系统自动提示的流程和周期性配置来完成作业任务分配、执行、数据采集录入、巡检路线规划、异常处理跟进等各种工作,使目前的经验化作业逐渐向标准化、智能化作业演进,促进和支撑作业管理变革的产生。同时使之成为外操作业的唯一数字系统,以现场工作视角设计界面,便于人员适应与使用;后台与设备系统、安全系统、环保系统、制造执行系统等各业务系统贯通,减少信息重复填报;集成了流程在线审批、培训考试、虚拟应急演练、台账/报表自动生成、报警提醒、知识积累等个人办公学习和任务执行所需要的功能(图4-4),相关信息报警和任务提醒可在系统内外及时发送,外操人员可以与公司共同享受数字化红利,将更多时间从重复性劳动中解脱出来,追求更高的工作效率和质量。

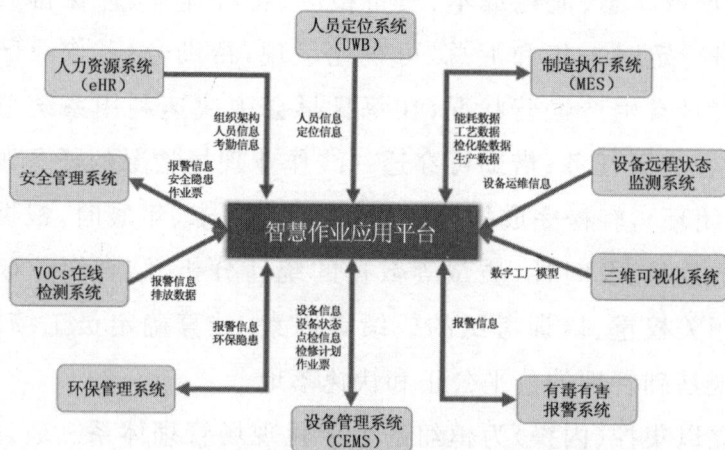

图 4-4 智慧作业应用平台的业务逻辑

另外,智能工厂还可以提高资产效率、生产质量,降低企业成本,营造更安全的生产过程,保持生产的可持续性、促使制造工艺的改进等优势。以服装厂为例,中国缝制机械协会声称,在自动化工厂之上引入 TIMS 智云 1.0 智能生产管理系统,可以整体提高 20% 的生产效率,降低 30% 的次品率,人均工时能节省 8～10 天,非正常停机时间缩短 80%,大大提高利润率。

二、数字化车间

(一)什么是数字化车间

数字化车间不是简单的"机器换人",而是以生产设备、生产设施等智能化的软硬件设施为基础,以降低成本、提高质量和效率、快速响应市场为目标,运用现代化的管理制度,改变过去的人工决策、计划、操作、沟通、跟进、监督、检测、收集等以人为主的运作模式。通过MES 系统、数字化、网络化、智能化等手段,通过订单管理、产品设计研发、计划排产、物流信息等各个环节的数字化,将传统的生产车间转变为智能化、自动化、数字化的现代化制造基地,实现从操作步骤到生产单元、生产线乃至整个工厂的管控和优化,从而有效提高生产效率和工厂灵活性,缩短新产品的上市周期,为企业提供更高效、更精准、更可靠的生产管理服务。

《数字化车间 通用技术要求》(GB/T 37393—2019)规定了数字化车间的体系结构、基本要求、车间信息交互、基础层数字化要求、工艺设计数字化要求、车间信息交互、制造运行管理数字化要求等内容。该标准适用于指导离散制造领域数字化车间的规划、建设(新建或改建)、验收和运营。

【案例 4-4】 家电行业的数字化车间

海尔智家拥有 4 家工业互联工厂,分别是海尔中央空调互联工厂、沈阳海尔冰箱互联工厂、天津海尔洗衣机互联工厂以及郑州海尔热水器互联工厂,覆盖冰箱、洗衣机、空调、热水器四大产业。郑州海尔热水器灯塔工厂自 2019 年开工建设,总投资 10 亿元,建筑面积达到 10 万 m²,规划年产能 550 万台,其中 50 万台新能源产品、300 万台燃热产品已相继投产,200万台电热水器即将投产,成为全球规模最大的热水器智能制造基地。在工业物联网、大数据、5G云计算、人工智能等先进技术应用方面,郑州海尔热水器灯塔工厂首创63项行业技术融合应用,其中工业4.0技术20项、先进制造技术43项。该厂具备以下三大亮点:一是基于IOT设备物联数字化平台对关键设备100%互联可视,可实现故障诊断、异常预警;二是通过5G+MEC的高速运算,支持装配效率提升;三是智能通信测试平台,满足用户多样化需求下的热水器智能测试模式。不仅实现了订单响应周期加快25%,生产效率提升31%,质量水平提升26%,更实现了用户订单直达工厂、工厂直发用户、生产全流程追溯可视、产品质量实时监测,有效地提升了用户最佳体验。

(二)如何打造数字化车间

数字化车间涵盖了生产设备、生产流程、数据采集和分析、人工智能技术的应用、员工培训和技能提升等多个方面。首先,数字化车间需要对生产设备进行数字化改造。其次,数字化车间需要对生产流程进行数字化管理。再次,数字化车间需要对数据进行采集和分析,实现数据的实时监测和分析,通过数据分析和挖掘,为企业提供更加精准的决策依据,帮助企业实现生产过程的优化和升级。同时,数字化车间还需要应用人工智能技术,包括机器学习、深度学习、自然语言处理等技术,实现对生产过程和设备的自动化控制和智能化优化,提高生产效率和生产质量。最后,数字化车间还需要对员工进行培训和技能提升,以适应数字化车间的生产管理要求,提高员工的数字素养和技能水平。

建设数字化车间的流程和建设传统车间的流程基本一致,也需要经过规划、设计、实施和效果评价等阶段。首先是确定数字化车间建设目标,在实施数字化车间建设前,需要确定数字化车间的建设目标,明确数字化车间建设的重点、方向和目标,以便于统一思想、协同合作,推进数字化车间建设工作。其次,针对企业的生产特点和现状,对数字化车间的需求进行分析和规划,确定数字化车间所需的技术和设备,并制订数字化车间实施计划。再次是选型,根据数字化车间建设的需求和计划,对数字化设备和系统进行选型,选择合适的数字化设备和系统,确保数字化建设的质量和效果。从次是实施,根据数字化车间建设的需求和计划,对数字化设备和系统进行安装、调试和测试,确保数字化车间的各项设施和系统正常运行。又次就进入运维阶段,数字化车间的运维管理是数字化车间建设的重要环节,包括对数字化设备和系统进行维护、保养和升级,保证数字化车间的设施和系统一直处于最佳状态。最后是应用推广和效果评估,数字化车间的应用推广是数字化车间建设的最终目标,需要对数字化车间的应用效果进行评估和总结,并将数字化车间的应用推广到企业的其他生产车间和领域中,实现数字化车间的落地。对于数字化转型效果显著的车间,应该给予鼓励,并总结推广成功经验。

总之,数字化车间的实施和落地需要全面考虑企业的生产特点和需求,根据实际情况进行规划和设计,并结合数字化技术和智能化设备,实现数字化车间的建设和应用。

(三)数字化车间给我们带来了什么影响

数字化车间可以为质量追溯提供保证,严格把关产品生产过程,保证产品的质量。通过销售情况调整生产计划,盘活存货,实现资源利用最大化、利润最大化。降低沟通成本,用数据系统传递信息,减少出现信息传达"人为加工"的情况。在特殊情况下,如疫情防控期间,数字化车间可以协同供应端与生产端,减少一线人员操作,减少接触,更加安全方便。

数字化车间建设能帮助提高生产效率、优化生产流程、降低生产成本、提高产品质量和加强企业管理。

三、无人工厂

（一）什么是无人工厂

无人工厂是指全部生产活动由电子计算机进行控制,生产第一线配有机器人而无须配备工人的工厂。生产命令和原料从工厂一端输进,经过产品设计、工艺设计、生产加工和检验包装,最后从工厂另一端输出产品。"无人工厂"里安装有各种能够自动调换的加工工具,所有工作都由计算机控制的机器人、数控机床、无人运输小车和自动化仓库来实现,人不用直接参加工作(图 4-5)。无人工厂实现信息化技术和实体生产的相互融合、装备智能化、设计数字化、生产自动化、管理现代化,保障生产单元的高效协同、全面感知和柔性生产。白天,工厂内只有少数工作人员做一些核查,修改一些指令;夜里,只留两三名监事员(只留一人也是可以的,主要问题是一人太寂寞了)。

图 4-5 无人工厂的一个角落

从第一次工业革命开始,工厂在技术的更迭和人口的变迁中不断变化模样。随着科技的不断进步,人工智能、机器人、自动化等技术正越来越广泛地应用于各行各业。其中,无人工厂技术作为自动化技术的一种极端应用,被广泛关注和探讨。1952 年,美国福特汽车公司在俄亥俄州的克里夫兰建造了世界上第一个生产发动机的全自动工厂。1984 年 4 月 9 日,世界上第一座实验用的"无人工厂"在日本筑波科学城建成。2021 年 4 月,工信部发布《"十四五"智能制造发展规划(征求意见稿)》,提出到 2025 年,规模以上制造业企业要基本普及数字化,重点行业骨干企业初步实现智能转型。要建设 2000 个以上新技术应用智能场景、1000 个以上智能车间、100 个以上引领行业发展的标杆智能工厂。到 2035 年,规模以上制造业企业全面普及数字化。在大背景下,无人工厂的大发展势不可挡。

随着人工智能、物联网、5G、大数据、云计算等科技的进步,越来越多的企业相继投入无人工厂的建设,并成为自身产业链转型升级的关键。

无人工厂与数字化工厂的侧重点不一样。无人工厂强调少人化或者无人化,数字化工厂则以产品全生命周期的相关数据为基础。在计算机虚拟环境中,无人工厂对整个生产过程进行仿真、评估和优化,并进一步扩展到整个产品生命周期的新型生产组织方式。主要解决产品设计和产品制造之间的"鸿沟",实现产品生命周期中的设计,制造、装配、物流等各个方面的功能,降低从设计到生产制造之间的不确定性,在虚拟环境下将生产制造过程压缩和提前,并得以评估与检验,从而缩短产品设计到生产转化的时间,并且提高产品的可靠性与成功率。

【案例 4-5】　　　　　电影中的工厂

电影《摩登时代》里,卓别林用最后的黑白影画抨击了工厂主对工人的压迫,人被困在急速转动的齿轮里得不到喘息。而在电影《查理与巧克力工厂》中,奇幻的巧克力瀑布、郁郁葱葱的糖果草丛,空旷的车间里只听到机器发出的声音,人在这里仿佛没有用武之地。

(二)如何打造无人工厂

无人工厂的实现主要依赖于智能系统的应用以及机器人的配备,通过智能系统对机器人进行控制,根据企业的生产计划,下达对应的指令,从而进行无人化生产。

在智能制造的装配生产中,工业机器人不仅可以为自动装配机服务,还可以直接用来完成大批量的零件装配作业,他们通过引导、抓取、安装等工作,产品一批接着一批被生产出来。最常见的装配工业机器人作业包括码垛、拧螺丝、压配、铆接、弯形、卷边、胶合等。

智能系统对机器人的控制是关键。在整个工厂当中,各个环节都受系统控制。不论是生产计划的执行、生产原料的调动,还是生产过程的监督、生产的调整,方方面面都在系统的控制下进行。主要包括 ERP、MES、MDC、CNC、DNC 及视觉检测系统等,这些系统能实时同步,各自负责属于自己的信息数据,然后根据生产计划进行做工。

无人生产工厂针对不同的应用场景,其对应的应用流程也不同。一般以客户为核心,具备全面感知、柔性生产、敏捷服务、绿色安全、科学决策、产业协同等属性,追求无人、高效、协同和最佳用户体验,从智慧工地、智能制造、智慧物流和智慧管理四位一体进行全面管控。具体包括客户服务,客户交互,供应链协同,供应链交互,库存与材料配送,智能感知,生产管理,智能装备,质量优化,环境安全管理,能源管理,企业资源管理,风险控制管理,可视化与协同。

【案例 4-6】　　　　家电行业的无人工厂

老板电器位于杭州临平的茅山生产基地是浙江省经信厅公布的首批"未来工厂"。该工厂产线几乎不需要现场工人。以钣金冲压车间为例,该车间占地上万平方米,有 284 台自动化设备,配合该工厂搭建的"5G 云边一体"(5G＋云计算＋边缘计算)的工业互联网平台,实现现场实景监控数据、设备运行参数等生产信息准确采集,这样企业管理者就可以在中控室完成从原材料到生产再到入库的统一调度,实现所有点位物料的自主流转和自动预警,减少现场操作工人,实现无人工厂。

(三)无人工厂给我们带来什么影响

对企业来说,无人工厂可以最大限度地减少人的不确定因素,能帮助企业提质增效、降低成本,可提供全过程生产数据的采集、清洗、沉淀、分析、共享等综合数据服务,为客户及监管方提供更好的质量追踪平台,更快地响应客户需求。

对全社会来说,无人工厂可以提高劳动生产率,带来新的产业形态和协作模式。作为工业制造业升级的下一个形态,无人工厂虽然解放了人力,升级了制造,但也有观点质疑:整个行业的格局也会发生相应的变化,适应的企业会留下来,无力改变的企业就将面临淘汰,特别是对于数量众多的小型生产企业和低端生产企业来说,他们面临淘汰的可能性就较高,需要寻求发展良方。

【案例 4-7】 　　　　　　　　化工行业的无人工厂

长青(湖北)生物科技有限公司打造"智能制造"样板工厂,实现了全智能化生产车间无须人操作。长青项目在宜昌高新区白洋工业园落地,总投资 25 亿元,主要生产国家鼓励类的高效、低毒、环境友好型农药原药和化工产品,广泛应用于植物保护领域。该项目实现了(微通道)全流程全自动化设计,已实现 DCS、SIS、物料及能源消耗、仓储物流、设备运行及管理五位一体智能管控,可以实时监测原料、设备、能源、仓储、质量安全等各项数据。搭建了人员定位管理平台、可燃有毒气体监测系统、双重预防机制等智能安全系统,实现全厂安全监测无死角,系统还将随时根据监测结果,自动进行任务派发,提供处置建议。

四、灯塔工厂

(一)什么是灯塔工厂

灯塔工厂指的是那些大规模应用第四次工业革命(又称工业4.0,是德国在 2013 年的汉诺威工业博览会上提出的概念)中的技术,积极推动工厂、价值链和商业模式转型的制造厂商。其中涉及的关键技术包括云计算、大数据、物联网、移动互联网、人工智能、量子技术、3D 打印、5G 等。灯塔工厂被誉为"世界上最先进的工厂",代表当今全球制造业领域智能制造和数字化最高水平。灯塔工厂是"数字化制造"和"全球化 4.0"示范者,是第四次工业革命的领路者、指路明灯。

2018年,达沃斯世界经济论坛联合麦肯锡咨询公司为推动先进制造技术的普及,发起全球"灯塔工厂"网络项目遴选活动,评选出了第一批共16家灯塔工厂。截至2023年1月,全球"灯塔工厂"数量达到132家。值得注意的是,中国的"灯塔工厂"达到50家,占比超过三成,排名全球第一,是世界上拥有最多"灯塔工厂"的国家。

合格的灯塔工厂主要有四大标准:①工厂实现重大影响;②拥有多项成功案例;③拥有可扩展的技术平台;④在关键推动因素方面表现优异,比如管理变革、能力构建以及与第四次工业革命社区展开协作。

工业企业千差万别,灯塔工厂的模式也并不完全一样,大致可以总结为三种模式:①单个工厂的数字化转型。主要关注工厂中的数字化装配、加工、维护、绩效管理、质量管理和可持续发展。通过5G、AI、大数据等数字技术与制造技术的融合与深化应用,实现数字化、智能化转型。②上下游产业链的协同转型。主要关注供应网络、产品开发、计划、交付和客户连接。大多数通过部署可扩展的数字化平台,实现企业与用户资源、供应商资源的端到端连接。③可持续发展模式。重点是绿色和"双碳",通过数字化转型,减少资源消耗、废物和碳排放,践行可持续发展承诺,提高运营竞争力。

(二)如何打造灯塔工厂

实现灯塔工厂从概念到落地推广分5步走。

第一步,规划顶层愿景,需要结合企业愿景制定灯塔战略蓝图,自上而下开展诊断,确定转型基线,分解关键效益目标。

第二步,需要设计建设蓝图,梳理企业现有的组织架构和业务流程,明确企业的业务流和信息流,按照顶层愿景,分析每个环节现实情况与效益目标的差距,然后根据效益和技术可行性判断优先级,制订预算和实施计划。

第三步,需要建立灯塔示范系统,从各部门抽调组建转型试点团队,选定一个典型但影响范围较小的环节作为突破口,以迭代的方式快速试错,持续总结经验,为其他环节的改造奠定技术基础。

第四步,可以向全工厂范围推广灯塔体系,以灯塔示范系统为参照,对其他环节进行改造,在技术上完成灯塔工厂的建设。

第五步,也是最重要的一步,还需要发展组织能力,优化组织治理架构和流程,将新的业务流程逐渐转变,建立拥抱变革的组织文化,形成自我持续改进的能力,否则建成的灯塔工厂很可能会渐渐退化到原有的业务模式上。

(三)灯塔工厂给我们带来什么影响

"灯塔工厂"通过采用人工智能、大数据、物联网、增材制造、云计算、数字孪生、工业机器人等新技术,构建覆盖企业内部全流程、产业链上下游全环节、产品服务全生命周期的数字化体系,全面提升企业及产业链上下游的效率、降低成本;同时通过数据要素作用的发挥,探索新的模式进而形成新的增长点,成效显著。数据显示,那些与数字技术成功结合的"灯塔工厂",生产力平均提升超过 2.5 倍,利润率提升 8%~13%,运营指标提升 50%~60%。

可以说,灯塔工厂顺应数字化大潮,随需求而变,实现可持续发展。"灯塔工厂"提供的宝贵经验和参考价值,将带动广大制造企业走向数字化转型之路。

但同时也应当看到,我国在灯塔工厂建设方面的短板。通过对全球 132 家"灯塔工厂"分布等情况来看,尽管从工厂所在国家和所属公司所在国家两个维度分析,我国灯塔工厂的数量均居全球首位,但从行业分布来看,不同于美、德集中于医疗、半导体、工业自动化、生物技术等尖端制造行业,我国"灯塔工厂"主要贴近终端消费者的产业链下游,集中在家电制造、电子设备制造领域。此外,虽然我国制造业是全球产业门类最齐全、产业体系最完整的制造业,但我国制造业数字化转型还存在着渗透率低、企业各环节数字化转型不均衡的问题。2022年,我国制造业数字经济渗透率达24%,远低于全球发达国家33%的平均水平,与美国、德国相比更是差距较大。

【案例4-8】   家电行业的灯塔工厂

中国本土第一家入围的"灯塔工厂",是青岛海尔中央空调互联工厂。该厂基于"以客户为中心的大规模定制模式",实现了从大规模定制制造到大规模定制的转变。既能实现自动化生产,又能协同生态伙伴满足用户需求。通过搭建从用户订购、智能生产到用户体验迭代的大规模定制平台和互联工厂智能服务云平台,海尔客户不仅可以参与产品的定制设计,还可以在平台上看到定制产品的生产、制造和测试的全过程。用户在使用海尔中央空调时,海尔工厂可以监控产品和设备的运行状态,并对产品故障进行预警,保证产品的安全稳定运行。

【案例4-9】   装备制造业的灯塔工厂

2023年1月13日公布的全球第十批18家灯塔工厂中,在中国的有7家灯塔工厂。我们在这里简要介绍一下其中的典型案例。成立于2015年的富士康工业互联网股份有限公司,是智能制造及工业互联网整体解决方案服务商,他们为了响应客户对智能手机新品快速发布的需求,并满足严格的质量标准,工业富联通过大规模部署37个第四次工业革命技术用例,实现了敏捷的产品推出、快速的产能提升和智能化的大规模生产,将新产品的上市时间缩短了29%,将产能提升速度加快了50%,将质量不合格比例降低了56%,并将生产成本减少了30%。位于上海的上海华谊新材料公司,为了应对30%的产能过剩和市场波动导致的成本上升等挑战,公司部署了28个4IR先进用例,例如机器学习驱动的流程优化和AI驱动的安全管理,成功使劳动生产率提高33%,单位加工成本降低20%,能源消耗降低31%,安全事故次数降至0。

五、产业大脑

（一）什么是产业大脑

数字经济时代，政府在产业治理、引育、升级等方面存在诸多痛点。首先，没有数字化手段掌握辖区产业的分布状况及每个产业企业的现状。人工统计费时费力，信息变化难以做到及时追踪、更新。其次，对辖区产业的了解停留在点状，对辖区具有比较优势的产业链条及其覆盖度等，没有全景认知，难以因地制宜制定产业发展规划。再次，招商引资零敲碎打，难以立足自身产业链优势，构筑具有聚合效应的招商体系。最后，产业决策，没有数据支撑，科学性不够。

针对上述问题，"产业大脑"应运而出。产业大脑的前身其实是产业互联网平台，产业大脑的核心是数据。在现实应用中，由于目前涉及数字化转型最多的产业还是工业相关领域，因此也可以简单地将产业大脑理解为是工业互联网平台进一步发展的细分。产业大脑与工业互联网平台是一体两面的关系，一侧面向企业的工业互联网平台提供 SaaS 服务（Software as a Service，软件即服务），另一侧是面向政府经信部门的产业大脑。二者在某些方面数据互通。数据作为最新型的生产力，在企业端帮助生产要素进行更加有效的配置，通过采集、存储、处理和分析海量的数据，产业大脑能够实时监测生产过程中的各个环节，提供精准的数据支持和决策依据，如图 4-6 所示。这种数据驱动的生产模式，能够提高生产效率、降低成本、优化资源配置，从而提升企业的竞争力。同时也为政府反映产业运行情况并提供决策支撑，利用现有数据分析产业链发展状况，从而帮助政府在政策制定上实现精准施策，强长板，补短板，提升宏观调控能力和效率。二者相互结合，从而构建良好的工业互联网生态，利用互联网的特点助力工业发展。

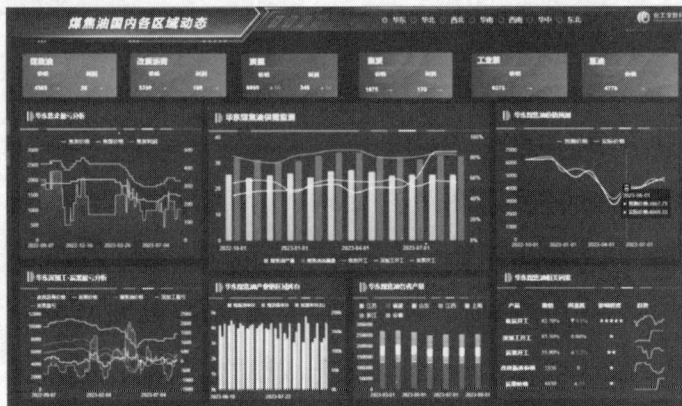

图 4-6　煤焦油行业的产业大脑

【案例 4-10】　　　　　　　地方产业大脑

　　浙江省基于其在产业数字化发展的领先地位,第一次在《浙江省数字化改革总体方案》(浙委改发〔2021〕2 号)中对产业大脑给出了明确定义:"产业大脑是基于系统集成和经济调节智能化的理念,将资源要素数据、产业链数据、创新链数据、供应链数据、贸易流通链数据等汇聚起来,运用云计算、大数据等新一代信息技术,对数字产业发展和产业数字化转型进行及时分析、引导、调度、管理,实现产业链和创新链双向融合,推动数字经济高质量发展。"

【案例 4-11】　　　　　　　行业产业大脑

　　中国航天科工为维护产业链供应链安全稳定、支撑构建现代产业体系,还提出了产业数字大脑,面向政府、链主及链长企业,以产业大数据、产业经济学知识双轮驱动,赋能产业链供应链基础固链、技术补链、融合强链、优化塑链,已在多个国家部委、地方政府、链主及链长企业实施应用。2022 年 6 月,世界工业互联网大会在线上举行,会上发布了产业数字大脑等两项创新成果。这套产品本质上也属于产业大脑。

(二)如何打造产业大脑

　　2022 年 3 月浙江省工信厅发布《行业产业大脑建设指南》。在指南中,将产业大脑划分为政府侧和企业侧两部分,提出行业产业大脑可依托工业互联网平台建设,构建行业数据仓,打造有助于企业创新变革、产业生态优化、政府精准服务的应用场景。行业产业大脑建设内容包括:互联网门户、行业数据仓、应用场景、能力组件等,如图4-7所示。

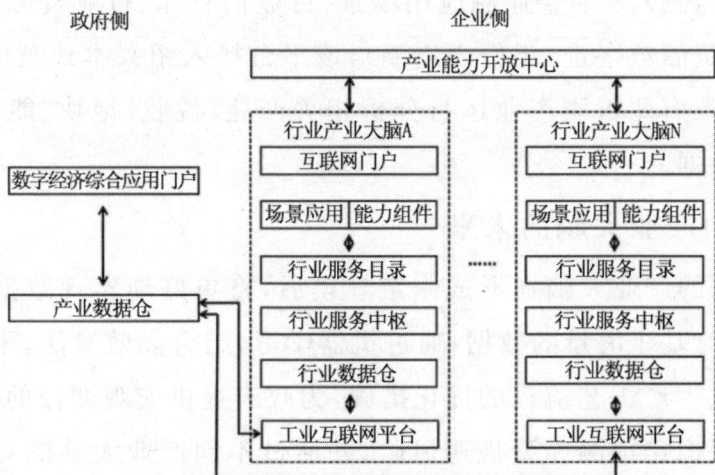

图4-7 打造产业大脑的基本思路

(三)产业大脑的作用

产业大脑为政府企业服务。现在全社会都在推进数字化转型工作,但政府、行业以及企业间的数据还不能有效聚、通、用。因此建设"产业大脑",提供产业链全景图、企业360度数字画像、解决方案资源池、靶向构建生态体系、产业链与数字化融合、产业服务精准供给等服务是实现政企联通的当务之急。通过接入重点工业互联网平台数据,实现数据覆盖多个省份,实时评估重点行业、重点区域工业互联网平台建设应用水平,充分释放工业大数据的价值潜力,由此为政府产业治理、中小企业转型升级、产业链协同联动提供科学支撑。

由于产业大脑一体两面、重数据强运营的特点,运营商在产业大脑建设及运营上有一定优势,像中国移动结合云网优势,打造的OnePower产业大脑,在企业侧、政府侧、园区侧场景建设了丰富的应用体系,目前在浙江、江苏和广东等数字化建设较领先的省份均落地了许多产业大脑项目。2022年,绍兴启动建设"黄酒产业大脑"项目,包括政府侧和企业侧门户、产业大脑基础能力部分(行业数据仓、行业中台、行业服务中枢、行业服务目录、安全体系)、7个政府侧应用场景(产业链图谱、产业地图、运行分析、亩均效益、产业链金融、品牌管理、水质监测),5个企业侧应用场景(行业信息库、行业资源库、黄酒工程师、黄酒数字选、年份酒追溯),该平台接入绍兴本地黄酒企业5家,接入政府侧黄酒产业运行分析相关产能、税收、地块、能耗、环境监测等数据。

(四)产业大脑的未来

未来的产业大脑在形成一定规模后,将更好地实现数据汇聚与存储,同时基于海量的数据,通过机器学习,结合高效算法,不仅能为企业提供生产工艺流程的优化措施,为政府提供宏观调控的建议,同时还可以构建预测模型规避风险,并通过不同产业大脑的对接与合作,依托巨大的算力与分析能力,优化各行各业间的要素配置。

此外,未来的产业大脑还将提供一种标准和规范,打通整个产业的壁垒,填平沟壑,实现更好的数据互通,技术交流和知识集聚。想一想2000多年前,秦始皇的"车同轨、书同文"的历史影响力,就可以更清楚地预见到,广泛连接的产业大脑,将更好地实现资源配置,助力全社会方方面面的共同发展。

产业大脑不仅仅是一项科学技术,它还涉及社会治理等更多领域,是一项更加复杂的工程。因此我们需要给它充分发展的时间,相信在不远的将来,它会像一颗真正的大脑一样,为我们的生活提供便利的服务。

六、供应链、产业链、创新链、价值链等环节的融合发展

(一)供应链

供应链的概念是从扩大生产概念发展来的,它将企业的生产活

动进行了前伸和后延。日本丰田公司在精益协作的方式中就将供应商的活动视为生产活动的有机组成部分而加以控制和协调。哈里森（Harrison）将供应链定义为："供应链是执行采购原材料，将它们转换为中间产品和成品，并且将成品销售到用户的功能网链。"美国的史蒂文斯（Stevens）认为："通过增值过程和分销渠道控制从供应商到用户流就是供应链，它开始于供应的原点，结束于消费的终点。"因此，供应链就是通过计划、获得、存储、分销、服务等这样一些活动而在顾客和供应商之间形成的一种衔接，从而使企业能满足内外部顾客的需求。

供应链是指在生产及流通过程中，涉及将产品或服务提供给最终用户活动的上游与下游企业所形成的网链结构，即产品从供应商开始，经制造商、分销商，直到消费者的整个链条。产业链供应链是工业经济的命脉，产业链供应链稳定畅通对工业经济平稳运行至关重要。可以把供应链描绘成一棵枝叶茂盛的大树：生产企业构成树根；独家代理商则是主干；分销商是树枝和树梢；满树的绿叶红花是最终用户；在根与主干、枝与干的一个个结点中，蕴藏着一次次的流通，遍体相通的脉络便是信息管理系统。

供应链上各企业之间的关系与生物学中的食物链类似。假设在这一自然环境中只有草、兔子、狼和狮子这四种生物，那么在"草—兔子—狼—狮子"这样一个简单的食物链中，如果我们把兔子全部杀掉，那么草就会疯长起来，狼也会因兔子的灭绝而饿死，连最厉害的狮子也会因狼的死亡而慢慢饿死。可见，食物链中的每一种生物之间是相互依存的，破坏食物链中的任何一种生物，势必导致这条食物链失去平衡，最终破坏人类赖以生存的生态环境。

同样的道理，在供应链"企业 A—企业 B—企业 C"中，企业 A 是企业 B 的原材料供应商，企业 C 是企业 B 的产品销售商。如果企业 B 忽视了供应链中各要素间相互依存的关系，而过分注重自身的内部发展，生产产品的能力不断提高，但如果企业 A 不能及时向它提供生产原材料,或者企业 C 的销售能力跟不上企业 B 产品生产能力的发展,那么我们可以认为,这条供应链是有问题的,企业 B 的生产力超出了上下游的承载能力,而上下游企业反过来也限制了企业 B 的发展,降低了整个产业链的运行效率。

随着移动网络不断迭代,供应链已经进入了移动时代。移动供应链是指利用移动技术和互联网的力量来改进和优化供应链管理和运营的方式。它是在传统供应链管理的基础上,通过手机应用、移动设备、云计算和物联网等技术手段,实现信息的实时共享和流动和供应链各环节的高效协同、优化。移动供应链的出现,使得供应链管理更加灵活、高效和可靠,为企业提供更多的机会和挑战。通过移动供应链,企业可以实现更好的库存管理、订单处理、物流运输、供应商管理和客户服务等方面的优化。同时,移动供应链还可以帮助企业降低成本、提高效率、优化资源配置,提升竞争力和市场份额。

(二)产业链

产业链的概念要大于供应链。产业链是指各个产业部门之间基于一定的技术经济联系和时空布局关系而客观形成的链条式关联形态,通常可以从价值链、企业链、供需链和空间链等四个维度予以考察。产业链涵盖产品生产或服务提供的全过程,包括动力提供、原材料生产、技术研发、中间品制造、终端产品制造乃至流通和消费等环节,是产业组织、生产过程和价值实现的统一。是产业层次、产业关联程度、资源加工深度和满足需求程度的表达。

产业链的实质就是不同产业的企业之间的关联,而这种产业关联的实质则是各产业中的企业之间的供给与需求的关系。

【案例 4-12】　　　　　　　产业链安全

现在全社会都在关注"产业链稳定安全"的问题。这是助力国家产业高质量发展、保障实体经济稳定运行、构建新发展格局的重要内容与基础,是国家经济循环畅通的关键,也是国家经济安全的重要组成部分。据海关统计,2023 年上半年我国货物贸易进出口总值 19.8

万亿元人民币,同比增长 9.4%。其中,出口增长 13.2%。在世界百年变局的背景下,国际环境更趋严峻复杂,这一成绩单既展示了我国经济的韧性,也表现出我国的优势产业链具有较高的稳定性和安全性。同时也要看到,我国部分产业链还存在不稳、不强、不安全的问题。我们必须站在加快构建以国内大循环为主体、国内国际双循环相互促进的新发展格局的高度去理解和把握产业链稳定安全的时代特征和重要性。实践证明,只有把产业链稳定安全的主动权、控制权抓在自己手中,才能实现经济高质量发展。

(三)创新链

创新链是一个由多个环节组成的过程,从创意的产生到最终产品或服务的推出,通常包括市场研究、概念开发、原型设计、测试和市场推广等环节。创新链的目标是不断推动创新和改进,以满足不断变化的市场需求。它强调了团队合作和跨部门合作的重要性,以确保创新的成功实施。

创新链上的关键环节包括市场调研、产品设计、原材料采购、生产制造、营销推广和客户服务等。在创新链的早期阶段,市场调研是至关重要的一环。通过对市场需求、竞争对手和消费者行为的研究,企业可以确定创新的方向和目标。产品设计是创新链中的核心环节,它涉及产品的外观、功能、性能和用户体验等方面。原材料采购是确保产品质量和成本控制的关键环节,企业需要与供应商建立良好的合作关系,确保原材料的稳定供应。生产制造是将产品设计转化为实际产品的过程,包括工艺流程的设计、设备的选择和生产线的布置等。营销推广是将产品推向市场的关键环节,包括品牌建设、渠道拓展和广告宣传等。客户服务是创新链上的最后一环,企业需要提供优质的售后服务,以增强客户的满意度和忠诚度。创新链上的每个环节都相互关联,缺一不可,只有各个环节协同合作,才能实现创新的成功。

（四）价值链

企业的价值链是指企业在生产和销售产品或服务的过程中所涉及的一系列活动和环节。它是企业内部不同部门和外部供应商、合作伙伴之间相互协作的结果，以创造和提供价值给最终消费者为目的。

价值链由迈克尔·波特（Michael E. Porter）于 1985 年提出。波特认为，"每一个企业都是在设计、生产、销售、发送和辅助其产品的过程中进行种种活动的集合体。所有这些活动可以用一个价值链来表明。"最初，波特所指的价值链主要是针对垂直一体化公司的，强调单个企业的竞争优势。随着国际外包业务的开展，波特于 1998 年进一步提出了价值体系的概念，将研究视角扩展到不同的公司之间，这与后来出现的全球价值链概念有一定的共通之处。之后，寇伽特（Kogut）也提出了价值链的概念，他的观点比波特的观点更能反映价值链的垂直分离和全球空间再配置之间的关系。2001 年，格里芬在分析全球范围内国际分工与产业联系问题时，提出了全球价值链概念。全球价值链概念提供了一种基于网络、用来分析国际性生产的地理和组织特征的分析方法，揭示了全球产业的动态性特征。

企业的价值链是一个动态的，它涉及产品或服务从原材料采购到最终消费者手中的整个流程。在这个过程中，每一个环节的活动都会为产品或服务增加一定的价值。例如，在原材料采购环节，企业可以通过寻找优质的原材料供应商以及合理的采购价格来降低成本，并确保产品的质量和可持续性。在生产加工环节，企业可以通过提高生产效率和质量控制来提升产品的附加值。在销售与分销环节，企业可以通过市场调研和品牌推广来提高产品的知名度和销售量。在售后服务环节，企业可以通过提供及时的维修和客户支持来增加产品的使用价值。

企业的价值链不仅仅局限于企业内部的活动，还涉及企业与外部供应商、合作伙伴之间的合作与协调。企业需要与供应商建立稳定的合作关系,确保原材料的及时供应和质量可控。同时,企业还需要与分销商和零售商合作,将产品送达到最终消费者手中。这种合作与协调可以帮助企业降低成本、提高效率,同时也能够提供更好的产品和服务给消费者。

价值链的重要性在于它能够帮助企业识别和优化自身的核心竞争力。企业可以通过对价值链的分析,找到自身在价值创造过程中的优势和劣势所在。

(五)金融链

金融链一般指产业链金融。产业链金融是一种金融模式,旨在为产业链上的各个环节提供全方位的金融服务。它是将金融机构与实体经济相结合,通过资金的流动和金融工具的创新,为产业链上的企业提供融资、风险管理、供应链金融等一系列金融服务,以促进产业链的发展,同时提升企业的竞争力。

产业链金融的核心理念是以产业链为基础,通过金融手段来解决产业链上的融资难、融资贵等问题,推动实体经济的发展。在传统金融模式中,金融机构主要以企业个体为融资对象,而产业链金融则将视野拓展到了整个产业链上的企业,从而更好地服务于实体经济。

产业链金融的主要特点之一是以风险共担为基础。在产业链金融中,金融机构与企业之间建立了一种紧密的合作关系,共同分担风险。金融机构会对产业链上的企业进行风险评估,根据企业的信用状况和经营情况,提供相应的融资服务。同时,金融机构还会通过风险管理工具,例如保险和担保等,来降低企业的风险。这种风险共担的模式可以有效地解决企业在融资过程中的风险问题,提高融资的成功率。

(六)链与链之间的融合与对接

产业链、供应链、价值链、创新链"四链"融合是高水平开放很重要的基准。一方面,创新链是其他产业链的原动力,要在科技上进行全面创新,全面做好以国内大循环为主体的基本盘,我们才会真正具有创新的功能,才会真正具有赶超的能力。另一方面,创新链的价值必须通过产业链才能转化,必须将创新链的科研成果转化为商品,通过产业链销售给客户,尤其是国际客户,才能在国际产业链和价值链上铸就长板,铸就议价能力和竞争能力。

我国要围绕产业链部署创新链、围绕创新链布局产业链、促进创新链和产业链精准对接、提高产业链和创新链的协同水平、促进产业链和创新链的深度融合,我们的科研人员和企业家朋友们,必须从理论和实践层面揭示创新链与产业链的关系及其互动规律。

实施数字化转型战略,推动大数据驱动产业链、价值链、创新链融合发展,有利于充分发挥我国的海量数据和丰富应用场景优势,促进数字技术和实体经济深度融合,加快构建自主可控、安全高效的产业链供应链,显著提升产业链供应链的韧性和安全水平。不仅应当强化顶层设计,推动大数据驱动产业链、价值链、创新链融合发展,还要拓宽产业层次,构筑大数据驱动产业链、价值链、创新链融合发展的核心领域,在终端应用环节,开发丰富的应用场景,是大数据驱动产业链、价值链、创新链融合发展的重要支撑。

现在很多行业都在建设产业互联网平台,这是产业链、创新链、价值链、金融链、供应链融合发展的典型案例。产业互联网通过全产业链资源配置和全价值链优化,从而降低整个产业链的运营成本,提高整个产业链的运营效率与质量,并通过"多流合一"的生态协同服务,实现生态圈价值最大化。

【案例4-13】　　煤化工行业的链与链之间的融合对接

这里以煤化工行业中的一家产业互联网平台为例,来说明产业互联网平台对于"四链"融合的积极推动作用。该交易平台与供应链数字化融合发展,买卖双方在平台上签订合同后,买家可以用自身的信用记录为保障,在平台上贷款实现产业链与金融链的融合,双方可以在平台上通过"智运"服务完成一键找车、电子提单、运输监控等物流环节,实现高效物流,如图 4-8 所示。

图 4-8 煤化工行业的互联网营销解决方案

七、数字化运营

(一)什么是数字化运营

运营对于一家企业来说是管理中最为核心的东西,它可以很好地将各个部门联动起来,有效地推动企业朝着良性的方向持续发展下去。随着数字经济时代的到来,全国掀起了一股数字转型的大浪潮,数字化运营是数字化转型过程中不可回避的一项重要举措,它能帮助企业顺利完成数字升级,实现智慧经营。

数字化运营是指在运营过程中,脱离传统运营方式,利用各种数据、智能工具来进行管理,制定内容,总结分析,规划战略方向,通过新技术与数据能力重塑零售行业的各个环节,升级体验,提升运营效率。总结其特征,首先要具备数字化市场战略和数字化运营能力;实现渠道数字化和产品定制化;实现业务智能化,实施按需而变的业务流程;拥有敏捷的技术团队和敏捷的业务组织;由数据驱动业务,而不是业务驱动数据。

数字化运营作为数字化转型中的重要一环,是通过新技术、数据能力以及数字工具来重新塑造产品、服务的过程,从而提升用户价值的效率,降低用户之间的摩擦,提升运营效率。数字化运营是链接商业和数字技术最好的纽带。数字化运营需要做的就是"以消费者为中心""以数据为驱动""全链路整合服务"。

(二)如何实现数字化运营

首先是一切以消费者为中心。无论如何,企业运营都是为了能更好地获客,所以它做的一切事情都会围绕消费者展开,都要以消费者为中心。企业在制订运营计划时一定要以如何让消费者获得更好的消费体验为出发点。

其次是让数据来提供动力。在数字化的时代背景下,我们每天都会接触海量的数据,数据具有极强的不确定性,这些数据中有些可能毫无用处,但有些却对企业有着很大的价值。而从这些海量的数据中筛选出有价值的数据就是企业面对的难题。对于数字化运营来说,必须让企业利用好这些数据,从海量的数据中抓住机会,为企业创造价值。

最后是全链路整合服务。什么样的数据最有价值?什么样的问题最让企业头疼?很多企业都要面对下面的情况:对于同一个客户,不同的业务部门有不同的信息和标签;对于同一个商品,从订单到供应链、生产制造、外部采购没有一个完整的数据链条,很难针对商品进行整个链路上的数据分析和优化。所以数字化运营作为数字化转型中的重要一环,需要与建设阶段紧密结合,形成全链路的数据整合服务。全链路的数据整合有"活动运营管理""精准营销管理""供应链排产分析"等方面。

(三)数字化运营给我们带来什么影响

数字化运营不仅能够解放人力,降低成本,提升运营效率;更重要的是能够通过不断迭代,不断形成好的策略,进而让平台形成肌肉记忆,为用户服务设置稳定、高质量的底线,更快、更准确地呼应用户需求并为其解决问题。

从用户角度,首先可以促进用户活跃,通过精细化渠道触达、活动运营,提升用户访问频率与使用时长,有效增强用户对产品的价值认同与内容依赖。

从运营角度,数字化能使运营更为标准,因为数字化运营可以将原本以人的经验判断来执行的运营方式转化为自动化的运营方式。

【案例 4-14】　　　　　　　企业一体化营销

一体化营销系统可以有效提高企业的数字化运营水平。现在很多传统行业企业都在向规模化方向发展,业务规模的快速扩张,普遍对营销一体化存在迫切需求。面对市场和环境变化,这些发展迅速的大型企业急需借助移动互联、大数据等新技术,开展智慧营销的探索和实践。

通过建设一体化营销系统,实现覆盖企业营销体系、覆盖产品全生命周期的数字化管理,适应内外部形势变化和未来发展,形成营销管控运作一体化能力,打造高效协同的产业生态圈,并满足企业管理者对于采购以及销售透明度的要求,减少采购和销售人员的"吃回扣"问题,满足精细化管理及效率提升的要求。一体化营销系统一般都会配合建设销售管理、采购管理、库存管理、物流管理、需求与计划管理、成本管理等管理系统,并打通各个信息化系统,进一步提升企业整体运营效率,如图 4-9 所示。

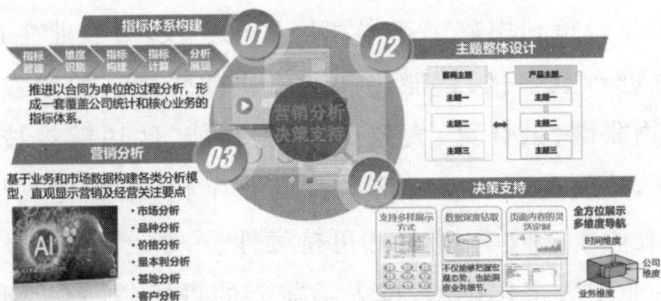

图 4-9　营销分析可以支持企业决策

在一体化营销系统的基础上,可以进一步开展数据治理工作,建设管理驾驶舱,将企业的数字化运营水平提升到更高水平。管理驾驶舱提供了数据资产应用场景化展示的平台,其场景服务于企业的各级管理者,可以成为企业数字化管控模式的落地展示入口。

第四节 数字农业——振兴农业经济发展

农业是人类生活的基础,也是我国经济的压舱石。数字农业、数字化转型已成为我国乡村振兴的加速器,充分释放了三农发展活力,推动农业的现代化进程。近年来,互联网、大数据、人工智能、物联网、5G 等技术正在快速进入农业生产中,改变了农业生产的模式,振兴了农业经济的发展。

农业行业观察认为,目前阿里、京东、拼多多、腾讯等互联网巨头正在疯狂布局数字农业。但是,中国的数字农业还处于初级阶段,技术有待提升、模式还需创新、人才也要多引进。路虽长,且未来无限。

一、数字农业

(一)什么是数字农业

数字农业(Digital Agriculture)是 1997 年由美国科学院、工程院两院院士正式提出的,指在地学空间和信息技术支撑下的集约化和信息化的农业技术。

数字农业是指利用数字技术和信息化手段,对农业生产、经营和管理等过程进行数字化、智能化和网络化的管理。数字农业包括农业信息化、物联网、云计算、大数据、人工智能、区块链等技术在农业领域的应用,从而实现农业生产数据的数字化、信息化、智能化和共享化,提高农业生产效率、质量和可持续性。

数字农业用数字化技术,按人类需要的目标,对农业所涉及的对象和全过程进行数字化和可视化表达、设计、控制、管理。数字农业是一个集合概念,主要包含农业物联网(Internet of Things)、农业大数据（Big Data）、精准农业（Precision Farming）、智慧农业（Smart Agriculture）。可通过数据采集和处理、智能决策、智能化生产和数字化营销来打造数字农业。

数字农业是由理论、技术和工程构成的三位一体的庞大系统工程，包括农业资源、农业要素、农业过程三要素。农业资源涉及植物、动物、土地、品种、栽培、病虫害防治，开发利用、环境、经济等多种不同的资源，数字农业中所说的资源，就是针对上述数据资源的执行获取、存储、处理、分析、查询、预测与决策支持系统的总称。农业要素包括生物要素、环境要素、技术要素、社会经济要素等。农业过程包括生产、管理、储运、流通等。这三大要素的数字化、网络化、自动化以及智能化，形成通过数字驱动的农业生产管理体系。

（二）如何建设数字农业

首先是建设数据化农业基础设施，包括建设各类数据库，如作物种质资源数据库、家畜家禽品种资源数据库、农业统计资料数据库、农村经济基础资料数据库、农业科技文献数据库等；建设元数据标准，提高系统的查询检查速度，提高系统分析效率。在《中国数字乡村发展报告（2022 年）》的数据显示，农村网络基础设施实现全覆盖，让农村通信难的问题得到历史性解决。截至 2022 年 6 月，农村互联网普及率达到 58.8%，与"十三五"初期相比，城乡互联网普及率差距缩小近 15 个百分点。全国已累计建成并开通 5G 基站 196.8 万个，5G 网络覆盖所有地级市城区、县城城区和 96% 的乡镇镇区，实现"县县通 5G"。

其次是建设数字化应用系统，这种应用系统又可以细分成三种。第一种是监测系统，比如作物长势监测、土壤肥力监测、土壤墒情监测、病虫害监测、农业气象灾害监测等。第二种是建立农业模型，包括水稻、小麦、玉米、棉花等生长发育模型，作物生长与环境关系模型，水土流失及水土保持模型等。第三种是开展数字化农业技术应用，包括物联网技术、云计算技术、大数据技术、人工智能技术等在农

业中的应用,如智能农业设备、精准农业、智能农业管理等,如图 4-10
所示。

图 4-10 无人驾驶插秧机为农业生产增添科技动力

此外,还有一些地区积极推进农业产业链数字化升级工作,包括
农产品电商平台建设、农业产业链数字化升级、农业产业链供应链优
化等,以提高农业生产效率和质量,促进农业产业升级和转型。

可以说,"灯塔工厂"顺应数字化大潮,随需求而变,实现可持续
发展。"灯塔工厂"提供的宝贵经验和参考价值,将带动广大制造企
业走向数字化转型之路。

但同时也应当看到我国在"灯塔工厂"建设方面的短板。通过对
全球 132 家"灯塔工厂"分布等情况来看,尽管从工厂所在国家和所属
公司两个维度分析,我国"灯塔工厂"的数量均居全球首位,但从行业
分布来看,不同于美、德集中于医疗、半导体、工业自动化、生物技术
等尖端制造行业,我国"灯塔工厂"主要贴近终端消费者的产业链下
游,集中在家电制造、电子设备制造领域。此外,虽然我国制造业是
全球产业门类最齐全、产业体系最完整的,但我国制造业数字化转型
还存在着渗透率低、企业各环节数字化转型不均衡的问题。2022 年,
我国制造业数字经济渗透率达 24%,远低于全球发达国家 33%的平
均水平,与美国、德国相比更是差距较大。

【案例 4-15】 　　　　　　　　**数字农业云**

甘肃省的玉米制种是国家现代种业三大核心基地之一,当地存

在玉米种质资源创新利用落后、产业链较短、数字化平台建设滞后等问题。于是他们采用了"数字平台＋种粮一体化"的创新服务模式，开发部署大数据可视化决策平台、生产管理平台、社会化服务商城等模块，同步搭载移动端应用，为企业提供全产业链数字化管理服务，在模块设置上增加统计表图，对数据进行自动化处理，方便基地管理员实时查看，为企业提供生产决策指导。截至目前，数字农业云平台已服务农户超 2000 户，为超 10 万个种植地块提供生产监测服务，助力区域优势特色产业发展。该平台还与国有大行新疆分行共同推出了库尔勒香梨交易平台。不仅解决了香梨产业数字化程度低，缺乏统一的线上交易平台，产销对接不畅通的问题，更促进了香梨产业的数字化、绿色化、标准化和品牌化协同发展。

数字农业的核心在于利用先进的信息技术和通信技术，将农业生产全过程进行数字化、智能化管理。通过传感器、无人机、人工智能等技术手段，农民可以实时监测土壤水分、气象变化、病虫害情况等关键信息，从而科学调控农作物的生长环境，提高农产品的产量和质量。

(三)数字农业的特点

首先是数据化，数字农业的核心是数据，数据采集、处理、分析和应用都是数字农业的重要环节。其次，在数据化的基础上实现智能化，数字农业可以利用人工智能、大数据和物联网等技术，实现农业生产的智能化管理和决策。再次，网络化也是必需的，数字农业建立了数字化农业生态系统，通过农业云平台和农业物联网等技术，实现农业生产、经营和管理的网络化。此外，数字农业普遍具有可视化特点，数字农业可以通过数据可视化的方式，将农业生产的数据完整呈现出来，方便农民和农业管理者了解农业生产的情况。最后是共享化，数字农业通过数据共享的方式，实现农业生产数据的共享，促进农业生产效率和质量的提高。

二、农业大数据

随着农业信息化的不断推进,农业大数据已经成为农业领域的热门话题。农业大数据可以帮助农民和农业企业了解农业生产的全貌,从而更好地制定决策,提高农业生产效率和质量。

(一)什么是农业大数据

在第二章,我们介绍了"大数据与云计算",现在大数据也已经在农业产业应用落地,产生了农业大数据。农业大数据是一个数据系统,在开放系统中收集、鉴别、标识数据,并建立数据库,通过参数、模型和算法来组合和优化多维和海量数据,为生产操作和经营决策提供依据,并实现部分自动化控制和操作。农业大数据涉及耕地、播种、施肥、杀虫、收割、存储、育种等各环节,是跨行业、跨专业、跨业务的数据分析与挖掘,以及数据可视化,如图 4-11 所示。与其他行业的大数据应用模式类似,农业大数据也由结构化数据和非结构化数据构成,随着农业的发展建设和物联网的应用,非结构化数据呈现出快速增长的势头,其数量将大大超过结构化数据。

图 4-11　大数据的数据源还是农田

农业大数据分为农业环境与资源大数据、农业生产大数据、农业市场大数据和农业管理大数据四类,具有数据量大、处理速度快、数据类型多、价值大、精确性高五个特性。

(二)农业大数据的作用是什么

将大数据应用于农业生产可以弥补传统农业"靠天吃饭"的缺点。基于传感器、监测设备、农民采集、农业机械等各项农业生产要素,在收集土壤和气象数据、作物生长监测数据、农民种植习惯数据、市场需求数据等农业领域多源数据的基础上,将采集的数据进行整理和清洗,剔除重复、缺失或错误的数据,并将其存储在可靠的数据库或数据仓库中,然后运用数据分析技术和算法,对农业大数据进行挖掘和分析,找出其中的规律、趋势和关联性。

对于农业生产人员,一方面可以实现对农业生产过程的实时监测和控制,发现农业生产中的问题和改进的机会,实现对农田、作物和动植物的精准监测和管理,最大限度地减少资源浪费,提高农业生产效率;另一方面,还可以对比历史数据,建立预测模型,预测未来的气候变化、病虫害发生趋势、市场需求等,帮助农业从业者做出决策。

对于农产品经销人员,通过采集和分析农业生产、市场销售等方面的数据,可以实现对农业金融的精准管理和服务,从而提高农民的收入和生活质量。通过采集和分析市场销售、金融服务等方面的数据,可以实现对农业企业的精准管理和服务,从而提高企业的市场竞争力。农业大数据的共享和合作有助于促进农业产业链上各环节之间的信息交流和资源整合,推动农业全产业链的协同发展。通过采集和分析农业生产、市场销售等方面的数据,可以实现对农业生产过程的可持续管理和控制,从而促进农业的可持续发展。

对于消费者来说,利用大数据技术可以加强农产品的追溯和溯源,确保农产品的质量和安全。

当然,如果想把农业大数据的作用充分发挥出来,还需要克服一系列困难。首先是数据质量问题。由于采集和分析农业生产过程中产生的数据量巨大,而且农业环境比较开放,受外界干扰较大,因此数据质量难以保证。其次是数据共享问题。农业生产涉及多个部门和多个利益相关方,数据共享难度较大。最后是隐私保护问题。农业生产过程中产生的数据涉及个人隐私,隐私保护难度较大。

【案例4-16】 农业大数据平台

布瑞克农业大数据科技集团有限公司是一家以农业大数据为核心的农业产业互联网公司,从农业咨询业务起步,如今已经发展成为集农业咨询、信息技术、现代农业、食品安全和金融投资于一体的综合智慧农业解决方案提供商,旗下十余家企业遍及北京、苏州、天津、广州、郑州、周口、福州等地。该公司逐渐摸索出一条以"互联网+农业+金融"服务于中国农业现代化的道路,提出了围绕农业大数据为核心的智慧农业顶层设计(农业咨询),在开发完成农业大数据平台(BRIC Agricultural DataBase)的基础上,设计开发了农产品集购网(www.16988.com)以及农牧人商城(www.nongmuren.com),并与国内农业物联网的领先者朗坤达成战略合作,在农业产业的产前、产中和产后环节提供全方位的"互联网+农业+金融"的服务支持。布瑞克凭借其在农业研究领域的深厚积累,以大数据为工具,为现代化种植提供强大的科学决策支持。诸如农产品价格预测及预警模型、风险管理模型等,都是布瑞克的独特优势。农业农村部在陕西省试点的"苹果产业大数据中心",托普云农为浙江省政府搭建的智慧农业云平台也是数字农业大数据应用案例,其苹果产业大数据分析平台如图4-12所示。

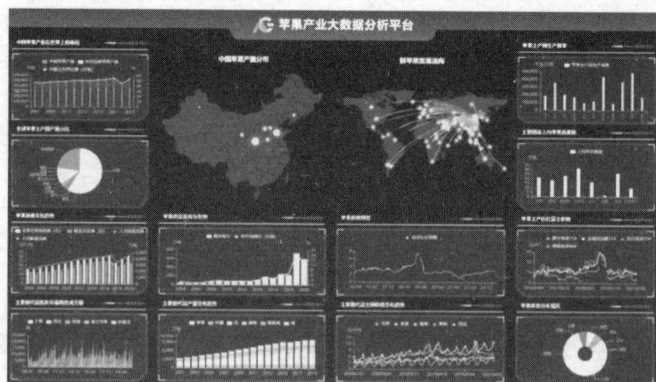

图4-12 苹果产业大数据分析平台

(三)农业大数据应用现状

农业大数据分析市场正在快速发展,预计未来几年还将保持高速增长。全球农业大数据分析市场规模预计将从 2020 年的约 20 亿美元增长到 2025 年的约 50 亿美元,年复合增长率为 20％左右。农业大数据分析应用领域广泛,包括农业生产、农村经济、农产品市场等方面。其中,农业生产是最主要的应用领域,占据了市场的大部分份额。随着人工智能、云计算、物联网等技术的不断发展,农业大数据分析技术也在不断升级和完善。未来,农业大数据分析将更加注重数据的精准性和实时性,以及数据的可视化和智能化分析。

目前,北美地区是全球农业大数据分析市场的主要地区,占据了市场 40％左右的份额。欧洲和亚太地区也是重要的市场,预计未来几年内将保持高速增长。

【案例 4-17】　　　　　**国内大数据平台**

在国内,北京是中国农业大数据分析行业的重要发展地区,拥有众多科研机构和企业,如中国农业科学院、中国农业大学、中科院计算所等。北京的农业大数据分析行业主要应用于农业生产和农产品市场。中国农业农村部大数据发展中心于 2021 年 2 月成立,是农业农村部所属公益二类事业单位。主要职责是开展数字农业农村发展战略和政策研究,承担农业农村数据汇集管理、综合分析和整合应用等工作。功能定位:一是推进数据整合汇聚,构建农业农村大数据平台。二是强化数据分析挖掘,精准服务决策管理。三是建立开放共享机制,盘活农业农村数据资源。

三、智慧农业

(一)什么是智慧农业

天上,无人机负责喷洒农药和化肥;田间,北斗导航为农业无人车引路,负责播种和收割;田埂上,温湿度传感器负责采集土壤数据,确保农作物能获得充足适宜的生长环境。而农民朋友——更准确地说应该是农业产业工人，则坐在安装有空调的办公室负责指挥这些设备。这就是智慧农业。

智慧农业是数字农业和农业大数据的外在体现，是数字化技术在农业领域的高层次应用。是指利用现代科技手段，将农业生产过程中的信息和知识进行整合，完成农业生产和管理的智能化和自动化。智慧农业包括智能农业机械、精准农业、农业无人机、农业大数据等技术，通过实时监测、分析和预测，提高农业生产的效率和质量，实现农业可持续发展。

智慧农业是农业生产的高级阶段，集新兴的互联网、移动互联网、云计算和物联网技术于一体，是建立在经验模型基础之上的专家决策系统，其核心是软件系统。智慧农业强调的是智能化的决策系统，配之以多种多样的硬件设施和设备，是"系统＋硬件"。依托部署在农业生产现场的各种传感节点（环境温湿度、土壤水分、二氧化碳、图像等）和无线通信网络，实现农业生产环境的智能感知、智能预警、智能决策、智能分析、专家在线指导，为农业生产提供精准化种植、可视化管理、智能化决策。在智慧农业的决策模型和系统可以在农业物联网和农业大数据领域得到广泛应用。在智慧农业阶段，专家系统和信息化终端会成为农业生产者的大脑，指导农业生产经营，改变单纯依靠经验进行农业生产经营的模式。另外，农业生产经营规模越来越大，生产效益越来越高，必将催生以大规模农业协会为主体的农业组织体系。

智慧农业有自动化、精准化、高效化、环保和数据化五大特点。

【案例 4-18】　　　　国内智慧农业成就

安徽省芜湖市通过建设数字农业示范园区，推广数字化农业技术，提高农业生产效率和质量。江苏省南京市通过数字化农业信息平台，为农民提供农业技术咨询和销售渠道，促进农产品的销售。河南省郑州市通过建设数字农业产业园区，吸引了众多数字农业企业入驻,推动了数字农业的发展。

河北省馆陶县不断提升农村信息化管理水平,依托数字农业指挥调度中心,探索数字农场新型应用场景。在馆陶县数字农业指挥调度中心的大屏幕上显示着农田各项数据的实时变化,目前当地已经建成 52 个应用系统、上万个服务功能,如图 4-13 所示。

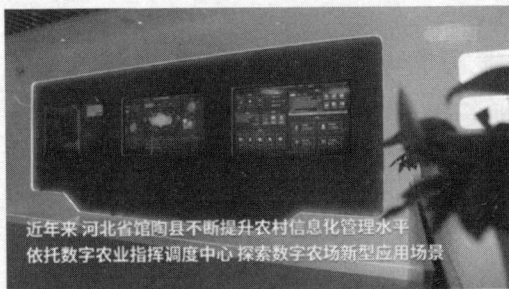

图 4-13 河北馆陶数字农业助力农民增收农业增效

【案例 4-19】 惠农大数据平台

为了让农业更"智慧",解决农业行业"无数可用""无数可究"的难题,作为国内领先的农业产业数字化服务平台,惠农网基于十年农业行业数据积累,创立了互联网农产品电商数据清洗分类标准体系,在农产品电商数据分析理论和数学模型研究之上,自主研发了"惠农大数据"平台。

"惠农大数据"平台是一款面向全国各地涉农政府部门、农业经营者、农业科研机构、农业投资者及其他农业产业各环节参与者的专业在线数据服务终端,可为用户提供数据超市、研究报告、行业内参和数据大屏四大内容模块,全方位、更便捷地满足用户对农业数据信息的多维需求。同时,可以将大数据在辅助农业生产经营管理、农产品流通、市场运行监测预警等多方面的作用充分发挥出来。

"惠农大数据"平台优势主要体现在数据和服务两个层面。数据层面,截至目前,惠农大数据已辐射全国 31 个省级行政区(不含港澳台)、2800 多个县级行政区;囊括粮食、油料、水果、蔬菜、畜禽、水产、中药材等十大农产品类目,品类数量超 4000 个,覆盖农业全产业链各环节;现有标准化农产品及农业投入品交易记录超过 10 亿条,每日稳定更新的农业电商标准数据可达 20 多万条,既能保证实时、稳定、高频的数据来源,也能保证数据来源的真实性、可溯源性。在服务层面,"惠农大数据"是一个"共享"平台,以超市的模式,将数据和数据产品作为商品开放陈列,用户可根据自己的个性化需要自主选购、自助下单、按需获取。

根据农产品电商市场的运行特性,惠农网充分运用数据挖掘、深度学习、关联分析等大数据核心技术,在行业内率先开发了农产品电商市场运行监测平台,将农产品价格、参与者属性、经营者行为和市场趋势等多要素在一张数据图上作呈现,从而实现对全国主要农产品的电商市场进行监测预警。平台主要提供区域电商市场监测、热门农产品监测、价格类产品监测、数字农业农村云平台四大应用场景服务,满足不同群体和用户个性化数据需求。自 2019 年以来,惠农大数据利用惠农电商数据和相关专业数据开发了国家级、省级和县级农产品电商市场运行监测平台,并陆续在湖南省农业农村厅及陕西吴堡、江苏盱眙、安徽泾县、湖南醴陵等 30 个县域落地应用。

(二)数字农业和智慧农业的区别

数字农业和智慧农业虽然有些相似,但是二者之间还是存在一些差别的。首先,两个技术的侧重点不同。数字农业的技术重点在于信息化、云计算、大数据、人工智能等技术的应用,而智慧农业的技术重点在于自动化、精准化、无人机、传感器等技术的应用。其次,应用领域不同。数字农业主要围绕农业生产数据的采集、处理和应用展开,关注农业生产、经营和管理的数字化、智能化和网络化,而智慧农业主要围绕农业生产过程中的实时监测、分析和预测,更关注农业生产和管理的自动化和精准化。最后,两者的发展阶段也略有不同,数字农业相对于智慧农业来说还处于起步阶段,智慧农业已经进入了快速发展阶段。

四、发展数字农业所面临的困难

由于农业的生产涉及的品类和品种繁多,生产过程漫长复杂,不可控因素多,变量多,因此数字农业从单点突破到全面进步和应用,还需要解决以下问题,才能实现可持续发展。

首先是专业人才不足。数字农业在我国仍然处于初级阶段,还没形成普适性的数字化路径,而数字农业的技术门槛较高,而数字农业涉及大数据、云计算、物联网等高新技术,这些技术的应用需要专业的技术人才和高昂的投入。

其次是数字化与生产现实脱节。专业人才不足,各地区难以找到适合当地的数字农业发展路径,导致数字农业中数字概念脱离实际生产环境等问题,"种、产、销"三个阶段脱节,难以满足农民既增产又增收的基本要求。

最后是数字农业的市场需求不足。数字农业的发展最终还是需要市场力量来推动,但是目前我国农业生产的利润率仍然非常低,所以资本不愿意投入数字农业领域中,也限制了数字农业的发展。

第五节 数字服务业——催生服务方式改变

一、百花齐放的数字服务业

(一)电子商务

电子商务是数字化服务业中一种重要的形式。有了互联网平台后,消费者可以在线购买各种商品和服务,不需要去到实体店面(图4-14)。电子商务不仅降低了交易成本,还为大家提供了更广阔的市场和更多选择。无论是大型企业还是小型个体经营者,都可以通过电子商务平台开展业务,实现销售和利润的增长。

电子商务具有全球化、便利性、灵活性、信息化、低成本和高效率等特点。

然而,电子商务也面临一些挑战和问题。例如,网络安全问题和信任问题是消费者在进行网上购物时最担心的。此外,电子商务还面临着假冒伪劣商品、售后服务不周等问题。因此,商家需要加强安全防护措施,并提供优质的售后服务,以增加消费者的信任和满意度。

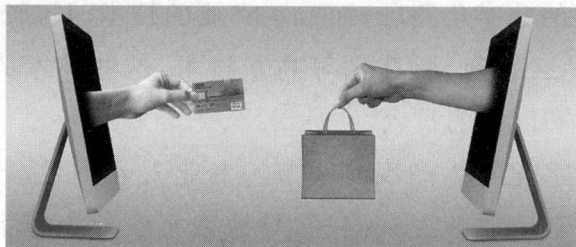

图 4-14　买家与卖家不见面的电子商务

(二)在线教育

随着互联网的普及,越来越多人选择在网上学习。在线教育平台提供了各种课程和培训,无论是学生还是职场人士都可以通过在线学习来提升自己的知识和技能。在线教育的优势在于灵活性和便利性,学习者可以根据自己的时间和节奏进行学习,不用受到地理位置和时间的限制。

首先,在线教育具有灵活性和便利性。学生可以根据自己的时间和地点选择学习,无须受到传统教育的时间和空间限制。他们可以在家中、咖啡馆或者公共图书馆等地方学习,只需一台电脑或智能手机就能轻松获取教育资源。这种灵活性和便利性使得在线教育成为那些有工作或家庭责任重之人的首选。现在网络上出现一种被称为"慕课"的在线教育形式,它是由"慕"(Massive)和"课"(Course)两个词组成的合成词。慕课的概念最早起源于美国,随着互联网的普及和发展,它逐渐在全球范围内流行起来。慕课的特点是可以帮助大家随时随地通过互联网进行学习,不受时间和空间的限制。学生可以根据自己的兴趣和需求选择感兴趣的课程,并在自己的节奏下进行学习。慕课通常由一位或多位教师负责教授课程内容,并通过在线视频、文档、测验等形式进行教学。学生可以通过在线讨论区与教师和其他学生进行交流和互动,增强学习效果。

其次,在线教育提供了丰富多样的学习资源。通过在线教育平台,学生可以获得来自世界各地的优质教育资源,包括教科书、讲座录像、练习题和在线讨论等。这些资源不仅能为学生提供丰富的学习材料,还能够满足学生的个性化学习需求。学生可以根据自己的兴趣和学习进度选择适合自己的学习内容,提高学习效果。

最后,在线教育还提供了互动和合作的机会。通过在线教育平台,学生可以与来自世界各地的教师和学生进行实时交流和合作。他们可以参与在线讨论、小组项目和远程实验等活动,与其他学生和教师分享学习经验和观点。这种互动和合作的机会不仅能够增加学生的学习动力,还能够培养他们的团队合作和沟通能力。

此外,在线教育还具有个性化和自主学习的特点。通过在线教育平台,学生可以根据自己的学习风格和学习节奏进行学习。他们可以自主选择学习时间和学习内容,根据自己的需求和兴趣进行学习。在线教育平台还可以根据学生的学习情况和表现提供个性化的学习建议和反馈,帮助学生更好地掌握知识和技能。

然而,尽管在线教育具有许多优点,但也存在一些挑战和限制。首先,对于一些学科和技能,特别是需要实践和实地操作的学科和技能,在线教育可能无法提供充分的支持和培训。其次,在线教育要求学生具备一定的自律和自主学习的能力,对于一些缺乏自我管理能力的学生来说可能会很难坚持下去。此外,在线教育还需要解决技术和网络问题,确保学生能够顺利访问和使用在线教育资源。

【案例 4-20】　　　　在线教育一键实现异地教学

2022 年 4 月,扬州大学外国语学院与新疆师范大学外国语学院,通过智慧树(东西部高校课程共享联盟)平台,达成"慕课西行—空中同步课堂"教育教学共建计划。4 月 12 日和 19 日,新疆师范大学与扬州大学在两校分别开展了异地共上一堂外语课的同步直播联动,分别由扬州大学外国语学院副院长何山华、新疆师范大学外国语学院教师邹彬主讲《综合英语》课程,如图 4-15 所示。

图 4-15　同步课堂新疆师范大学现场

(三)共享经济

共享经济通过互联网平台将资源和需求进行匹配,实现资源的共享和利用效率的提升。例如,目前很火的共享单车、共享汽车和共享办公空间等服务,都是通过在线平台将提供者和需求者联系在一起,实现资源的共享和利用率的提高。共享经济不仅提供了更便利的服务,还减少了资源的浪费,对环境保护起到了积极的作用。

共享经济的特点之一在于资源共享。在传统经济模式中,资源往往由少数人或机构所拥有和控制,而共享经济通过在线平台的建立,使得更多的人可以使用和分享资源。例如,共享单车和共享汽车让人们可以灵活地使用交通工具,共享住宿平台则让人们可以将自己的闲置房屋出租给需要的人。这种资源共享不仅提高了资源的利用率,也减少了资源浪费,对环境保护和可持续发展有着积极的影响。

共享经济的特点之二在于社区建设。共享经济平台往往是由一群志同道合的人共同创建和维护的,这种共同体的形成有助于社区的建设和发展。通过共享经济平台,人们可以互相帮助和交流,建立起更加紧密的社交网络。例如,共享办公空间和共享厨房可以让人们在一个共同的空间工作和交流,促进了创新和合作。这种社区建设有助于增加社会凝聚力和互信度,对社会的发展和稳定具有重要意义。

共享经济的特点之三在于创新和创业。共享经济模式为创新和创业者提供了更多的机会和平台。通过共享经济平台,创业者可以将自己的创意和产品推广给更多人,降低了市场准入门槛。同时,共享经济也为创新提供了更多的实验场所和机会。例如,共享经济平台可以为新兴行业和新技术提供测试和验证的环境,促进了创新的发展。这种创新和创业的机会有助于推动经济发展和增加就业机会。

【案例 4-21】　　　　　　　共享单车

毫不夸张地说,共享经济的热潮起步于共享单车。2014 年,共享单车首先出现在北京的一所高校校园内,当时社会各界普遍认为无论从环境保护、低碳出行的角度,还是从便利民众、解决短途交通问题的角度来看,共享自行车都很可能是最优解决方案。因此,不同公司的共享单车如雨后春笋般在全国铺开,大量共享单车涌现,也很快带来了一个意想不到的问题——管理混乱。以北京为例,由于车辆太多,北京市共享单车日均骑行量为 160.4 万次,平均日周转率仅为 1.1 次/辆。值得注意的是,日均活跃车辆只占报备车辆总量的 16%,周均活跃车辆仅为 30%。大量的共享单车被长期闲置,而热点地区的共享单车又往往会阻碍交通。随着管理成本逐渐升高,行业整体盈利困难。

(四)在线娱乐

数字化服务业还包括在线流媒体、在线支付、在线旅游等多种形式。在线流媒体平台提供了各种游戏和娱乐内容,人们可以通过互联网随时随地享受娱乐和休闲。在线支付平台则提供了便捷的支付方式,人们可以通过手机或电脑完成各种支付操作。在线旅游平台则提供了旅行规划、预订和导航等服务,人们可以通过互联网轻松安排自己的旅行。

首先,在线娱乐最大的好处是便利。通过互联网,人们可以随时随地访问各种娱乐活动和服务。无论是在家里、办公室还是在路上,只需要一个连接互联网的设备,如电脑、手机或平板电脑,就可以享受到各种娱乐乐趣。这种便利性使得在线娱乐行业受到广大用户的喜爱。

其次,在线娱乐还具有多样性。无论是电影、音乐、游戏、社交媒体还是电子书籍,在线娱乐行业都给我们提供了各种各样的娱乐选择。大家可以根据自己的兴趣和喜好选择喜欢的娱乐活动。而且,在线娱乐行业还不断推出新的娱乐形式和内容,以满足用户的需求。

再次,在线娱乐行业的互动性也很吸引人。与传统娱乐形式相比,在线娱乐行业更加具备互动性和参与性。人们可以与其他用户进行交流和互动,分享自己的观点和体验。例如,在游戏中,人们可以与其他玩家组队、竞技或合作。在社交媒体上,人们可以与朋友、家人和陌生人交流和分享自己的生活。这种互动性使得在线娱乐行业更加有趣和有吸引力。

最后,在线娱乐平台还可以根据用户的兴趣和偏好提供个性化的推荐和服务。通过分析用户的浏览历史、喜好和行为模式,在线娱乐平台可以向用户推荐他们可能感兴趣的内容和活动。这种个性化的推荐使得用户能够更好地发现和享受自己喜欢的娱乐内容。

【案例 4-22】　　　　　电子竞技

2023 年杭州亚运会,电竞将首次作为正式比赛项目进入赛场,见图 4-16。尽管社会公众对于电竞的争议从未停止,但从三年前亚奥理事会接纳电竞的那一刻起,这已经是一场必然发生的"双向奔赴"。根据中国音像与数字出版协会电子竞技工作委员会在二月发布的《2022 年中国电竞产业报告》,中国电竞在 2022 年的产业收入为 1445.03 亿元,即便去掉最大占比的游戏收入,仅内容直播、赛事和俱乐部等方面的收入依然达到 267.01 亿元。报告同时显示,2022 年中国电子竞技用户达到 4.88 亿人。

图 4-16 "亚运征途"比赛现场

二、服务业发展的"关键钥匙"

(一)服务业发展所面临的新困境——"新型数字鸿沟"

中国的服务业占 GDP 的比重已经超过 50%,占据了国民经济的主导作用。到 2025 年,服务业增加值占 GDP 比重、服务业从业人员占全部就业比重将分别达到 59.05%、54.96%,与此同时,伴随国民消费结构进一步升级优化,届时服务消费占居民消费支出比重也将超过一半。

然而,服务业企业的数字化转型尚存较为明显的"新型数字鸿沟"。有报告显示,中国服务企业普遍存在规模小、盈利能力弱、数据意识薄弱、数字化基础差等问题。而且在服务业经营主体中有大量的中小微企业,由于自身财力和能力的限制,他们往往认为数字化是门槛较高的事情。有意愿且有能力独自开展数字化的企业只有不到商家总数的 1%,超过九成的商家反映数字化门槛较高,希望有一站式或者甚至"傻瓜式"的数字化转型和运营方案,79% 的中小微企业仍处于数字化转型的初步探索阶段。

在这一背景下,服务业对中国经济发展的重要性日渐凸显,服务业的数字化迫在眉睫,成为我国数字经济战略的必答题。

（二）平台、服务商、用户、商家相互融合——跨越数字鸿沟的"关键钥匙"

历史经验已经证明，我国的经济发展不能照搬国外现成的模式，要根据中国服务业的特点，来推进数字服务业。

【案例 4-23】　　　　　　　中国式服务业数字化

2023 年 5 月 18 日，中国社会科学院财经战略研究院首次提出"中国式服务业数字化"理论概念及实践路径：强调商家、服务商、平台、消费者四方共创模式，重视互联网平台助推器作用的同时，也呼吁市场推出更多"普惠型"数字化解决方案，以弥合商家数字化领域的"新型数字鸿沟"，探索符合中国国情的中小微服务业企业数字化转型模式。

比如从事餐饮、零售、个人服务等生活服务业的中小微商家，服务半径受到物理空间的限制，获客成本也比较高。对此，平台依托数字化技术、生态规模优势，与服务商合作为广大中小微商户打造低成本数字化解决方案，可以让企业经营更为降本增效。同时，平台通过流量开放，也能为企业提供会员精准运营、引流等服务，助力商家全渠道经营，扩大服务范围。在这个过程中，平台把商家、服务商和用户连接在一起，形成了一个价值共创系统。

在这个模式中，平台发挥着基础支撑和助推器的作用，与服务商协同，为商家提供"好用不贵"的数字经营解决方案，从而实现服务业数字化的"三低四高"——"三低"即低成本、低门槛、低人力资本，"四高"即高精准、高效益、高信任、高融合。平台在推动消费互联网和产业互联网融通的同时，使数字技术可以普惠到不同行业的中小微企业中，缩小经营主体之间的"新型数字鸿沟"，加快服务业数字化进程。

在中国式服务业数字化的模式下，商家、服务商、平台、消费者四方获益，带动出现"链接""赋能""信任""创新"四大效应。服务商通过平台链接同一个行业内的不同商家，从而实现规模优势，在低价格提供解决方案的同时,获得大量客户,从而获得较好的利润。而商家借助平台以低成本获得平台上的优质流量、精准的数字化方案,进而快速推动数字化转型,获得相应的效益。用户在平台下单、支付和接受商家服务的过程中,整个过程都会受到服务商的监督和约束,如果发生纠纷,用户可以要求服务商接入协调,甚至要求服务商先行赔付,而商家也可以要求服务商监督用户的行为,如果用户出现不遵守约定的情况,服务商可以要求用户做出赔偿,这样就增加了用户与商家之间的信任,降低了服务成本,如图 4-17 所示,顾客可以在网上完成比价、下单和支付操作。当交易数量变多,服务商可以通过大数据分析,发现新的商业机会或者商业模式,从而推动业务创新。

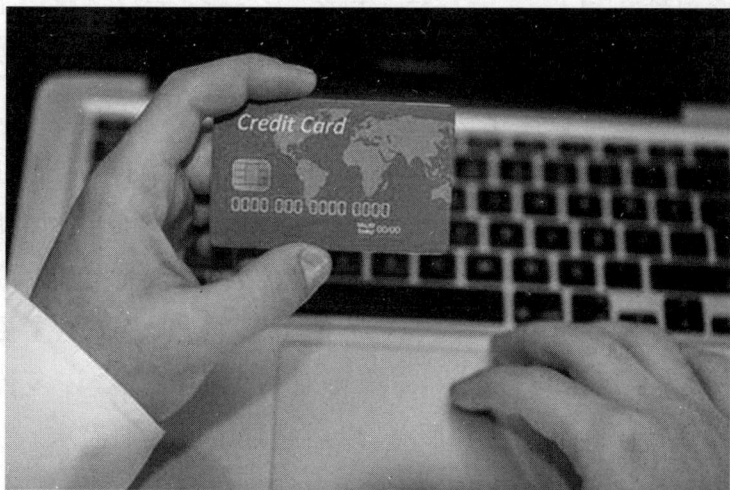

图 4-17　网上交易提高了交易的便利性

当商家、服务商、平台、消费者都获益的时候,政府也就获益了。政府、商家利用互联网平台的技术能力、流量效应和数字生活服务能力,带动当地消费增长的模式,普惠性较高,各地易推广复制。

【案例 4-24】　　　　在线支付平台案例

支付宝通过开发产品技术,可以为小程序商家节省 20%～60% 的开发成本,为有数字化营销需求的中小企业节省至少 30000 元的投入成本。同时,通过"繁星计划"等流量激励计划,平均每天可为商家小程序带来 100 万用户,单个商家平均一年能节省约 20 万元的营销费用。此外,依托收钱码提现免费、网络支付服务费打 9 折等举措,支付宝已为超 2900 万小微商家降费让利超 100 亿元。目前支付宝平台已为超过 400 万商家提供了以小程序为核心的数字化解决方案,不同类别的服务业中小微企业都能够利用精准的解决方案实现高效率数字化。2022 年一年,商家小程序商品交易总额(GMV)提升了49.2%。

三、数字经济给我们带来什么影响

国家互联网信息办公室 2023 年 5 月 23 日发布的数据显示,中国数字经济规模达到 50.2 万亿元人民币(约 7.12 万亿美元),占国内生产总值的 41.5%,位居世界第二。数字产业规模稳步增长,数字技术和实体经济融合日益深化。

数字经济改变了我们的生活方式。现在,我们可以通过手机或电脑购物、支付账单,甚至在家办公。这使我们的生活更加便利和高效。其次,数字经济也带来了新的就业机会。许多人现在可以在互联网上创业或找到远程工作。这为年轻人和创业者提供了更多的机会。此外,数字经济也改变了传统行业的运作方式。许多传统企业现在也开始转向线上销售和服务,以适应数字时代的需求。

(一)提供优质消费体验、激发消费潜力

首先,数字服务业提供了更加便捷和高效的消费方式。通过在线购物,消费者可以随时随地购买自己所需的商品,无须亲自前往实体店铺。如今,人们的日常生活已难离支付宝、微信、美团等 App,购物、聚餐、点外卖、交水电煤气费、购买电影票等大量日常生活开销几乎只需一部智能手机即可完成,而不必像以前那样必须到营业厅或者售票窗口去办理。

其次,数字服务业还提供了更多的选择。无论是商品还是服务,消费者不仅可以在全球范围内找到更多的供应商和选择,而且可以

登录信息和比较平台，随时货比三家，从而满足自己更多样化的需求，使消费者能够更好地了解商品和服务的质量和价格，从而做出更明智的消费决策。

最后，数字服务业降低了消费的门槛。在传统消费场景中，支付宝为商家开放了以芝麻分为代表的信任服务。

【案例 4-25】　　　　　　　电商平台的 SKU

京东 2022 年的财报显示，仅自营 SKU 的数量就超过 1000 万，而线下大型超市的 SKU 数量也不过 5 万，这就意味着顾客在京东搜索一次商品，就相当于逛了上百家大型超市——而且这上百家超市的商品是不重复的。

【案例 4-26】　　　　　　　　信用评价

据了解，截至目前，芝麻免押已累计为消费者免除押金 4000 亿元。除了创新信任免押、先享后付的消费体验外，中国社会科学院财经战略研究院发布《平台社会经济价值研究报告》数据模型分析显示，开通芝麻服务的消费者平均消费金额可提升 8.3%，其中对于商品消费金额的提升可达 13.14%。如奶茶品牌沪上阿姨通过使用芝麻先享能力，使用户 7 日复购率提升 5.5 倍，月复购次数平均提高 1.8 次。

（二）数字经济催生新职业形态、提供多元就业渠道

数字经济与实体经济的融合使得"互联网＋"在各行各业广泛渗透，由此诞生的新模式、新业态推动就业朝着形态多样、形式灵活的方向快速变化，这一过程创造了大量的就业机会，并且不断涌现新的职业类型。

其中最为典型的就是"网络主播"。随着网络直播的普及，越来越多的人开始涌向网络直播行业。网络主播通过自己的直播平台，向粉丝们展示自己的才艺，吸引粉丝的关注，从而实现自己的商业价值。网络主播的职业形态是数字服务业的一个重要组成部分，它不仅带来了新的就业机会，也为数字服务业的发展注入了新的活力。根据文化和

旅游部发布的《中国网络表演(直播)行业发展报告(2021—2022)》,2021年主播账号累计近1.4亿,直播行业市场规模达1844.42亿元。

除了网络主播外,数字服务业还催生了许多其他的新职业形态。比如"电商运营师""社交媒体运营师""数据分析师"等。这些职业都是数字服务业的重要组成部分,它们通过自己的专业技能,为企业和个人提供各种数字化服务,帮助他们实现商业价值。

四、智慧城市

红绿灯实时感知车流量、自动优化配时,提高车辆通行效率;"先离场后付费"的智慧停车,为智慧城市"疏脉活血";门禁系统自动识别身份、供水系统实时监测水质,提升社区居住品质;足不出户的线上问诊、公司注册;"购房、落户、水电气网过户"多事合一,政务服务平台集合预约等功能,"数据跑"替代"群众跑"……智慧城市建设与市政府服务、市民出门办事、购物休憩息息相关,数字化让城市更智慧、让城市生活更方便、更舒心、更美好,如图4-18所示。

图 4-18　智慧城市

(一)智慧城市的概念

智慧城市的概念起源于传媒领域,是指在城市规划、设计、建设、管理与运营等领域中,通过物联网、云计算、大数据、空间地理信息集成等,在城市管理、教育、医疗、房地产、交通运输、公用事业和公众安全等关键基础设施组件和服务功能方面,实现数字化、网络化、智能化。

在不同行业、不同背景的人眼中,智慧城市的样子也是不一样的,有的人认为重点在于智慧环境建设,通过物联网、云计算、大数据、人工智能等技术,提高环境质量和资源利用率;有的人认为重点在于智慧交通建设,通过物联网、云计算、大数据、人工智能等技术,提高道路建设、公共交通、停车服务、出行平台等;而一些城市信息化的建设则注重以民为本,主要关注消费场景的智慧化,比如通过数字化、网络化、智能化手段,提高教育、健康、文化素养和社会参与度,实现人的全面发展,或者提高居民生活质量和社区管理,降低犯罪率。

(二)如何建设智慧城市

毫无疑问,建设智慧城市需要基础设施的支持。这包括建设高速宽带网络、建设智能交通系统、建设智能能源系统等。高速宽带网络是智慧城市的基础,它能够为各种智能设备提供稳定的网络连接,实现信息的快速传输。智能交通系统能够通过智能化的交通信号灯、智能化的交通监控系统等,提高交通效率,减少交通拥堵。智能能源系统能够通过对能源的智能化管理,实现能源的高效利用,减少能源浪费。这些基础设施的建设是建设智慧城市的基础。

在具备基础设施后,就需要开始切实提升城市管理的智能化水平了。智慧城市需要运用大数据分析、人工智能等技术,对城市的各个方面进行智能化管理。比如,在城市交通管理方面,可以通过大数据分析,实时监测交通状况,优化交通路线,提高交通效率。在城市环境管理方面,可以通过人工智能技术,对环境污染源进行监测和预警,及时采取措施进行治理。在城市安全管理方面,可以通过智能化的监控系统,实时监控城市的安全状况,提前预警并采取措施应对突发事件。通过提升城市管理的智能化水平,可以提高城市管理的效率和精细化程度。

如果缺乏对人的支持,那么智慧城市建设就只是表面功夫。智慧城市可以通过智能化的公共服务,来提升居民的生活质量。比如,在医疗方面,可以通过智能医疗系统,实现在线挂号、远程医疗等服务,方便居民就医。在教育方面,可以通过智能教育系统,提供在线教育资源,满足不同层次的学习需求。在社交方面,可以通过智能社交平台,提供便捷的社交服务,促进人与人之间的交流和合作。通过提供智慧化的公共服务,可以提高居民的生活便利性和满意度。

值得注意的是,建设智慧城市也需要加强数据安全和隐私保护。智慧城市的建设离不开大量的数据采集和处理,而这些数据中包含了大量的个人隐私信息。因此,建设智慧城市需要加强数据安全和隐私保护。这包括加强数据的加密和存储安全,建立健全的数据安全管理体系,加强对数据的监管和合规性审查等。只有保护好数据的安全和隐私,才能够让居民放心地使用智慧城市的服务。

(三)智慧城市能给我们带来什么影响

智慧城市可以提升城市治理水平。通过数字化、网络化、智能化手段,实现城市治理的精细化、智能化和高效化,提高城市治理能力和水平,为居民提供更加便捷、高效的城市公共服务。智能环保系统是一种基于物联网技术的环境监测系统,可以实现空气质量监测、水质监测等功能。例如,美国的智能环保系统可以通过传感器实时监测空气质量和污染物排放情况,从而及时采取措施保护环境健康。

智慧城市还可以促进城市经济发展。通过数字化、网络化、智能化手段,提高城市经济活力和竞争力,推动产业升级和创新发展,实现经济可持续发展。

(四)我们身边的智慧城市

2021年,住建部和工信部联合发文《关于确定智慧城市基础设施与智能网联汽车协同发展第一批试点城市的通知》(建城函〔2021〕51号),确定北京、上海、广州、武汉、长沙、无锡等6个城市为智慧城市基础设施与智能网联汽车协同发展第一批试点城市。下面就让我们走进上海,看看上海市在智慧城市建设方面的实践经验。

【案例 4-27】　　　　　　　**智慧安防**

在智慧安防方面,根据亿欧智库发布的《道阻且长,行则将至——2019 年中国智慧城市发展研究报告》显示,上海建设了"智慧公安"平台,该平台主要由公安部门主导,基本完成了"一中心、一平台、多系统、多模型、泛感知、泛应用"的框架搭建。上海市在卡口、街面、网络社区、楼宇等五大领域布设了 55 万个各类前端感知设备,泛在感知公共安全领域的各类风险。卡口领域,在 123 个入沪通道建成智能卡口系统,查控效率提升 4 倍以上,累计查获在逃人员 194 人、违禁品 1.34 万件,做到拒输入性风险于沪门之外。街面领域,全方位推进视频监控设备的高清化、智能化改造,覆盖区域内发案数下降 50% 以上。网络领域,实时监测防护 13 万个重要信息系统网站和 1080G 带宽。社区领域,在居民小区推广智能安防系统建设,已建成的 1712 个小区全部实现"零发案",有效破解了群租、高空抛物、乱停车等一批社会治理领域"老大难"的问题。楼宇领域,在 3500 余栋高层建筑建成智能消防感知系统,建立 2.2 万余个消防管理微信群,实现异常情况及时感知、就近推送。

【案例 4-28】　　　　　　　**智慧交通**

上海市已开放 1299 公里智能网联汽车测试道路。车路协同道路已建成 110 公里,近期还将新增 280 公里,并在嘉定安亭、临港产城融合区、浦东金桥等重点区域实现骨干道路车路协同率达 100%,全力打造无人公交、无人配送等 10 个以上"车、路、网、云"协同应用场景。完善全市公共停车信息平台,实现停车服务"一网通行",目前已接入全市 4700 个停车场和 100 万个公共车位,计划年底覆盖所有市级三甲医院,并将全面提升医院停车预约、小区错峰共享、智慧停车场等场景的市民体验。推广出租汽车"一键叫车"应用,帮助老年人叫车,目前已完成 500 个点位建设,后续将加大完善布局。

第六节　数字金融——变革经济运行发展

金融是通过工具、平台等具体实现的,数字工具为数字金融提供了坚实、必要的基础。数字金融是什么?以下来做一个比较全面的理解。

一、什么是数字金融

数字金融是指通过数字技术、互联网平台及信息技术手段与传统金融服务业态相结合的新一代金融服务模式,包括互联网支付、移动支付、网上银行、虚拟货币、金融服务外包及网上贷款、网上保险、网上基金等金融服务。数字金融具体通过电子支付、电子货币和数字钱包等工具,实现消费者购买虚拟商品和实体商品时的在线支付,同时还提供个人财务管理和在线投资等服务。

数字金融的主要特征是对数据、数字的分析与审核。数字金融是以新一代信息技术为核心的金融行业数字化的过程,数字金融将推动各个领域数字化转型发展。

(一)数字金融的历史

数字金融被国外广泛关注的标志性事件是 1998 年美国在线支付工具 PayPal 的诞生,而中国关注的标志性事件是 2003 年支付宝业务上线。

于全球尺度而言,金融与科技相互融合发展的历程可划分为三个阶段:

第一阶段,1915～1967 年,金融领域与电子技术相结合。信用卡最早于 1915 年起源于美国。最初的信用卡并不是由银行发行,而是由商店、食品店、加油站等实体发行,他们为招揽顾客、扩大营业额,有选择地在一定范围内发给顾客一种类似金属徽章的信用筹码,顾客可在发行筹码的商店及其分店赊购商品,分期付款。

　　第二阶段,1967～2008年,即传统数字金融服务发展的阶段。此时的金融业务是以传统金融业为主导,在互联网技术开花结果的时代,金融企业大力开展线上金融业务,推进金融业务电子化,电子银行从此开始兴起。

　　第三阶段,2008年至今,数字金融全球化发展。该阶段以互联网、人工智能、大数据、云计算及区块链等新兴技术为驱动引领金融业高质量发展,此时越来越多非金融企业开始从事金融业务,以新技术、新理念开发创新性金融产品,使传统金融业的服务模式得以变革,金融科技企业、供应链金融等皆为该阶段的标志性产物。

　　在中国,数字金融的发展也经历了三个阶段:

　　第一阶段,1988～2004年,传统金融机构走向互联网化,即电子金融,标志性产物为信用卡、ATM机及网上银行等。该时期,互联网技术和信息技术被中国商业银行采用,从手工处理业务转向计算机处理模式,从而改变了传统金融的支付、存储、理财及咨询等服务。例如中国工商银行于1988年推出了第一台ATM机;中国银行于1997年开始推广网上银行业务,颠覆了传统金融服务模式的同时,效率也大幅提高。

　　第二阶段,2004～2017年为互联网金融发展阶段,标志性产物为金融科技企业。得益于智能手机的普及,传统金融机构和金融科技企业开始大力发展互联网银行、移动支付、互联网保险及网络借贷等金融服务,互联网终端或智能手机开始逐渐变为办理金融业务的窗口,金融服务的时间和空间限制得以部分消除,极大地提高了金融服务的便利性和普惠性。

　　第三阶段,2017年至今,传统金融机构向数字化转型,全面拥抱数字化。传统金融机构与金融科技企业深耕信息技术和数字技术的同时,逐步融合发展,开展了智能化、平台化、移动化、场景化的综合性金融服务。

（二）数字金融的优势

传统的金融服务业存在门槛高、普及率低、供过于求等问题，但中小微企业和普通民众的融资始终未能得到很好的解决，限制了金融服务业对国民经济和社会发展的正面影响。

在数字技术的支撑下，生产、流通等环节发生了巨大变化，使企业之间的信息非对称性大大减少，企业之间的交流和交易成本也大大减少，企业的经营范围越来越广泛，各个行业之间的联系越来越紧密，整体的经济系统也越来越活跃。实践证明，通过打造数字金融新业态、新应用、新模式，可以加速经济发展方式转变，提高金融服务效率，延伸金融服务半径，拓展金融服务类别，扩大普惠金融的覆盖面和受益面。因此，与传统的金融业相比，数字金融提供了更为便捷的金融业务，使得金融服务的费用大幅下降，移动支付、数字保险、互联网信贷等新型金融业务在数字化技术的支持下得到了迅速的发展和普及，在加速资金流通、支持数字经济发展和促进区域经济增长等方面作用显著，给整个社会的经济和生活都带来了巨大的影响。具有便利性、快捷、高效、低成本、服务门槛低，促进了金融行业的包容性和可持续性等优势。

【案例 4-29】 　　　　　　　**数字技术赋能普惠金融**

2019 年平安银行率先实施"星云物联计划"，完善新型供应链金融，融合物联网、AI、云计算、区块链等技术，搭建"星云物联网平台"，并于 2020 年发射金融界第一颗物联网卫星"平安 1 号"。借物联网卫星之力，平安银行得以不断拓宽服务范围，打通信息壁垒，赋能产业数字化转型，不仅解决了中小微企业"融资难""融资贵"的问题，还通过数据赋能中小微企业生产经营决策，解决其"经营难""经营贵"的问题。

（三）数字金融存在的问题和挑战

（1）信息安全性问题：数字化金融服务的安全性是一个重要的问

题。数字金融涉及大量的个人财务信息,在数据传输和存储过程中可能存在风险,因此需要采取相应的措施保障客户信息和资金的安全。

(2)用户的信任问题:如果数字金融服务提供商的信誉度不高,用户可能存在被欺骗和盗取财产的风险,因此,建立用户对数字金融服务提供商的信任至关重要。

(3)法律法规限制:数字化金融服务涉及许多法律和监管问题,需要遵守相关政策和规定,否则可能会面临处罚。

(4)依赖技术:数字化金融服务依赖于技术支持,如果遇到技术故障或者黑客攻击等问题,将会对用户造成不利影响。

数字化金融服务是一种新型的金融服务模式,它既有优点也存在缺陷。随着数字技术的进一步发展和普及,在未来,数字化金融服务将继续成为人们生活中不可或缺的一部分。

二、数字货币

(一)数字货币的定义、分类和特点

数字货币是电子货币形式的替代货币,是数字化转型中一种典型的数字工具。是一种不受管制的、总量控制无通货膨胀、交易安全的数字化货币,通常由开发者发行和管理,被特定虚拟社区的成员所接受和使用。是一种基于节点网络和数字加密算法的虚拟货币。欧洲银行业管理局将虚拟货币定义为:价值的数字化表示,不由央行或当局发行,也不与法币挂钩,但由于被公众所接受,是一种以电子形式转移、存储或交易的支付手段。全国科学技术名词审定委员会定义数字货币为具有价值特征的数字支付工具,属于大数据战略学科。欧洲银行业管理局将虚拟货币定义为:价值的数字化表示,不由央行或当局发行,也不与法币挂钩,但由于被公众所接受,可作为支付手段,也可通过电子形式转移、存储或交易。

数字货币的发展起源于 2008 年的金融危机,作为一种新型的金融工具,数字货币逐渐成为各国政府、央行和金融机构竞相研究的领

域。目前,全球已有超过 20 个国家和地区发行了数字货币,其中最为著名的是 2009 年出现的比特币,如图 4-19 所示。我国政府高度重视数字货币——数字人民币发展,制定了一系列政策来推动数字货币产业发展。2013 年,中国人民银行发布《中国人民银行关于手机支付业务发展的指导意见》,标志着我国数字货币发展的开始。2018 年,中国人民银行发布《关于发行数字货币有关事项的通知》,明确了发行数字货币的一些基本原则和具体安排。2014～2019 年,央行为推出数字人民币先后进行了研究论证、系统开发等工作,2020 年开始在一些城市进行了发行试点。

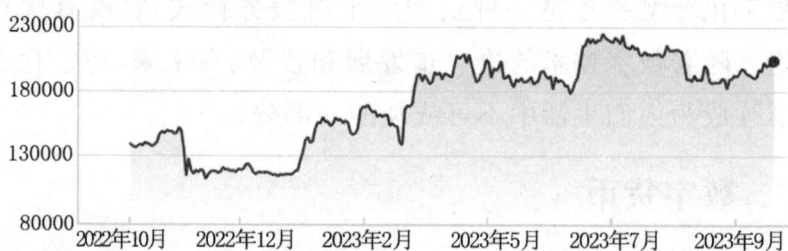

图 4-19　2022 年 10 月～2023 年 9 月比特币的价格曲线

按照数字货币与实体经济及真实货币之间的关系,可以将其分为三种。第一种是完全封闭的、与实体经济毫无关系且只能在特定虚拟社区内使用,如魔兽世界黄金;第二种是可以用真实货币购买但不能兑换回真实货币,可用于购买虚拟商品和服务,如腾讯公司推出的 Q 币;第三种是可以按照一定的比率与真实货币进行兑换、赎回,既可以购买虚拟的商品服务,也可以购买真实的商品服务,如比特币。

虽然数字货币普遍缺乏国家信用的背书,导致其使用受限,但由于数字货币具有传统货币所不具有的长处,这使其受到很多人的欢迎。一是交易成本低:与传统的银行转账、汇款等方式相比,数字货币交易不需要向第三方支付费用,其交易成本更低,特别是相较于向支付服务供应商提供高额手续费的跨境支付;二是交易速度快:数字货币所采用的区块链技术具有去中心化的特点,不需要向任何类似清算中心的中心化机构来处理数据,交易处理速度更快捷;最重要的是匿名性:除了实物形式的货币能够实现无中介参与的点对点交易外,数字货币相比于其他电子支付方式的优势之一就在于支持远程的点对点支付,它不需要任何可信的第三方作为中介,交易双方可以在完全陌生的情况下完成交易而无须彼此信任,因此具有更高的匿名性,能够保护交易者的隐私,但同时也给网络犯罪创造了便利,容易被洗钱和其他犯罪活动等所利用。

【案例 4-30】　　　　腾讯公司的 Q 币

腾讯公司在 2002 年 5 月推出了 Q 币这一产品,人们可以用人民币购买 Q 币,然后在腾讯的生态圈内用 Q 币购买在线音乐、游戏等服务,也可以通过腾讯的平台为手机充值,甚至可以交易,将 Q 币卖给其他需要的人。2007 年,中国 14 家部委以及央行联合发布《关于进一步加强网吧及网络游戏管理工作的通知》(文市发〔2007〕10 号),明确指出将"加强对网络游戏中的虚拟货币的规范和管理,防范虚拟货币冲击现实经济和金融秩序",严格限制网络游戏经营单位发行虚拟货币的总量以及单个网络游戏消费者的购买额;严格区分虚拟交易和电子商务的实物交易,网络游戏经营单位发行的虚拟货币不能用于购买实物产品。在这之后,Q 币渐渐回归原态。

(二)数字货币的发展历程

货币是国与国、人与人之间发生商品交换关系的媒介。原始社会通过皮毛、贝壳等稀缺物质进行交换,但交换媒介的不统一制约了生产力的发展。农业社会开始以黄金、白银或铜币等贵金属作为货币中介。工业社会后,黄金等贵金属作为货币难以承载巨大的交易规模,纸币随之出现。后来,信用卡、电子钱包、手机支付等迅猛发展,货币的电子化走向成熟。总体来说,人们所使用的货币大致经历了"实物货币—金属货币—信用货币—数字货币"几个阶段,货币形态的每一次变化都标记出人类文明进程的重要转折点。

数字货币为重塑国际货币体系提供了一种解决方案。从 2014 年起,中国人民银行(图 4-20)就开始了数字人民币的研发工作,目前基本完成顶层设计、标准制定、功能研发、联调测试等工作,并遵循稳步、安全、可控、创新、实用等原则进行内部封闭试点测试,以不断优化和完善功能。2020 年以来,国内数字人民币研发试点工作节奏加快,已在北京市、上海市、深圳市、成都市、苏州市、雄安新区等多个城市开展试点,试点范围涵盖线上、线下交易场景。截至 2022 年 8 月底,数字人民币试点地区累计交易笔数 3.6 亿笔、金额 1000.4 亿元,支持数字人民币的商户门店数量超过 560 万个。

数字人民币和纸质人民币具有同等效力,在使用时只需要打开数字货币 App,用扫码、转账、碰一碰等方式就可完成转账支付等交易。微信和支付宝是金融基础设施,而数字人民币是支付工具。如果把微信和支付宝比作钱包,那么数字人民币对应的就是钱包中的内容。在数字人民币发行后,大家仍然可以用微信和支付宝支付,只不过钱包里增加了央行货币。在日常使用微信、支付宝等 App 时,人们往往需要网络和智能手机等硬件设施支持,而数字人民币不依赖网络即可实现双离线支付。

图 4-20 中国人民银行

未来,数字人民币和纸币将长期并存。数字人民币是中国在金融创新方面迈出的重要一步,它的发展与时代背景相契合,具有广阔的应用前景。相信随着数字人民币的推广进程加快,越来越多的人会享受到数字人民币带来的便利,能够看到数字人民币带来的更多惊喜。

(三)数字货币会给我们带来什么影响

当前,网络技术和数字经济蓬勃发展,人们对零售支付便捷性、安全性、普惠性、隐私性等方面的需求日益增强,不少国家和地区的中央银行或货币当局积极探索法定货币的数字化形态,全球央行数字货币研发进入了加速期。数字货币将为经济社会带来哪些影响?

从支付体验来看,使用数字货币进行支付与人们已经熟悉的移动支付相比,差异不大。但要看到,数字货币是以国家信用作为基础发行的货币,是货币的一种形态,而移动支付仅仅是一种支付方式,二者有着本质上的不同。

从货币层次来看,基于银行账户的第三方支付属于广义货币 M_2 的范畴,数字人民币却是属于现金货币 M_0 的范畴。与同属 M0 范畴的实物人民币一致,不对其计付利息;从交易成本来看,基于第三方支付的移动支付可能面临一定的交易费用,而电子钱包里的数字货币本身就是属于持有者的现金,不会产生任何额外的交易费用;从结算最终性的角度看,数字人民币与银行账户相耦合,基于数字人民币钱包进行资金转移,可实现支付即结算;从支付功能来看,数字货币可以实现双离线支付,移动支付却不能离开网络进行;从更加宏观的层面来看,数字货币还将直接影响货币政策的制定和执行。

数字货币对国际支付体系也有潜在影响。随着金融基础设施快速升级,信息获取和处理能力不断提升,未来数字货币在交易支付时可以同步完成不同货币的汇兑,将为跨境支付带来巨大便利。这意味着以后人们出境旅行携带手机就可以在境外顺利实现本币支付,将对本币的国际化起到重要推动作用。

(四)数字货币所面临的挑战

数字货币作为一种新兴的金融工具,正在改变我们的经济体系和金融行业。然而,正如任何新兴技术一样,数字货币面临着一系列的挑战和问题。

首先,数字货币面临的一个重要挑战是安全性。由于数字货币的交易是通过互联网进行的,因此存在被黑客攻击和网络钓鱼等安全风险。许多数字货币交易所和钱包曾遭受过黑客攻击,导致用户的资金被盗。因此,确保数字货币交易的安全性成为一个紧迫的问题。为了解决这个问题,我们需要加强数字货币交易所和钱包的安全措施,采用更加先进的加密技术和身份验证机制,以保护用户的资金安全。

其次,数字货币还面临着监管的挑战。由于数字货币的去中心化特性,监管机构往往难以监管和管理数字货币市场。这给数字货币市场带来了一定的不确定性和风险。另外,由于数字货币的匿名性,一些非法活动,如洗钱和资金违规流动,也可能在数字货币市场中滋生。因此,监管机构需要制定相应的政策和法规,以确保数字货币市场的健康发展,并防止非法活动的发生。

再次,数字货币还面临着普及和接受度的挑战。尽管数字货币在一些国家和地区已经得到了广泛的应用和接受,但在全球范围内,数字货币的普及程度仍然相对较低。许多人对数字货币的概念和技术并不了解,也存在对数字货币的安全性和稳定性的担忧。此外,数字货币的使用和接受度还受到法律和政策的限制。因此,我们需要加强数字货币的宣传和教育,提高公众对数字货币的认知和理解,同时制定相应的法律和政策,以促进数字货币的普及和接受。

最后,数字货币还面临着技术的挑战。尽管数字货币的技术基础已经相对成熟,但仍然存在一些技术问题需要解决。例如,数字货币的交易速度和扩展性仍然有限,导致交易的确认时间较长和交易成本较高。此外,数字货币的能源消耗也成为了一个问题,尤其是对于一些采用工作量证明机制的数字货币来说。因此,我们需要进一步研究和开发新的技术,以提高数字货币的交易速度和扩展性,并减少能源消耗。

三、移动支付

(一)什么是移动支付

"现金、刷卡支付,还是支付宝、微信支付?"结账的时候,一句司空见惯的简单询问,背后却是中国 40 年来支付方式的变迁——从粮票布票的交换,到现金交易、刷卡消费、网上银行再到现在的移动支付,消费方式变得越来越便捷,不带钱包就能走遍天下。

移动支付是指交易双方用移动终端设备为载体,通过移动通信网络实现的商业交易,常见的方式有二维码、NFC 等。许多国家的消费者已经习惯使用电子钱包进行日常支付。在一些亚洲国家,如中国和韩国,电子钱包已经成为主要的支付方式,被广泛应用于线上购物、线下消费、公共交通等场景。同时,一些欧洲国家和美国等发达国家也在推动电子钱包的普及,促使更多人开始尝试无现金支付,享受它带来的便利。

(二)移动支付的发展历程

从物物交易到生物识别技术时代,人类的支付方式共经历了 5 个时代。

第一个时代是物物交换时代。最原始的交易,以物易物,各取所取。这种交易方式只适用于原始社会,当时生产力低下,人们大部分时候都是忍饥挨饿,偶尔才拥有剩余物品,因此交易行为只是偶尔发生,并不需要频繁的交易。

第二个时代是实物货币时代。随着生产力提高,人们的交易行为逐渐增多,发现有些物品是所有人都需要的,因此出现了一般等价物,也就是原始货币。

第三个时代是纸币时代。随着交易行为大量出现,人们的活动范围也逐渐扩大,笨重的实物货币已无法满足需求,于是出现了现金支付。在这三个时代有一个共同特点,人们都是使用看得见、摸得着的物品进行支付,都不属于数字化的支付方式。

第四个时代是电子(移动)支付时代,银行卡支付工具的诞生。

第五个时代是生物识别技术时代。即通过指纹、人脸、虹膜、耳纹、掌纹、静脉、声纹、眼纹、步态、笔迹等生物特征,来辅助完成支付。

【案例 4-31】　　　　　　　电子支付

1996 年,中国银行率先推出网上银行服务,随后招商银行提供"一网通网上支付"业务。21 世纪,互联网、云计算和大数据飞速发展,支付方式发生了翻天覆地的变化。2003年,支付宝登上历史舞台;2010年底,互联网上第一次出现二维码及相关技术,标志着国内二维码支付开始被广泛普及;2011年,支付宝推出条码付业务,开启线下扫码支付;2013年,微信支付出现。2014年春节,微信红包、支付宝红包火爆PK。

【案例4-32】　　　　　　生物识别支付

2013年7月,芬兰创业公司Uniqul推出了史上第一款基于脸部识别系统的支付平台。据浙江新闻报道,2020年,浙江交通集团旗下高速石油公司下辖加油站陆续试点推出扫脸支付(图4-21),扫车牌支付,车牌付等新业务。车主在加油站加完油后,通过智能防爆大屏刷脸后,选择相应油品、枪号、金额,确认支付后即可在车主关联的支付宝账户完成扣款。

图4-21　浙江交通集团旗下高速石油公司试点扫脸支付

四、互联网金融

(一)什么是互联网金融

互联网金融是一个在当今社会中越来越重要的概念。它是指利用互联网技术和平台来提供金融服务和产品的一种方式。互联网金融已经改变了传统金融行业的运作方式,为人们提供了更加便捷和高效的金融服务。

互联网金融的出现可以追溯到互联网的普及和发展。随着互联网技术的不断进步，人们可以通过网络进行在线交易、支付和借贷等金融活动。互联网金融的出现使得金融服务不再受限于时间和空间的限制，人们可以随时随地进行金融活动，大大提高了金融服务的便利性和效率。

互联网金融的核心特点是"互联网"和"金融"的结合。互联网技术为金融行业带来了许多创新和变革。首先，互联网金融通过在线平台将金融机构和个人用户连接起来，打破了传统金融机构的垄断地位，为小微企业和个人用户提供了更多的融资渠道。其次，互联网金融利用大数据和人工智能等技术，对金融风险进行评估和控制，提高了金融服务的安全性和准确性。此外，互联网金融还促进了金融创新，推动了金融行业的发展和变革。

【案例 4-33】　　　　　　　互联网银行

2008 年，马云曾在公开场合高喊：如果银行不改变，我们就改变银行。2015 年 6 月 25 日，蚂蚁集团发起成立"网商银行"，如图 4-22 所示，成为银保监会批准成立的中国首批民营银行之一，网商银行也成为阿里数字金融改革的试验区。

图 4-22　浙江网商银行

（二）互联网金融有什么业务形式

在投资领域，互联网金融为个人投资者提供了更多投资渠道和产品选择，如股票、基金和众筹平台等。与传统的投资方式相比，互联网投资平台具有更低的门槛和更高的便利性。个人投资者可以随时随地通过手机或电脑进行投资，不再受到时间和地点的限制。同时，互联网投资平台还提供了更多的投资选择和工具，帮助投资者更好地进行投资决策。众筹平台可以让创业者通过互联网向大众募集资金，实现创业梦想。

在保险领域，互联网金融通过在线平台提供了更加灵活和个性化的保险服务。互联网金融为保险行业带来了许多新的机遇和挑战。通过互联网金融，保险公司能够更好地与客户进行沟通和交互，提供更加个性化的保险产品和服务。例如，一些保险公司已经开始利用大数据和人工智能技术，通过分析用户的行为和需求，为客户量身定制保险方案。此外，互联网金融还促进了保险产品的创新和销售渠道的多元化。通过在线平台，客户可以方便地比较不同保险产品的价格和特点，并直接购买保险。

在借贷领域，互联网金融通过 P2P 借贷平台为个人和小微企业提供了更加便捷和低成本的借贷服务。

【案例 4-34】　　　　　　　　供应链金融

2021 年 10 月 14 日，网商银行正式对外发布基于数字技术的供应链金融方案——"大雁系统"。该系统是网商银行基于核心企业和上下游小微企业间的供应链关系，开发出的一系列数字化产品，以解决小微企业在回款、采购、收款、加盟、发薪等生产经营全链路的信贷需求及综合资金管理需求。大雁系统的创新点是将传统的"1＋N"的供应链金融模式，转变为 1＋N2 模式。传统的 1＋N 供应链金融模式，是依托核心企业，服务围绕核心企业上下游的"N"个小微企业。而大雁系统的 1＋N2 模式，则利用数字金融的大数据优势，把每个小微企业也当作一个核心企业，使其成为一个新的"1"，然后基于这个新的 1,去探寻更多小微企业,形成裂变式的发展模式和服务模式,为更多的小微企业解决更琐碎的问题。

可以看出,网商银行借助大雁系统实现了差异化的服务,重点关注传统银行业无法关注,或者说不愿费心去关注的小微企业。2020年 8 月,山西省融资再担保集团与网商银行达成合作,推出政银担线上批量担保业务"网商保",首次采用全线上"310"模式(3 分钟申请,1 秒放贷,0 人工干预),解决小微客户用款金额小、期限短、频次高、地域分散、传统信贷服务无法完全覆盖的问题。

【案例 4-35】　　　　　　　　P2P 借贷平台

P2P 借贷平台是资金供需双方的信息中介,其业务模式在英美等发达国家发展已相对完善,这种新型的理财模式已逐渐被身处网络时代的大众所接受。一方面,让出借人实现了资产的收益增值,另一方面,借款人可以用这种方便快捷的方式满足自己的资金需求。但是在国内,由于 P2P 借贷平台管理不规范,大量存在自融、自担保,甚至庞氏骗局等诈骗活动,容易导致系统性风险,因此 2016 年起就被国家严格监管了,并在 2020 年 11 月中旬,全国实际运营的 P2P 网贷机构完全归零。

(三)互联网金融有风险吗

每一个新鲜事物刚出现的时候,都会带来变革,自然也会带来风险,互联网金融也一样。

首先,互联网金融的风险主要来自信息安全方面。在互联网金融中,人们需要提供大量的个人信息,包括银行账号、身份证号码等敏感信息。如果这些信息被黑客或不法分子获取,就有可能导致个人财产安全受到威胁。此外,互联网金融平台也可能存在数据泄露的风险,一旦用户的个人信息被泄露,可能会被用于非法活动,给用户带来巨大的损失。

其次,互联网金融还存在着信用风险。互联网金融平台通常会根据用户的信用评估来决定是否提供贷款等金融服务。然而,由于互联网金融的发展速度较快,有些平台可能没有足够的时间和资源来进行充分的风险评估和信用调查。这就导致有些用户可能会通过虚假信息或欺诈手段来获取贷款,给平台和其他用户带来不良影响。

此外,互联网金融还面临着监管风险。与传统金融机构相比,互联网金融平台的监管相对较为松散。这使一些不法分子可能会利用互联网金融平台进行非法活动,例如洗钱、诈骗等。因此,监管部门需要加强对互联网金融行业的监管,以确保金融市场的稳定和用户的权益。

【案例 4-36】　　　　网商银行所面临的管理风险

2022 年 1 月 30 日,中国人民银行杭州中心支行披露处罚信息表,网商银行因四大项违法违规行为,被罚款 2236.5 万元。根据公开信息,网商银行有四宗违法行为:其一,违反金融统计管理相关规定;其二,违反账户管理相关规定、违反清算管理相关规定;其三,违反征信管理相关规定;其四,未按规定履行客户身份识别义务、未按规定保存客户身份资料和交易记录、未按规定履行可疑交易报告义务、与身份不明的客户进行交易。而除了高额罚单,网商银行还有 9 名业务主管也被处罚。

第五章

数字社会

　　城市大脑、智慧政府、未来社区、数字物业、数字乡村、基础数字治理、数字教育、数字医疗、数字工厂、数智制造等正乘"数"而来的数字生活、数字化服务、数字工业等正在不断满足幼有所育、学有所教、劳有所得、病有所医、老有所养、住有所居、弱有所扶等数字社会需求。数字在教育、医疗卫生、文化艺术、基层等应用场景正不断满足群众的获得感、幸福感,实现人们对美好生活向往的目标。"有数"才靠谱——数字社会不断成为"生活日常",心中有"数",让数字社会更美好。数字无边光景时时新,民生便捷、普惠包容、文化绚烂的数字社会正阔步向前。人类正加速迈向数字社会这一全新社会形态。

第一节　数字社会正乘"数"而来

一、何为数字社会

　　您知道为社会提供全面、全程、全域的能力支撑的城市大脑,为社会提供协同推动制度创新及政策供给的数字化服务,开展跨业务流程再造、跨部门业务协同、跨行业数据共享的业务协同,以及未来社区、乡村服务、海洋空间等多场景应用的社会空间吗?这些都是数字社会功能的体现。

那什么是数字社会？数字社会是以构筑全民畅享的数字生活为目标，以数字化、网络化、大数据、人工智能等当代信息科技的快速发展和广泛应用为支撑，通过数据驱动来推动产业发展、公共服务以及社会生活等领域数字业态变革型成长，形成全连接、全共享、全融合、全链条的数字社会形态。"数字社会"不同于既往实体社会的架构和运行状态，是"网络社会"或"虚拟社会"下一种更为形象化的表达。中国的数字社会成效显著，以下为两个数字社会下网路建设成就案例：

【案例 5-1】　　　　数字社会下的网络建设成就一

最新数据显示，中国中小学校园网络接入率达 100%，高校上线慕课数量超 6.45 万门，学习人数达 10.88 亿人次，优质教育资源覆盖面不断扩大；互联网医疗用户规模达 3.63 亿，优质医疗资源的获取更加便捷……作为一种技术支撑，数字社会建设不断满足着人民群众对美好生活的需要。着力提升教育、医疗、就业、养老等民生领域的数字化水平，已成为推动公共服务均等化的新路径之一，彰显着中国数字社会建设的价值追求和进展成效。

【案例 5-2】　　　　数字社会下的网络建设成就二

一分钟，复兴号高铁行驶 5833 米；一分钟，超 20 万个快递穿梭在中国大地；一分钟，移动支付新增 28.77 万笔；一分钟，41 件案件通过互联网立案……这是今日活力涌动的中国，这是新时代处处可见的数字生活。联网的后来者到大踏步赶上信息时代潮流，我国建成了全球最为庞大、生机勃勃的数字社会。

二、数字社会——无边光景时时新

中国正以数字化助力实现更高水平幼有所育、学有所教、劳有所得、病有所医、老有所养、住有所居、弱有所扶，推动社会治理社会化、法治化、智能化、专业化水平大幅度提升，巩固发展人民安居乐业、社会安定有序的良好局面。特别是在加快建设网络强国、数字中国，从国家层面部署推动建设数字社会，在不断满足人们对美好生活的向往中取得了显著成效，中国的数字社会是无边光景时时新。

【案例5-3】　　　信息化驱动数字社会建设阔步向前

2012—2022年，我国网民规模从5.64亿增长至10.67亿，互联网普及率从42.1％增长至75.6％，互联网发展水平居全球第二；建成全球规模最大的5G网络和光纤宽带，全国所有地级市全面建成光网城市；分享经济、智慧出行、移动支付等互联网新产品新业态竞相涌现，用得上、用得起、用得好的信息服务正在惠及更多百姓。在信息化驱动中国式现代化的历史进程中，我国数字社会建设正阔步向前。

三、数字社会——心中有"数"

无论短期、中期还是长期，数字社会使得人们心中有"数"、数字社会更美好。

从短期来看，数字社会建设重中之重是抓好场景应用，沉淀未来社区、数字乡村等社会空间服务模式，让群众有获得感、幸福感，同步健全完善城市大脑，全面夯实数字化基础。

从中期来看，数字社会要以满足群众高品质生活需求和实现社会治理现代化为导向，形成数字社会基本功能单元系统，发挥"民生服务＋社会治理"双功能作用，让城市和乡村变得更安全、更智能、更美好、更有温度。

从长期来看，数字社会要在服务体系和治理体系全面拓展升级的基础上，一方面要积极研究数字时代的信息安全、道德伦理、法律法规等面临的全新命题，推动数字化变革的持续深化。另一方面要积极向数字经济、数字政府持续延伸，支撑数字时代的开源生态、国家竞争等宏大主题。

【案例 5-4】　　　　数字社会场景应用优秀案例

萧山的"健康大脑＋小病慢病不出村(社)"

浙江省是数字化改革的先行地区,萧山作为医疗健康数字化先行试点,在"健康大脑＋智慧医疗"平台建设中收获满满。他们以健康大数据共享互通为核心,开展"两慢病"全周期管理,重点打造慢病配药、监测服务、常规检验、入院办理、康复护理等"一站式"基层健康服务体系,让"健康大脑"中 165 万建档人群数据真正"活"起来、"用"起来。具体体现在:①慢病配药不出村(社)。针对"两慢"患者在村站"配药难、配药繁"的问题,运用"健康大脑"规律服药和村外配药算法模型,为村站进行精准备药、提前配送。②监测服务不出村(社)。萧山通过"健康大脑"接入多种智能设备,动态监测血压、血糖等慢病指标,实现居民指征动态可监测、患病风险可预警。③常规检验不出村(社)。依托大数据平台,推动居民村站检验,检验结果智能共享互认,机构做到应认尽认,全区村站覆盖率 100%,复检人群检验便捷。

【案例 5-5】"有数"才靠谱——数字社会已经成为"生活日常"

"原野数字工作室"出版的《有数》,通过大量街头采访,描述了野生码农、创业者、日语网课教师、农村主播、盲人程序员、纪录片导演、卡车司机、电竞教师、网格员、游戏工作者、大厂农学博士 ⋯⋯无数个体在数字时代的面貌生动,生活精彩。有一著名学者在评价《有数》这本书时说:让我如同戴上 AR(增强实现)眼镜一般进入另一个世界。

第二节　城市大脑

城市大脑作为数字社会的重要名片之一,是数字中国建设的关键任务。城市大脑是一座城市"智慧"的集中体现,是市域治理现代化的"重要窗口",正逐渐成为现代城市的"标配"。城市大脑让城市管理更智能,让市民生活更便捷。可以说,每次文明的进步就是城市大脑的一次"洞开"。

一、何为城市大脑

城市大脑是指利用物联网、大数据、云计算等信息技术手段,对城市各种数据进行采集、存储、分析和应用,形成城市运行的智能化管理系统。城市大脑以实现高效能治理为目标,是各地方构建经济治理、社会治理、城市治理等全方位城市治理体系的有效抓手;也可以实现对城市交通、环境、安全等方面的实时监控和预测,为城市的规划、管理和服务提供数据支撑和决策参考。

随着数字时代的到来,全面推进城市数字化转型,构建与城市数字化发展相适应的现代化治理体系与治理能力,已成为推进新型智慧城市(图 5-1)、数字中国建设的关键任务。

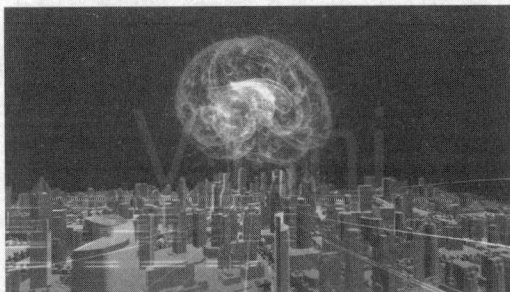

图 5-1　城市大脑

二、每次文明进步就是城市大脑的一次"洞开"

每一次科技革命和产业革命,都会推动城市文明前进一步。蒸汽时代,城市的标志是修公路;电气时代,城市的发展是铺电网;而身处信息时代,当数据成为最重要的资源之一,城市就更迫切需要构建一个数据大脑来进一步地发展文明。就如 160 年前世界第一条地铁在伦敦建成运行,141 年前爱迪生在纽约建成世界首座正规发电厂,"城市大脑"作为一个全新的城市基础设施,是中国献给世界的一份礼物。

2015 年,刘锋团队基于互联网大脑模型的基础理论研究提出城市大脑的定义与概念。2018 年 5 月 15 日,杭州在全国率先提出建设城市大脑的规划。随着数字时代的到来,全面推进城市数字化转型,构建与城市数字化发展相适应的现代化治理体系与治理能力,已成为推进新型智慧城市、数字中国建设的关键任务。城市大脑是当前智慧城市与智能产业发展的新热点。

2022 年 1 月,《城市大脑发展白皮书(2022)》发布。9 月 1 日,中国指挥与控制学会在北京召开城市大脑首批标准新闻发布会,《城市大脑术语》《城市大脑顶层规划和总体架构》《城市大脑数字神经元基本规定》三项团体标准正式发布。

【案例 5-6】　　　　　　　百度城市大脑

百度城市大脑依托自主可控的 AI 支撑技术、海量多模态数据汇集与处理能力、开放平台生态体系等核心优势,构建全域感知中心、数据服务中心、AI 服务中心、应用支撑中心及城市智能运行指挥中心(AIOC)等五大中心,支撑城市发展中遇到的城市治理问题、产业发展问题及民生服务问题,实现城市全时空要素立体感知、全流程数据安全共享、全方位 AI 能力共用、全业务系统应用支撑、全场景智能协同指挥,为建设数字经济、数字社会、数字政府总赋能提供智慧化支撑,为城市治理模式创新提供核心引擎。

【案例 5-7】　　　　　上海浦东新区的城市大脑

"弄潮儿向涛头立,手把红旗旗不湿。"上海浦东新区作为中国改革开放、打造社会主义现代化建设引领区的扛旗者,坚持以率先探索更高水平的改革开放为己任,大胆试、大胆闯、自主改,奋力为构建高水平社会主义市场经济体制探路破局,充分彰显"勇立潮头"的城市大脑建设时代风貌,体现为:①机制上:城市大脑承担全区城市运行综合管理工作的统筹规划、机制建设、统一指挥、综合协调、督办考核等职能。设立区城运中心,整合城管、公安、应急、环保等部门,采用联席指挥机制,汇集不同业务战线,实现指挥统一、协同配合、集团作战。②场景上:形成了覆盖环境、交通、安全、执法等领域的城市运行智能管理场景,把审批、管理、执法数据关联起来,进行管理流程再造,提升跨部门事项的协同处置效率。③建设内容:建设"三平台五中心多应用",即经济治理平台、社会治理平台、城市治理平台、智慧监管流程中心、智慧体征监测中心、智慧赋能应用中心、智慧研判预警中心、智慧实景监控中心和综合性专项应用场景。

第三节　未来社区

社区是城市的"细胞",城市建设的基本单元。未来社区需要基于城市大脑的技术手段,让社区智能化、高效化、人性化,提高居民的生活质量和幸福感,健全完善全链条、全方位的社区生活服务体系。未来社区建设将成为一个重要的领域,其目标是打造更加智能、绿色、健康、安全、便利的社区环境。

一、何为未来社区

(一)未来社区是新型城市功能单元

在我国,未来社区是以满足人民美好生活向往为根本目的的人民社区,是围绕社区全生活链服务需求,坚持党建统领,以人本化、生态化、数字化为价值导向,以未来邻里、未来教育、未来健康、未来创业、未来建筑、未来交通、未来能源、未来物业和未来治理9大场景创新为引领的,具有归属感、舒适感和未来感的新型城市功能单元。

(二)未来社区不同于普通小区

未来社区不同于普通小区,其最大区别是配套比例不同,未来社区所拥有的配套是远远高于普通住宅的。之前很多市区的小区都是纯住宅,底下连商铺都没有,而且体量特别小。而未来社区会有社区礼堂、图书馆、社区食堂,还有一大堆交通配套、体育馆等其他配套。

未来社区的户均配套面积是远远高于普通住宅小区的。未来社区起码是 10 万方起步，一般是在 15 万～20 万平方米。未来社区更智能：之前的一些智能社区的智能主要集中在室内，而未来社区的智能主要体现在小区的智能上，并且与城市智能大脑相连接，这样就可以实现未来智能的功能，以后，如果一位老人走出小区，就可以快速检测到并报警，这对于照顾老人的安全起到了巨大作用。

（三）数字时代的未来社区

在数字化时代，未来社区是在全面数字化的基础上，通过互联网与物联网技术串联人、物和事的全要素，以物联网、AI 人工智能、VR/AR 等新兴技术为手段，数据激活智能，变革未来社区的生产、生活、服务和治理等方面，构建生活新体验、服务新模式、树立科技服务人文，人文引领科技的典范（图 5-2）。

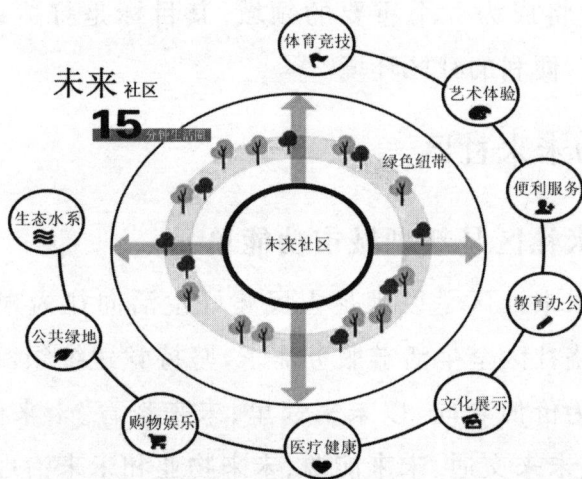

图 5-2　未来社区

（四）未来社区是促进文明的载体

未来社区作为智慧城市的重要组成单元，是一个科学规划、精心布局、智慧先进的物理和文明空间；是让城市发展更现代、政务服务更落地、人民生活更美好的基本承载平台；是全面提升社会基层服务和综合治理能力的一场变革；是深度促进社会文明进步和文化传承发展的一个载体。

二、未来社区概念，"为"你提出

未来社区的概念是作为数字化改革先发地区的浙江省于2019年首次提出的。在未来社区建设过程中，注重将数字技术广泛应用于社区运营与社区服务中。一方面，运用数字化手段构建空间、服务、治理等多领域社区智慧环境，拓展各类线上优质服务，健全社区公共服务体系，提升社区服务的完整性和便利度；另一方面，充分利用互联网、物联网、大数据、云计算、数字基建等先进技术，构建智慧服务平台，打通数据壁垒，推进公共资源下沉，为社区治理和服务赋能，用"键对键"替代"面对面"，大大提升了优质服务的可及性。

三、未来社区建设——为你而来

2023年我国常住人口城镇化率已达到65.2%。伴随城市化进程的不断深入，中国城市更新潮也同步来临。社区建设作为城市更新的"最后一公里"，既是提升城市功能、实施城市更新行动的重要内容，也是创造美好生活的关键举措。

面对当前社区治理服务中存在的邻里关系淡漠、公共服务覆盖不均，服务品质不高、空间布局不合理等问题，住建部、民政部联合发布《关于开展完整社区建设试点工作的通知》，要求建设一批安全健康、设施完善、管理有序的完整社区样板。各省市也结合自身情况进行探索，例如北京将在全市实现一刻钟便民生活圈全覆盖，上海市正全面推进"15分钟社区生活圈"行动，广东省提出改善社区人居环境、提升社区居住品质的宜居社区建设，成都市提出以突出绿色低碳、安全韧性、智慧高效、活力创新等为特点的未来公园社区建设。

可见，各地一直在积极探索建设智慧社区、美好社区、低碳社区等种种具备未来社区功能建设的实践，其核心就是为人民建设幸福美好的家园，实现社区老有所养、幼有所教、宜居宜业、群众生活富足的景象。

【案例 5-8】 上海全面推进"15分钟社区生活圈"建设，
为城市带来更多"烟火气"

2014年，上海在全国率先提出"15分钟社区生活圈"理念，并纳入"上海2035"总体规划，逐年落实推动规划建设落地。上海2023年全面推进"15分钟社区生活圈"建设——1600个"圈"，为城市带来更多"烟火气"。社区食堂是上海构建"15分钟社区生活圈"的一个缩影。"15分钟社区生活圈"，顾名思义，是指人们在慢行一刻钟的可达范围里，可以满足"衣、食、住、行"等日常需求。满足这些需求，需要配置相应的基本服务功能和公共活动空间。临近午餐时间，上海大街小巷的社区食堂开始热闹起来。价格亲民、菜色丰富、搭配健康……这样的便民食堂能为人们免去不少"买汰烧"的烦恼，不仅了吸引周边老人、白领和居民前来用餐，而且频频登上社交平台，成为新晋"网红"。

四、未来社区——"为"何而建

建设未来社区十分必要，主要表现在以下方面：

（1）随着经济的发展和人口的增长，城市化进程不断加快。据统计，到2050年，全球60%以上的人口将居住在城市中。这使得城市规模不断扩大，城市面积不断增加，同时也带来了许多问题，如交通拥堵、环境污染等。

（2）科技创新是推动社会进步的重要因素之一。随着互联网、物联网、人工智能等技术的发展和应用，未来社区建设将更加智能化和数字化。例如，在未来社区中可以实现自动驾驶车辆、智能家居控制等。

（3）随着环境污染和气候变化等问题的日益突出，人们的环保意识逐渐提高。未来社区建设将更加注重绿色环保，例如采用可再生能源、推广垃圾分类等。

（4）老龄化趋势明显，未来社区建设将更加关注老年人的需求。

例如在社区中设置医疗机构、养老院等服务设施,以满足老年人的健康和生活需求。

【案例5-9】　　　　未来社区的功能链

未来社区是一个数字化、智能化的社区,它将通过科技手段改善人们的生活质量。在未来社区中,人们可以享受到更加便捷、高效、安全的居住环境,同时也可以获得更多的社交体验和文化娱乐。未来社区的功能应用包括:智能家居、智能安防、共享经济、智慧医疗、文化娱乐、智慧交通、社区治理等。

五、未来社区——"未"来可期

(一)未来社区有别一般社区

未来社区是一项系统化、整体性的社区建设工作,既有物理空间硬场景建设,又涉及服务功能软场景生态建设。在建设共同富裕基本单元的时代背景下,将未来社区建设作为推进城市社区现代化建设的突破口,有必要系统梳理未来社区与其他社区建设理念之间的异同,充分认识未来社区的特殊性、前瞻性,为人们打造高质量发展、高标准服务、高品质生活、高效能治理、高水平安全的幸福美好家园。

(二)未来社区,将面临众多"未"来挑战

随着社会的不断发展,未来社区建设同样面临着许多新的挑战和需求,如:①城市规划与土地利用。②成本与可持续发展。③技术应用与数据安全。④老龄化问题突出。随着人口结构的变化,老年人口逐渐增多,老龄化问题也越来越多。⑤在未来社区中,环保意识将得到进一步提高。⑥未来社区需要更加智能化的服务模式。⑦健康生活是每个人都关注的问题。⑧文化活动是社区的重要组成部分。⑨安全是社区居民最基本的需求之一。⑩教育培训是每个人都需要关注的问题。

第四节　数字技术在教育中的应用场景

一、智慧教育是数字时代的教育新形态

一个老师，一群学生，一块黑板，一支粉笔——这是很多人童年记忆里的课堂。然而如今的课堂已经发生了极大的变化，未来的教育环境基础设施或许可能变成"万物互联，虚实结合"的全新样态。

2023年2月13日，世界数字教育大会在北京召开。中国教科院正式向海内外发布《中国智慧教育蓝皮书（2022）》与2022年中国智慧教育发展指数报告（图5-3）。

智慧教育是包含了教育者、受教育者、教育资源、办学条件、教育环境、教育制度等众多要素的复杂体系。而智慧教育发展指数，是对智慧教育发展进行客观量化评价以及比较分析的工具：包括基础环境、教学实施、教育治理、人才素养4个一级维度，数字教育资源、网络学习空间、教学评价数字转型、网络与数据安全等12个二级维度，总计32个指标。

智慧教育通过教育环境数字化、课程教学个性化、教育治理精准化，来培养更加适应未来的人才。数字化时代的发展速度，迅猛到让人猝不及防，而教育的数字化转型，也是智慧教育发展中被共同关注的重要议题。推进教育数字化转型、发展智慧教育，是应对时代之变、社会之变的战略选择。

从基础环境来看，十年来，中国接入互联网的学校已接近100%，七成以上教室已建成网络多媒体教室，"网""端"两个层面的建设，已经给智慧教育打下了基础。中小学教师的数字素养也已全面提升，混合式教学日益普及，教育治理的数据基础基本建立。然而，我国目前数字教育资源的供给与服务能力仍需提高，智慧教育仍未形成深层次、常态化、全流程的应用与变革，全民数字素养的发展水平，仍然

存在较大的提升空间。

图 5-3　国家智慧教育公共平台

【案例 5-10】　　　　教育数字化助推乡村教育振兴

党的二十大已将"教育数字化"写进报告,提出了"推进教育数字化,建设全民终身学习的学习型社会、学习型大国"。数据显示,截至2023年2月,全国中小学(含教学点)互联网接入率达到100%,99.9%的学校出口带宽达到100M以上,超四分之三的学校已实现无线网络覆盖,99.5%的学校拥有多媒体教室。数字时代,教育数字化,我们来了。

二、数字时代,你会学习吗

数字时代的学习不再受场地和时间的限制、个性化学习更加受到重视、课堂教学更加生动有趣、教育更加全球化和多元化……数字时代,你肯定感受到了教育模式、学习方式在我们身边的改变,而且这一新的教育模式也催生出了一些创新型的数字教育品牌和平台,例如在线学习平台"知乎学堂""Coursera""edX""ChatGPT"等。

随着数字时代的不断深入,数字化教育将在未来受到越来越多的重视,成为教育领域的一股新风。当然,数字化教育是一个新生事物,数字时代的教育模式是恢宏的数字化教育时代下必然的发展历程,这将为教育领域带来巨大变化,同时也存在很多机遇和挑战问题,例如,数字教育资源丰富度不足、人工智能技术限制等,这些问题需要我们不断探索和解决。数字化教育的未来更值得期待。

很多人认为技术是解决一切的密钥。然而怀疑论者则认为，新技术对教师的帮助甚微，并且可能威胁到学生的隐私。所以，我们应当探究新数字时代教育体系的前沿科学对于学生、学生家长和老师，甚至是整个社会的意义。

在这个数字时代，如何面对数字化教育新生事物，如何面对数字化教育的机遇与挑战。我们要不要学？学什么？怎么学？都是我们必须面对和深思的。

三、人工智能下的率性写作

在今天的数字时代，随着人工智能技术的迅速发展，越来越多的传统产业都开始尝试将人工智能技术应用到自己的业务中。人工智能写作已经成为一种新兴技术，AI写作的时代已经到来。

在过去，写作是一项需要人类思维和创造力的任务，但现在，机器能够模仿人类的写作方式，此类写作工具和软件可以快速生成各种类型的文本，包括新闻报道、评论、小说、诗歌等。然而，人工智能下的率性写作是否真的能够达到人类的创造力和表达能力，目前还存在较大争议和疑虑。一方面，AI写作工具可以通过学习大量的语言数据，模仿人类的写作风格和表达方式，从而生成类似于人类写作的文本。但另一方面，AI写作工具的创造力和想象力还是无法与人类相比，因为它们只能按照预设的规则和算法来生成文本，缺少创造性的想象和表达能力。

人工智能下的率性写作具有效率高、创新性强、成本低、准确性高、适应性强等优点。但也存在缺乏创造性、受限于数据、缺乏独特性、容易出现误解、缺乏情感、缺乏艺术性、缺乏人类的创造和思维等真正有思想、有情感、有创意的内容。

【案例5-11】　　　　人工智能写作领域第一案

2020年，人工智能写作领域第一案——腾讯公司状告"网贷之家"给出宣判结果：AI生成作品属于著作权法保护范围——腾讯公司状告"网贷之家"网站未经授权许可,抄袭腾讯机器人 Dreamwriter 撰写的文章,以腾讯公司胜诉告终。判决书显示:"涉案文章由原告主创团队人员运用 Dreamwriter 软件生成,其外在表现符合文字作品的形式要求,其表现的内容体现出对当日上午相关股市信息、数据的选择、分析、判断,文章结构合理,表达逻辑清晰,具有一定的独创性。"

【案例 5-12】　　应用——AI 代写论文,该不该管?

2023 年 6 月是国内高校学生提交课程论文,进行毕业论文答辩和审核的高峰期。"新华视点"记者调查发现,部分高校学生在悄悄利用 ChatGPT 等 AI(人工智能)写作软件代写论文,或者用 AI 辅助论文写作,如罗列提纲、润色语言、降低重复率等。某高校大三学生本学期要交 4 篇课程论文,每篇的字数都要求在 3000 字左右。该同学没有花时间看文献资料、整理、摘录、写作,只在交作业前煎熬了一个通宵,使用 ChatGPT 完成了论文。

四、数字化教育——学生不用去学校了吗

(一)传统教育模式已经逐渐被数字化教育所取代

随着数字化时代的到来,教育领域也在发生巨大的变革。传统的教育模式已经逐渐被数字化教育所取代,学生们不再需要去学校上课,通过互联网和其他数字技术就可以获取知识。

一方面,数字化教育为学生提供了更加灵活和便捷的学习方式。传统教育模式要求学生按照固定的时间和地点去上课,而数字化教育则允许学生自由选择时间和地点进行学习。这种灵活性让学生们可以更好地安排自己的时间,同时可以更好地平衡学习与其他方面的需求。

另一方面,传统的教育模式通常只能提供有限的、标准化的教材和课程内容,而数字化教育则可以根据不同学生的需求和兴趣提供个性化、多样化的教材资源。例如,在线视频课程、在线直播授课、在线交互式练习等,都可以帮助学生更好地理解知识并且提高学习效

率。另外,数字化教育还可以让学生更好地参与和互动。传统的教育模式通常是由老师单向传授知识,而数字化教育则可通过各种在线社交平台、在线论坛等方式让学生之间交流互动,从而增强学习效果。

(二)国家高度重视数字化教育平台的管理和服务

教育部为广大师生和学习者提供了优质数字教育服务:一是建设国家教育数字化大数据中心。二是强化大数据赋能教育教学。教育部将运用海量数据,形成学习者画像和教育知识图谱,更好地实现因材施教。三是增强教育公共服务能力。教育部积极完善学分银行,利用数字技术为社会学习者提供灵活多样的继续教育机会。四是加强数字教育国际交流合作。

(三)数字化教育存在问题和挑战

尽管数字化教育带来了很多好处,但也存在一些问题需要解决。首先,数字化教育对于学生自主学习能力的要求更高。在传统的教育模式下,老师会对学生进行引导和监督,但在数字化教育中,需要学生自己负责管理时间、制订计划,并且具备独立思考和解决问题的能力。其次,数字化教育可能会使得学生之间的社交互动减少。虽然数字化平台可以提供一些社交功能,但相比于传统上面对面的交流,可能存在一定程度上的不足。最后,在实施数字化教育时也需要注意保护学生隐私和信息安全等问题。在线平台涉及大量个人信息和数据处理,因此,在使用过程中必须保证数据安全性和隐私保护。在数字化时代下,学生不再需要完全去学校上课,数字化教育为学生提供了更加灵活、便捷、多样化和个性化的学习方式,但也需要注意解决一些问题和挑战。

(四)教育数字化未来可期

教育数字化是教育教学活动与数字技术融合发展的产物,也是进一步推动教育改革发展的重要动力。发展数字教育、推进教育数字化,推进教育现代化是大势所趋、发展所需,也是改革所向。

教育数字化是我国开辟教育发展新赛道和塑造教育发展新优势的重要突破口。以"数字变革与教育未来"为主题的世界数字教育大会在北京开幕,教育数字化与未来社会发展再次引起关注。面向未来,我们要切实发挥数字技术优势,加快构建新一代数字教育平台及内容,大力推进教育数字化。在教育数字化的基础上,优质的高校资源能在时间和空间维度上得到充分的释放。此外,要充分利用数字技术发展带来的教育红利,为教育现代化贡献更多数字化力量,为学生线上学习提供更好的资源和平台,真正让学习成为一种生活方式,成为自觉,成为日常。

【案例5-13】　　　　　教育数字化助推智慧教育平台发展

国家优质教育资源共享助力学生教育数字化。2022年,教育部全面实施国家教育数字化战略行动,集成上线了国家智慧教育公共服务平台。截至2023年6月16日,平台访问总量超过260亿次,访客量超过19.2亿人次,访问用户覆盖了200多个国家和地区,现已成为世界上最大的教育资源库。

【案例5-14】　　　　　　智慧教育平台迅猛发展

至今,中国中小学(含教学点)互联网接入率达到100%,99.5%的学校拥有多媒体教室;在国家智慧教育公共服务平台,中小学智慧教育平台已经积累了4.4万条资源,总量覆盖各年级、各学科课程,涉及30个教材版本;智慧职教平台汇聚了1300多个专业教学数据库和7100多个在线精品课;智慧高教平台汇集了国家职业教育精品在线开放课程6757门以及2.7万门优质慕课,覆盖了13个学科门类和92个专业类型,访问总量超过67亿次,成为规模巨大的教育资源中心和公共服务平台。

五、AI时代,孩子还需要读书吗

在AI时代,人工智能已经开始逐渐渗透到我们的生活中,许多人开始担心,孩子们还需要读书吗?毕竟,AI可以帮助我们完成许多任务,包括翻译、计算,甚至是创作。那么,孩子们还需要读书吗?

首先,我们需要明确一点,AI虽然可以完成许多任务,但是它并不能代替人类的思考和创造力。孩子们在读书的过程中,可以通过阅读各种书籍,了解不同的文化、历史和思想,从而拓宽自己的视野和思维方式。这些知识和思考方式,是AI无法替代的。

其次,读书可以帮助孩子们培养自己的思考能力和创造力。在阅读的过程中,孩子们需要理解和分析文本,从而形成自己的思考方式。同时,阅读也可以激发孩子们的创造力,让他们在想象中创造出自己的世界。

再次,读书还可以帮助孩子们培养自己的情感和社交能力。在阅读的过程中,孩子们可以感受到不同的情感和情绪,从而更好地理解自己和他人。同时,阅读也可以帮助孩子们更好地与他人进行交流和沟通,从而更好地融入社会。

最后,读书也可以帮助孩子们在未来的职业生涯中更好地发展自己。虽然AI可以完成许多任务,但是在未来的职业生涯中,人类的思考和创造力仍然是不可替代的。通过阅读和学习,孩子们可以培养自己的思考和创造能力,从而更好地适应未来的职业发展。

综上所述,虽然AI时代已经到来,但是孩子们仍然需要读书。通过阅读和学习,孩子们可以拓宽自己的视野和思维方式,培养自己的思考和创造能力,同时,也可以帮助他们更好地适应未来的职业发展。因此,我们应该鼓励孩子们多读书,从而更好地面对未来的挑战。

六、AI绘画从"以图生图"到"语音生图"

上传一张图片,或者输入一些简单的关键词或语音,系统就能自动生成一张卡通图像……2023 年以来,AI 绘画从"以图生图"到"语音生图"开始在互联网社交平台走红。

通过简单的交互式对话在短时间内生成的"艺术"作品,让人类艺术家展开了一场关于"AI 绘画作品参赛是否属于作弊"的争论。这场声势浩大的争论也令大众直观地意识到如今的 AI 绘画水平已经发展到了何种程度。经过 20 年左右的发展,目前基于不同类型或者模态元素的 AI 绘画发展情况不尽相同,发展最久的是"以图生图",再到近期火爆的"文＋图"生图。当然,也有团队已经研发出由语音生成图像的技术。除了娱乐外,AI 绘画应用前景从"以图生图"到"文＋图"生图再到"语音生图"(图 5-4)。

图 5-4　语音生图

AI 绘画是一个集成创新系统,而不是原始创新。首先,AI 绘画取决于算法,而算法由两部分组成:一是生成器,二是鉴别器。从生成学习来讲,它需要人工为系统提供上千万张人类创作的艺术作品为数据库,培养其"艺术细胞",而且这个数据库还是有时间限制的,目前数据更新至 2021 年。当 AI 数据库更新速度滞后或没有收集到足够的信息时,使用 AI 创作注定无法产生新作品以及进行更广泛的表达。其次,现阶段 AI 绘画的创作方式是"AI＋人工",创作者需要具有一定的美学思想、艺术创作能力和绘画创作功底。没有这些基本功,就无法输入那些具有艺术性的关键词语,输出的结果只是图像而不具备艺术价值。

七、AI绘画，泼墨成龙

(一)泼墨成龙

泼墨成龙是一种中国传统的水墨画技法，它以"点、线、面"为基本构图元素，在纸上运用笔墨和水的相互作用，形成各种虚实变化、气韵生动的龙形象。

而 AI 绘画技术也可以通过模拟这些构图元素和笔墨效果来创造出非常逼真的泼墨成龙作品。具体来说，AI绘画泼墨成龙需要经过以下几个步骤：①数据收集：首先需要收集大量的泼墨成龙原始图片数据，并对其进行标注和分类。②训练模型：将收集到的原始数据输入深度学习模型中进行训练，并不断优化模型参数，以提高生成结果的质量和准确性。③图像生成：当训练完成后，就可以利用模型生成新的泼墨成龙图像。在这个过程中，模型会根据输入的参数和条件生成符合要求的图像。④后期处理：生成的泼墨成龙图像可能存在一些不完美之处，需要进行后期处理和调整，以达到更好的效果。总体来说，AI绘画泼墨成龙技术已经非常成熟，并且在实际应用中取得了很好的效果。它不仅可以为艺术家提供更多创作灵感和工具支持，还可以让人们更加深入地了解和欣赏中国传统文化。

(二)AI 绘画溯源

最早的 AI 作画系统为 AARON 由 Harold Cohen 于 1960 年代末开始开发。AARON 使用基于符号规则的方法来生成图像，不同于现在的 AI 作画是输出数字化图像，AARON 真的是用画笔和颜料来绘画。

事实上，AI 绘画早已火爆全球。第一张公开展出的、由人工智能创作的绘画作品《埃德蒙·贝拉米的肖像》曾于 2018 年在佳士得拍卖行以 43.25 万美元成交，那是一张由机器学习了从 14 世纪到 20 世纪的 1.5 万张肖像画之后自动生成的一张肖像画作品。2021 年 1 月，

OpenAI 发布了 DALLE,并在一年后发布了生成能力更强的 DALL·E
2。2022 年 7 月,Midjourney 开放公测,有人通过 Midjourney 生成的
作品获得艺术奖项,引起广泛讨论。2022 年 8 月,AI 模型 Stable
Diffusion 的开源,真正引爆了全民参与 AI 作画热潮。国外如 Dream
Studio、playground. ai,以及 github、Google Colab 上大量网站;国内
的,如画宇宙、盗梦师、tiamat、6pen、draft art、意间 AI 绘画、即时
设计。

【案例 5-15】　　2022 年,AI 绘画火爆网络,开启 AIGC 元年

　　2022 年 8 月,在美国科罗拉多州举办的新兴数字艺术家竞赛中,
参赛者游戏设计师杰森·艾伦提交的 AIGC 绘画作品—《太空歌剧
院》,获得了此次比赛"数字艺术/数字修饰照片"类别一等奖,一度火
出圈。它的构图、配色以及画面的细节堪称精致。这位没有绘画基
础的游戏设计师在一个名为"Midjourney"的 AI 创作工具里,先输入
几个关键词,如光源、构图、氛围等,得到了 100 幅作品,再进行约 80
小时的精细修图,最终选出 3 幅作品,最后把图像打印到画布上。这
一年,AI 绘画小程序、网站等开始迅猛增长,而美图秀秀、抖音等软件
也加入了 AI 画图功能。抖音平台数据显示,截至 2022 年 12 月 6 日,
已有超 2428.4 万人使用该特效,迅速飙升至特效潮流榜第一位。AI
绘画的百度指数也从日均两三千上升到日均 3 万,火爆程度可见
一斑。

　　AI 绘画的火爆也让 AIGC 这一概念逐渐进入大众视野。所谓
AIGC(AI Generated Content),即基于人工智能技术自动生成内容的
新型生产范式。其技术主要涉及两个方面:自然语言处理(NLP)和
AIGC 生成算法。其中,自然语言处理是实现人与计算机之间通过自
然语言进行交互的手段。最初,AIGC 可生成的内容形式以文字为
主,经过 2022 年指数级的发展,目前 AIGC 技术可生成的内容形式已
经拓展到了包括文字、图像、视频、语音、代码、机器人动作等多种内
容形式,2022 年也因此被称为"AIGC 元年"。生成式 AI 让机器开始

大规模涉足知识类和创造性工作,未来预计能够产生数万亿美元的经济价值。

【案例5-16】   **AI绘画一例**

AI绘画:2023年与熊猫一起祝各位毕业生前程似锦(图5-5)!

图5-5　AI绘画:与熊猫一起祝各位毕业生前程似锦!

八、数字技术让阅读充满无限可能

(一)数字阅读——数字时代独有的风景和印记

稚子怀里的童话,农民工枕边的诗词,老人手中的电子屏……每时每刻,这片土地上都有无数的人进入阅读的世界。书香袅袅,引来无数读书人,不拘年龄、职业和地域。全民阅读正从一个美好的愿景,朝现实一步步迈进。

岁序常易,华章日新。数字时代,随着数字技术的不断发展和普及,人们的阅读方式发生了极大的改变。阅读不再是传统的纸质书籍阅读,它已逐渐走向多样化、多元化、数字化、网络化方向发展。如今,纸媒和数字媒体并存,我们的阅读方式也由读纸质书向读"屏"转变。随着5G、算力等数字技术介入,数字阅读逐步替代了传统阅读,成为数字时代独有的印记。

我们可以通过智能手机、平板电脑等智能终端随时随地阅读,海量的图书资源和便携的终端设备深受大家喜欢。在地铁上、电梯里、上下班途中……生活中的每个间隙都能碰到正在进行数字阅读的人。当然,我们也可以用耳朵去"阅读",有声图书和 AI 阅读让我们解放了双手和双眼,用聆听的方式徜徉在知识的海洋中。此外,我们还可以通过 VR、AR、3D 等数字技术进行沉浸式阅读。

(二)数字技术带来阅读变革

(1)电子书籍是数字技术带来的最重要的变革之一。它通过将纸质书籍转换为数字格式,使得人们可以在电子设备上进行阅读。电子书籍具有便携性、节约空间、个性化、多媒体交互等特点,电子书籍支持音频、视频等多种形式的交互方式,使得阅读更加生动有趣。

(2)在线文献库是数字技术带来的另一个重要变革。它通过将大量的书籍、期刊、报纸等文献数字化,并且提供在线访问和检索,使得人们可以更加方便地获取所需信息,具有全球范围、实时更新、多样化、互动性等优点。

(3)数字化阅读工具是数字技术带来的又一重要变革。它通过开发各种软件应用程序和硬件设备,使得人们可以更加方便地进行数字阅读。主要途径是:电子书阅读器、智能手机和平板电脑、互联网浏览器,其中,个性化推荐数字技术还为阅读带来了个性化推荐服务。

【案例 5-17】　　数字阅读产业总体规模稳步增长

2022 年,我国数字阅读市场总体营收规模达 463.52 亿元,同比增长 11.5%。从三大细分版块来看,大众阅读市场营收 335.91 亿元,占比 72.47%;有声阅读 95.68 亿元,占比 20.64%;专业阅读 31.93 亿元,占比 6.89%。大众阅读市场规模占比逾七成,是产业发展的主导力量。截至 2022 年 12 月,我国数字阅读平台上架作品总量为 5271.86 万部,较 2021 年的 3446.86 万部增长 52.95%。其中,网络文学作品约 3458.84 万部,有声阅读作品 1518.62 万部,重点主题阅读类作品上架总量约为 102744 种,较 2021 年增长 4.91%。2022 年,我国数字阅读出海作品总量为 61.81 万部(种),相比 2021 年增长超过50%。数字阅读作品已成为新时代展现中国形象、提升中华文化影响力的一种新符号和表现形式,成为提升中华文化海外传播力的重要力量。

【案例5-18】   数字阅读覆盖年龄段更为广泛

2022年,我国数字阅读用户达5.3亿,较上年增加2400万,增长率为4.75%。在数字阅读用户群体中,人均电子阅读量为11.88本(部),有声阅读量为7.44本(部)。在用户年龄方面,19~45岁的人群依然是数字阅读的主力军,占比达67.15%。数字阅读发展迅猛,形成了多元内容题材格局。2022年电子书阅读用户题材偏好前五位分别为文学小说、漫画绘本、历史社科、搞笑幽默和人物传记。新技术为数字阅读带来沉浸式体验。

未来,我们该如何阅读?有理由相信,科技不断进步,科幻电影中"头脑风暴""数字植入"等场景会逐渐走入我们的生活,助推人类文明飞速发展。古往今来,人类信奉"开卷有益"。在"e时代",数字阅读将继续延续人类对阅读的神圣感!

第五节　数字技术在卫生健康领域的应用场景

一、未来看病,医院还需要医生吗

数字时代的到来,无疑给医疗行业带来了革命性的变化。人工智能、大数据、云计算等新技术逐渐应用于医疗领域,各种智能医疗设备也层出不穷。这些新技术和设备的出现,是否意味着医院不再需要医生?

人工智能是当前最为火爆的技术之一,它已经被广泛应用于医疗领域。比如,在辅助诊断方面,通过深度学习等技术,可以对患者的影像资料进行自动分析和判断;在药物开发方面,可以通过模拟实验和数据挖掘等手段,加速新药的研发进程;在健康管理方面,可以通过穿戴式设备等手段收集患者健康数据,并进行个性化分析和预测。

虽然人工智能在某些方面表现出了优异的性能,但是它仍然有很多局限性。首先,在临床诊断方面,人工智能目前还无法替代医生的判断能力。因为临床诊断不仅仅是对症状的简单判断,还需要结合患者的病史、体检结果等多个因素进行综合分析。而这些因素往往是非常复杂和多样化的,人工智能目前还无法完全掌握。其次,在医患沟通方面,人工智能也存在一定的局限性。患者在面对疾病时,往往需要得到医生的情感支持和鼓励,而这种人性化的交流是人工智能所无法实现的。

【案例 5-19】　　　　"数智医疗"新场景越来越多
"未来医院空间"落地

"云上瑞金"智慧服务、大模型赋能下的人工智能健康咨询、全流程管控的智慧运营平台……在上海交通大学医学院附属瑞金医院,一系列"数智医疗"新场景逐步落地,将一幅"未来医院"画卷缓缓铺开。其中,瑞金医院与商汤科技合作打造的多院区智慧影像云平台,基于大模型赋能,在多院区医疗影像互联互通的基础上,实现了覆盖多部位多病种的放射、病理 AI 辅诊诊疗,助力跨院区诊-疗-愈全流程,提升临床诊疗效率。图 5-6 为智慧医疗。

图 5-6　智慧医疗

二、未来,远程医疗与家庭医生将成为常态

随着科技的不断发展,人们对于医疗保健服务的需求也在不断增加。远程医疗和家庭医生作为一种新型的医疗服务模式,正逐渐受到人们的青睐,未来将成为常态。

(一)什么是远程医疗和家庭医生

远程医疗和家庭医生(图 5-7)是指通过网络技术将患者与医生连接起来,实现在线咨询、视频问诊等多种形式的医疗服务,具体包括:远程问诊、视频问诊、远程监测、在线咨询、家庭医生等。同时具有便捷性、可及性、效率性高、安全性等优势和技术限制、专业性限制、隐私保护:在信息传输过程中,患者个人隐私可能会受到泄露的风险。因此,在实现远程医疗和家庭医生服务时,需要加强数据安全保护措施。

图 5-7　家庭医生

(二)远程医疗的应用场景

作为现代通信技术以及多媒体信息技术与现代医疗技术相结合的产物——远程医疗可以在多个场景下应用,主要包括偏远地区的医疗服务、慢性病管理、突发事件救援、双向转诊和康复治疗等。

对于偏远地区的医疗服务而言,远程医疗可以弥补地域带来的不足,使更多的患者可以享受到优质的医疗服务。通过远程诊断和

远程治疗等技术手段,可以缓解偏远地区面临的"医生荒"问题。慢性病管理是远程医疗的又一大应用场景,它可以帮助医生监测患者的健康状况,提供更加定制化和个性化的医疗服务。尤其是对于那些需要长期治疗和护理的患者来说,远程医疗可以提供更加便捷、全面的疾病管理方案。突发事件救援也是远程医疗的重要应用场景。在突发事件中,类似于地震、灾害等情况下,远程医疗可以为伤者提供第一时间的医疗救援,缓解急救资源不足的问题。这对于急救事件来说很重要,甚至可能挽救生命。

双向转诊和康复治疗也是远程医疗的一项应用场景。通过远程医疗平台,患者可以接受专业医生的会诊、诊断和治疗,将医疗资源合理分配,提高医疗效率。同时,康复治疗也可以借助远程医疗,实现康复过程的在线监测和指导,提升康复治疗的成功率。通过远程医疗系统,可以交换分隔两地病人的临床信息、专家的诊断意见,以及提供其他相关的医疗、教学和科研资料。近几年,随着数字化血压计、血糖仪、心电仪等便携式体征监测设备的出现,远程医疗开始逐步走进社区,走向家庭,更多地面向个人,提供定向、个性的服务。

【案例 5-20】　　　　　　　**瑞金医院做远程 B 超**

2021 年 5 月 7 日,上海瑞金医院医生通过远程控制 5G 机械臂为南翔医院的病人做 B 超(图 5-8)。

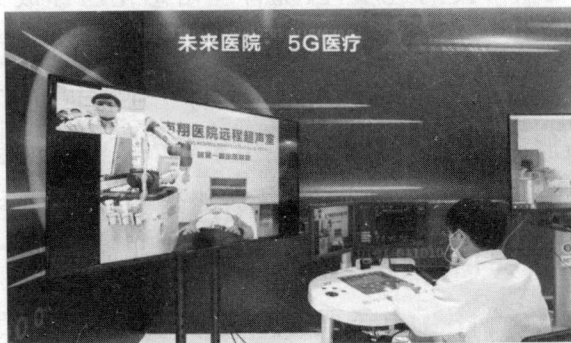

图 5-8　瑞金医院做远程 B 超

三、医疗设备的数字化

随着信息技术的发展和医疗领域的不断进步,数字化已经成为医疗设备发展的一大趋势。数字化医疗设备具有高效、精准、安全等特点,能够大大提高医疗工作的效率和质量,对于推动医疗行业的发展具有重要意义。

数字化医疗设备将传统医疗设备与信息技术相结合,通过数字信号处理、图像处理、网络通信等技术手段来实现对患者数据的采集、分析和管理,以及对诊断和治疗过程进行精细化控制和监测。数字化医疗设备可以实现多种功能,如影像采集与处理、生命体征监测、远程医疗与会诊等。数字化医疗设备具有高效性、精准性、安全性、可追溯性等优势。数字化医疗设备可以对患者数据进行影像采集与处理、生命体征监测、远程诊断与会诊、存储和管理等应用,方便后续的查看和分析,为医学研究提供了数据支持。

四、医院管理的信息化

(一)医院管理信息化

医院管理信息化是指通过计算机技术和网络通信技术对医院内各种资源进行整合和利用,实现对医疗过程、人员、设备、物资等各方面的全面监控和管理,并为患者提供更加便捷、快速、安全和优质的服务。随着时代的发展和科技的进步,医院管理信息化已经成为医疗行业中不可或缺的一部分。实现医院管理信息化具有提高医疗服务质量,提高工作效率,降低运营成本等多方面的优势。还有提高工作效率、降低运营成本、提高服务质量、促进医疗卫生事业发展等特点。同时需注意数据安全、系统稳定性、用户培训、系统升级这些缺点或不足。

(二)医院管理信息化的应用案例

【案例 5-21】　　　　　电子票务系统提高服务质量

案例之一是上海市儿童医学中心电子票务系统。该系统实现了在线挂号、预约挂号等功能,并且可以通过微信公众号等渠道进行查询和支付。这一系列操作都大大减少了排队等待时间,并提高了服务质量。

【案例 5-22】 药房管理系统促进医疗事业发展

案例之二是深圳市第二人民医院智能药房管理系统。该系统通过与药房配送机器人相结合,实现了自动化配药、配送等功能。这样既提高了配药速度,又避免了人工操作可能出现的失误。总的来看,医院管理信息化已经成为医疗行业中不可或缺的一部分。通过实现医院管理信息化,可以提高工作效率,降低运营成本,并且还能够提高服务质量和促进医疗卫生事业发展。

第六节 数字科技在文化艺术等领域的应用场景

一、数字科技诠释文化魅力、赋能优秀传统文化

数字科技是当今世界的一个重要发展方向,它可以为传统文化注入新的活力和魅力。随着数字科技的不断进步和应用,我们有更多机会去了解、学习和欣赏优秀传统文化。

(一)数字科技如何诠释文化魅力

(1)虚拟现实技术是一种通过计算机生成虚拟场景,并通过特殊设备(如 VR 眼镜)来模拟人类感官体验的技术。在虚拟现实环境中,人们可以身临其境地感受到历史事件、传统建筑等各种文化元素所带来的独特魅力。例如,在博物馆中使用虚拟现实技术,游客可以穿越时空,亲身参与到历史事件中,更加深入地了解历史背景和文化内涵。

(2)人工智能是一种智能型计算机系统,它可以模仿人类思维方式进行学习和创造。利用人工智能技术,我们可以让计算机系统更好地理解和解读传统文化,从而更好地呈现其独特魅力。例如,在音

乐领域中,人工智能可以模拟出不同风格的音乐作品,使得我们可以更加深入地了解传统音乐的内涵和特点。

(3)增强现实技术是一种将数字信息叠加到真实场景中的技术。通过使用 AR 眼镜或手机等设备,观众可以看到真实场景与数字信息相互交织、融合的效果。利用增强现实技术,我们可以为传统文化注入新的元素和活力。例如,在博物馆中使用增强现实技术,游客可以在展品上看到数字化的介绍和历史背景等信息。

(二)数字科技如何赋能优秀传统文化

(1)数字化保存:数字科技为优秀传统文化提供了一种全新的保存方式。通过数字化保存,我们可以将珍贵的文物、手稿等重要资料进行保护和存储,这样也方便公众进行学习和了解。同时,数字保存也能够帮助我们更好地保护和传承优秀传统文化。

(2)互动体验:数字科技可以为优秀传统文化注入新的元素和活力,使得它更加生动、有趣。通过互动体验,观众可以更好地了解和体验传统文化。例如,在博物馆中使用虚拟现实技术,游客可以身临其境地感受到历史事件、传统建筑等各种文化元素所带来的独特魅力。

(3)创新发展:数字科技为优秀传统文化提供了一个创新发展的平台。通过数字科技,我们可以将传统文化与现代科技进行结合,创造出更具有时代性和艺术性的作品。例如,在音乐领域中,利用人工智能等技术,我们可以创造出更加个性化、多样化的音乐作品。

【案例 5-23】 **"百万数字文化场景体验计划"的实施**

2023 年 9 月 7~8 日,2023 世界显示产业大会在成都隆重举办,以"显示无处不在,创享未来世界"为主题,展示全球数字文化等显示产业最新创新技术和应用成果,"文化＋科技"为千行百业赋能。"百万数字文化场景体验计划"的实施,在推动企业高质量发展的同时,更要助力国家文化体验体系建设,通过数字化手段让优秀文化内容走进大街小巷,走进千家万户,助力全民文化自信。未来,期待更多合作伙伴加入,通过融合创新讲好千行百业的故事,并向世界讲好中国故事。

二、数字艺术融科技之力、展艺术之美

数字艺术与科技的结合是当代艺术观念革新的一大趋势。随着科技的不断进步和发展,数字艺术已经成为一种全新的艺术形式,其独特性和创意性也得到了广泛关注。数字艺术融合了许多前沿科技,如人工智能、虚拟现实、增强现实等,这些科技为数字艺术提供了更多的可能性和创造空间。在本文中,我们将探讨数字艺术融合科技之力所展现出来的美(图5-9)。

图 5-9　首届上海数字艺术国际博览会

首先,数字艺术与人工智能相结合可以创造出更加独特和个性化的作品。其次,虚拟现实技术为数字艺术带来了更加真实逼真的展示效果。最后,数字艺术与增强现实技术相结合也可以带来更加丰富多彩的展示效果。

【案例5-24】　　　数字艺术在沉浸与互动中体验美

不少数字艺术作品能够突破空间限制,从画布延伸至周围环境中,以平日难得一见的呈现方式和尺寸,产生超越现实的魅力,使展览实现多维呈现、动态叙事。例如,在湖南美术馆展出的"天趣画境——齐白石沉浸式数字光影艺术展"上,齐白石老人的《万竹山居图》从二维平面幻化为三维空间,竹林、木桥等实景与数字技术生成的飞鸟、溪水融为一体,使观众得以真切感受到齐白石笔下的家乡之

美。如图 5-10 所示"天趣画境——齐白石沉浸式数字光影艺术展"现场（湖南美术馆供图）。

图 5-10　数字艺术在沉浸与互动中体验美

【案例 5-25】　"数智融合"闪耀杭州亚运会——亚运数字火炬手

2023 年 9 月 23 日在杭州举办的亚运会，既是一次体育盛会，亦是一场数智科技盛宴。早在亚运会筹办过程中，杭州便将人工智能、云计算、数字孪生、5G、移动支付、无人驾驶、元宇宙、裸眼 3D 等最新技术应用其中，先后落地 200 多个项目，如数字烟花和数字火炬手等。其中，杭州成功打造了亚运史上覆盖区域最广、参与人数最多、持续时间最长的线上火炬主题活动。开幕式上，首创性推出的"亚运数字火炬手"（图 5-11）更是吸引了 1.05 亿人参与。其背后凝聚了 Web 3D 互动引擎 AI 数字人、云计算、区块链等多种最新技术。上亿名"亚运数字火炬手"来自 130 多个国家和地区。

图 5-11　"亚运数字火炬手"点燃火炬

三、数字影像艺术

数字影像艺术是指利用计算机技术和数字化媒介创作出来的各

种类型的影像作品。数字影像艺术包括但不限于电脑动画、虚拟现实、互动装置等多种形式。通过数字影像技术，创作者可以呈现出更加细致精美、多样化和个性化的视觉效果，并且可以根据不同观众需求进行定制化呈现。数字影像艺术是一种新兴的艺术形式，它将数字技术与影像艺术相结合，创造出了更加丰富多彩、独特而又具有时代感的作品。数字影像技术在我们的身边随处可见，我们平时所看到的影视、动画都是通过数字影像技术制作而来。

数字影像艺术是一种充满活力和创新精神的新兴艺术形式。随着科技不断进步和应用，数字影像艺术也会不断创新和发展，并且会为我们带来更加美妙、奇妙、惊奇的视觉盛宴。

【案例5-26】 通过数字和艺术展望美好未来

2023年6月17日，由中央美术学院创办，中央美术学院城市设计学院、中央美术学院美术馆承办，以"通过数字和艺术展望美好的未来"为主题的AI时代的数字影像艺术节在京成功举办（图5-12）。在新时期科技迭代背景下，数字影像艺术节致力于引领数字影像艺术的前瞻方向，研究范围涉及经济、文化、社会、生态等诸多领域，整合包括科学、哲学、文学等学科与艺术的跨界融合，将动画、影像、绘本、游戏、交互及未来媒体相融合，倡导艺术形式的多元、复合、多维度发展，开拓数字影像艺术的新方向。

图5-12 数字影像艺术节

四、交互媒体艺术

(一)什么是交互媒体

交互媒体艺术是一种结合了科技与艺术的新型艺术形式，它将传统的视觉、听觉等单向感官体验转变为多维度、多感官的交互式体验。交互媒体艺术作品通常需要观众参与其中，通过触摸、声音、光影等方式与作品进行互动，从而创造出一种全新的沉浸式艺术体验。交互媒体艺术具有多感官体验、双向交流、动态变化、跨学科性等特点。现在，交互媒体艺术已经成为一个独立的艺术门类得到了越来越多人的关注和认可。它不仅可以提供一种新型的娱乐方式，还可以帮助人们更好地理解科技与艺术之间的关系，探索数字时代下的文化创新。

（二）交互媒体的发展

交互媒体艺术起源于 20 世纪后期。随着计算机技术和数字媒体技术的发展，交互媒体艺术开始进入人们的视野。最早的交互媒体艺术作品可以追溯到 20 世纪 60 年代，当时美国电子音乐家 John Cage 和 David Tudor 合作创作了一部名为"Variations Ⅶ"的音乐作品，观众可以通过电子设备对音乐进行控制和改编。此后，越来越多的艺术家开始尝试将科技元素引入他们的创作中。随着计算机和网络技术的不断发展，交互媒体艺术也得到了更广泛的应用和推广。现在，在博物馆、艺术展览、音乐节等各种文化场所，都可以看到交互媒体艺术作品的身影。这些作品通常使用计算机程序和传感器技术，将观众的行为和反应转化为艺术作品中的元素，从而创造出一个动态变化的艺术空间。

【案例 5-27】　　　　　　　**"混沌"沉浸式世界**

《"混沌"沉浸式光空间》是艺术家赛罕在中国电子科技大学 UPTEAM 工作的时候独立创作的。万事万物都会有一个初始的状态，从无到有，从无序到有序，迭代完善，交互更替，后来发现了"混沌"这个词，试着利用声音、光、线条构成，让观者能够清晰、沉浸地进入这个混沌的世界中去，试着去探索和研究一下人类文明的初始形态。

第七节　数字化在消费中的应用场景

一、实体商场(店)与网上购物并存

随着数字时代的到来,越来越多的人开始选择在网上购物,这让实体商场面临着前所未有的挑战。但是,实体商场是否会消失呢?答案并不是那么简单。实业兴邦,实体店不会消失,实体店与网上购物并存。

首先,实体商场与网上购物存在差异。虽然现在很多商品都可以在网上购买,但是有些商品需要亲自去店里试穿、试用或者观察。例如服装、鞋子、家具等。

其次,在某些情况下,顾客希望能够直接与销售人员沟通交流,获得更专业的建议和服务。一是这些需求是无法通过网上购物满足的。二是实体商场为消费者提供了一种社交和娱乐方式。与朋友一起逛街、品尝美食、看电影等,这些都是在网上无法替代的活动。实体商场也经常组织各种活动和促销活动,增加了消费者的参与感和乐趣。三是实体商场对于品牌形象和营销至关重要。实体店铺可以展示商品的质量、设计和风格,并通过陈列设计和装饰来吸引消费者。

最后,实体店铺还可以提供更好的售后服务,例如退换货、维修等,这些都是网上购物无法替代的。实体商场也在积极转型和创新。越来越多的实体商场开始采用数字化技术,例如 AR/VR 技术、人脸识别技术等,为消费者提供更加个性化和便捷的购物体验。同时,一些实体商场也开始向多元化和综合化方向发展,例如加入影院、娱乐设施、健身房等。

用发展的眼光来看,未来 6G 的到来,一些没有特色的实体店肯定要消失,但有新意的实体店不但不会消失,估计会更火爆。因此,在数字时代下,实体商场面临着巨大挑战和机遇。虽然网上购物给实体商场带来了冲击,但是它们并不会完全消失。相反,随着社会经济的发展和人们生活水平的提高,大家对于品质、服务和娱乐的需求将会变得更加强烈。因此,在未来的竞争中,那些能够满足消费者需求、创新转型并保持品牌形象与营销优势的企业将会获得成功。下面简单分析数字时代对实体商场的影响。

【案例 5-28】　　　　　统计显示:网络零售保持快速增长

2023 年 1～5 月,全国实物商品网上零售额达 4.81 万亿元,同比增长 11.8%,占社会消费品零售总额的比重为 25.6%,网络零售保持快速增长。在数字时代下,网购已经成为主流。这表明,实体店面遭受压力。由于网购的便捷性和价格优势,实体店面面临着巨大的竞争压力。很多消费者开始转向网上购物,而不再像以前那样频繁地去实体店面逛街购物。

二、数字时代让消费更文明

随着数字时代的到来,人们的生活方式和消费习惯也发生了很大变化。数字技术的普及使得人们可以更加便捷地获取信息和进行在线交易,同时也为文明消费提供了新的机遇和挑战。

(1)数字技术推动信息透明度。在过去,消费者对商品或服务的质量、价格等信息了解不足,容易受到商家欺诈或误导。但是,在数字时代,消费者可以通过互联网查询相关信息、查看商品评价等方式更全面地了解商品或服务的情况。同时,政府部门也可以通过公开透明的数据发布平台提供有关企业信用、产品质量等数据,以帮助消费者做出更明智的选择。这种信息透明度不仅有利于保护消费者权益,还有助于推动市场竞争和企业自我管理。

(2)电子支付促进安全便捷消费。在传统购物中,现金支付存在被抢劫、丢失等风险;而银行卡支付则需要排队等待刷卡操作,效率较低。但是,在数字时代,电子支付已经成为一种更加安全、便捷的支付方式。消费者可以通过手机或电脑等设备进行在线支付,不仅省去了排队等待的时间,还能够有效避免现金被盗抢或丢失的风险。同时,电子支付还可以记录交易信息,方便消费者查询和管理自己的消费记录。

（3）社交媒体推动公众监督。在数字时代,社交媒体成为人们获取信息和表达意见的重要途径。消费者可以通过社交媒体平台发布对商品或服务的评论、评价和投诉,向更广泛的公众传递有关商家行为和产品质量等信息。这种公众监督机制有助于促进商家自我约束和提高产品质量,也能够引导消费者更加理性地选择商品或服务。

（4）数字技术推动绿色消费。随着环保意识的普及,越来越多的消费者开始注重环境友好型产品。在数字时代,企业可以通过在线销售平台将环保产品直接推向消费市场,并且利用大数据分析技术了解消费者需求和反馈。同时,政府部门也可以通过数字技术建立绿色供应链管理系统、发布环保标准等方式,引导企业生产环保产品和采取环保措施。

（5）数字技术推动个性化消费。在传统购物中,商家往往按照一定的标准进行生产和销售,难以满足不同消费者的个性化需求。在数字时代,企业则可以通过大数据分析技术了解消费者的兴趣、喜好和需求,从而推出更加个性化的产品和服务。这种个性化消费模式不仅能够提高消费者满意度,还有助于商品的差异化竞争。

在数字时代,科技与文明相结合可以为人们带来更多便利和实惠,并且推动文明消费成为一种社会共识。然而,在数字时代也需要注意防范网络欺诈、信息泄露等安全问题,并且加强对于数字鸿沟问题的关注。只有在全面推进数字化发展的同时,积极应对相关问题,才能让数字时代真正成为文明消费的时代。

三、虚拟货币会崛起吗

虚拟货币是指由互联网技术支持的数字化货币,它们不属于任何国家或地区,而是由网络社区共同管理和使用。随着互联网技术的快速发展和全球经济的变化,虚拟货币已成为一个备受关注的话题。虚拟货币是一种通过互联网进行交易的数字化货币,其主要特点是去中心化、匿名性、可编程性和无法逆转性。它们不受任何国家或地区监管,也没有实体形态存在。虚拟货币可以用于购买商品和服务,也可以作为投资品种(图 5-13)。

图 5-13 虚拟货币

虚拟货币最早出现在 20 世纪 90 年代,在当时被称为"网络游戏代币",主要用于在线游戏中购买装备和道具等虚拟物品。2009 年,比特币诞生了,这是一种基于区块链技术的去中心化数字加密货币。自此以后,越来越多的虚拟货币开始涌现,并得到了广泛的应用和认可。

虚拟货币具有去中心化、匿名性、可编程性、无法逆转性等特点。因此,在进行虚拟货币交易时,需要非常小心谨慎,确认交易信息的准确性和真实性,以避免发生不必要的损失。同时,应该保持警惕,防止各种网络诈骗、欺诈等风险。

随着数字经济的快速发展,虚拟货币作为数字经济的重要组成部分,已经逐渐成为人们投资的新选择。虚拟货币作为一种数字资产,区别于实体货币,在未来的发展前景和投资机会方面,有着巨大的潜力。虚拟货币已全面崛起,逐渐成为数字时代的新金融趋势。

第八节 数字技术赋能基层治理应用场景

一、当基层治理遇上数字技术,会产生什么火花

基层治理是在乡镇(街道)和城乡社区的日常公共事务应对过程中,基层党组织、政府、社会组织、个人等主体,在党组织的领导下以协同合作的方式有效调处公共事务、实现公共利益最大化的过程。基层治理以维系社会秩序为核心,通过政府主导、社会多方参与,协调社会关系、规范社会行为、解决社会问题、化解社会矛盾、促进社会公正、应对社会风险、保持社会稳定等方面,为人类社会生存和发展创造既有序,又有活力的基础运作条件和社会环境,促进社会和谐。以数字技术融入基层社会治理,不断改善基层民生水平,成为新时代发展的趋势。《中华人民共和国国民经济和社会发展第十四个五年规划和2035年远景目标纲要》明确提出,以数字化助推城乡发展和治理模式创新,这为新时代推进基层治理数字化转型指出了明确的方向。

【案例5-29】 智能"迭代"、睦邻更友好

在建设大型睦邻社区,推动多元主体协同治理的探索之路上,社区数字化升级,智能化"蜕变"是热议的话题。筑起一道安全屏障、打通一条便利之路……数字化升级为社区带来诸多优势,更推动着社区治理"微循环"走向科学化和精细化。上海江湾镇街道首先对第一市民驿站进行数字化升级,将市民驿站从线下搬到线上,通过智慧驿站数字中台,连接各智慧应用及驿站环境管理硬件,达到了驿站数字化互联互通,为社区居民打造了一个绿色、安全的环境。不仅如此,市民驿站的数字化升级,也丰富了驿站功能化场景,增强了民生获得感,真正把幸福送到居民"家门口"。同时,街道还考虑到了社区的"老宝贝"和"小宝贝"。市民驿站结合"一老一小"友好社区建设,通

过智慧环境、智慧医养和智慧娱乐三大板块为"一老一小"提供实时、快捷、高效的智能化服务,并利用代际互动和邻里互动,为社区"一老一小"宝贝们,消除代沟,让他们都能更好地融入社区生活。

二、数字技术赋能乡村线上便民服务

乡村治理是国家治理的基石,推进国家治理体系和治理能力现代化,须先补齐乡村治理的短板。党的二十大报告提出"完善网格化管理、精细化服务、信息化支撑的基层治理平台"。当前,我国已经进入数字社会快速发展阶段,乡村治理的方式也随之发生变革。现代乡村治理体制离不开科技支撑,构建乡村共建共治共享的社会治理格局需要引入数字化手段。"互联网＋"、大数据、5G、AI识别等新技术在提高乡村治理网格化、精细化、信息化等方面具有突出优势。

推动村级基础台账电子化,开展信息化管理,完善村级综合服务站管理服务平台业务板块,优化客户端应用功能,简化办事流程是线上便民服务的主要内容。推动"互联网＋政务服务"向乡村基层延伸,简化审批烦琐程序,促进"跨域通办""马上就办",普及一体化多功能证卡打印机,促进发证、领证等手续便捷化。整合为民服务窗口,运用数字技术,归并多个"业务窗口"为一个"综合窗口",推行"一门式办理""一站式服务",让农民群众从"线下跑路"转变为"云端数据传输",实现农民群众办事"最多跑一次"。运用数字技术,推进在线社会心理健康、医疗咨询问诊、婚姻家庭指导、公共文化宣传等各项服务集成,精准对接农民群众实际需求。

【案例5-30】　　　　医保"网上办",便民快捷

2023年6月17日,国家医保局发布了《关于实施医保服务十六项便民措施的通知》,针对医保关系转移接续、异地就医直接结算、医保信息查询、医保电子凭证就医(无卡就医)购药等百姓办理医保业务的堵点问题,依托数字赋能,简化手续、精简材料、压缩时限、创新服务模式,为群众提供更便捷、更优质、更高效的医保服务。

三、数字空间，治理村庄"空心化"

随着城镇化推进，农村大量青壮年劳动力外出务工，多数村庄呈现"空心化"现象，乡村治理主体流失。数字空间作为乡村治理实体空间的延伸，一方面可以突破原有时空限制，将多元治理主体重新汇聚在同一治理空间中，使分散在外地的村民能够及时了解和掌握更多有效信息，并针对村庄公共事务进行议事协商，拓展村民自治的广度和深度，充分保障个体知情权和参与权；另一方面，数字空间承载的社会交往功能，能够强化村民的集体认同感，增强在外务工青年对村庄的情感联结和价值归属感，唤醒乡村社会记忆，塑造村民的村庄共同体意识。

【案例 5-31】　　　京城一杯水、半杯源赤城（图 5-14）

河北赤城县是北京重要的水源涵养功能区和饮用水源地。云州乡位于赤城县北部，辖 29 个行政村和 68 个自然村，是赤城县地域面积最大的乡镇。近些年，随着农村青壮年劳动力大量外流，农村人口结构失衡，住宅人走屋空，许多村落成为空心村。这不仅影响了乡村人居环境、造成农村土地资源浪费，也极大制约了农村经济发展。在实现乡村振兴的道路上，如何有效治理空心村，成了一道必答题。

图 5-14　京城一杯水、半杯源赤城

第九节　建立数字时代新秩序

一、何为数字时代新秩序

数字时代的新秩序、新业态、新模式以数字技术创新应用为牵引,以数据要素价值转化为核心,以多元化、多样化、个性化为方向,是经产业要素重构融合而形成的商业新形态、业务新环节、产业新组织、价值新链条,是关系数字经济高质量发展的活力因子,具有强大的成长潜力。

随着新一轮科技革命和产业变革的深入发展,数字全球化在为全球经济发展提供新动能的同时,也带来了数据安全、数字鸿沟、个人隐私、道德伦理等一系列新挑战。如何搭建公平、包容、高效的全球数字治理框架,共同应对全球性数字问题,对数字新时代的全球发展和安全至关重要。

二、数字经济持续提速也面临发展新难题

数字经济是数字社会中数字时代新秩序的重要组成部分。全球主要国家数字经济发展持续提速,同时也面临发展新难题。

(一)全球主要国家数字经济发展持续提速

全球各国正在加快推动数字经济重点领域发展,在数字技术与产业、产业数字化、数据要素等领域积极抢抓发展机遇:欧盟在《数字欧洲计划》统一体系下,多主体协同推进公共/行业数据空间建设;美国依托云基础设施优势,面向数据流通进行产业转型升级;日本以点破面,通过指导现有基础设施向数据流通服务方向转型发展数据空间;中国加强行业数据空间应用牵引,开展行业龙头与初创企业产业生态培育。全球数字经济独角兽企业稳步发展,2022年,全球数字经济独角兽企业达1032家,较上年增加10家,产业数字化独角兽企业

较上年增加 16 家,整体进入深化应用阶段。

【案例 5-32】　　　　**2023 全球数字经济大会主论坛**

2023 年 7 月 5 日,2023 全球数字经济大会主论坛在北京召开。中国信息通信研究院发布《全球数字经济白皮书》显示主要国家数字经济发展持续提速。总体来看,2022 年,美国、中国、德国、日本、韩国等 5 个世界主要国家的数字经济总量为 31 万亿美元,数字经济占GDP 比重为 58%,较 2016 年提升约 11 个百分点;数字经济规模同比增长 7.6%,高于 GDP 增速 5.4 个百分点。产业数字化持续带动五个国家数字经济发展,占数字经济比重达到 86.4%,较 2016 年提升2.1 个百分点。从国别看,2016~2022 年,美国、中国数字经济持续快速增长,数字经济规模分别增加 6.5 万亿美元、4.1 万亿美元;中国数字经济年均复合增长 14.2%,是同期美中德日韩五国数字经济总体年均复合增速的 1.6 倍。德国产业数字化占数字经济比重连续多年高于美中日韩四国,2022 年达到 92.1%。截至 2023 年 3 月,全球5G 网络人口覆盖率为 30.6%,同比提高 5.5%。人工智能产业平稳发展,2022 年全球人工智能市场收入达 4500 亿美元,同比增长17.3%。

(二)全球主要国家数字经济发展面临发展新难题

以国际社会“互动能力”的“增进”为尺度,世界的“缩小”是全球化最为显著的特征。数字经济的建设也应如此。然而,2023《全球数字经济白皮书》显示数字经济发展持续提速主要发生在部分主要国家,而大部分不发达国家的数字化转型、数字经济成效仍有待继续发展。在 2023 全球数字经济大会上,行业和企业专家为破解数字经济发展新难题、促进数字经济发展建言献策。他们认为:①随着技术变革加快,传统的治理体系、机制和规则都面临巨大挑战;②随着 AI 大模型深入应用,算力、数据、安全等新需求、新问题相继出现;③智能工具的广泛使用加剧了数据泄露风险;④借助 AI 大模型赋能千行百业,有利于解决数字经济发展中的痛点问题。比如,互联网公司拥有海量用户,同时数据和算法不断迭代,需要大量的算法工程师和维护人员支持,由此产生很高的成本。如何使用人工智能基础设施解决高投入、低收益问题,引发智谱 AI 思考;⑤全球产业数字化转型进入规模化扩张和深度应用阶段,具体到我国工业领域。目前,国内工厂在向智慧制造转型的过程中,数字化技术已深入设计、排产、物料运输、生产控制等环节,以及产品和服务的整个生命周期。

三、数字时代新秩序——Worldcoin 的独特视角

在数字时代的浪潮中,众多创新者纷纷提出了各自的解决方案,人工智能技术的发展一直在各个领域引起了轰动。其中,一款名为 Worldcoin 的项目又引发广泛关注。该项目是由不仅满足于已有成就的 OpenAI 创始人 Sam 于 2020 年策划、创立的一个颠覆性的项目——加密货币领域的 WorldCoin。

WorldCoin 旨在构建一个全球化、公平、普惠的开源金融协议。据麦肯锡全球研究院的报告,目前全球有超过 44 亿人无法合法验证其身份或无法通过数字方式验证其身份。WorldCoin 的愿景是创建一个全球最大且公平的数字身份和数字货币系统,通过扫描人的虹膜来实现身份认证,并已扫描了数百万人的虹膜。

WorldCoin 的设计包括三个组成部分:全球身份 ID（WorldID）、全球货币（WorldCoin）、承载身份 ID 与货币的钱包（WorldApp）。这三者可以与 WorldCoin 的 Token、其他数字资产以及传统货币进行交互,完成支付、购买和转账等操作。

WorldCoin 项目正在测试阶段,已于 2023 年上半年主网上线,该消息标志着这个项目正迎来新的爆发期。虽然该创新项目仍需面对一些质疑和挑战,但毫无疑问,Worldcoin 是目前非常具有潜力的创新项目之一。

Worldcoin 将为其提供技术支持和创新解决方案,打造安全可靠的数字交易平台,推动全球加密与元宇宙项目的发展。

四、风起于青萍之末——2023中国城市的"数字新秩序"

数字城市正成为我们生活与工作的新秩序、新理念、新环境以及新境界。新数字、大智慧"定调"中国的各行各业，也定调城市新秩序。

【案例 5-33】 上海推进数字城市建设

谈及智慧城市和数字城市新模式、新业态、新成就，上海是当仁不让走在最前沿的城市之一。如上海市长宁区推进数字城市建设，基本形成新一代信息基础设施体系、数据资源利用体系、信息技术产业体系和普惠化应用格局，打牢数字养老、数字安防、数字教育等各方面应用示范、相关工作为"一网通办""一网统管"以及"两网融合"平台建设奠定了坚实的数据底座。

五、元宇宙——数字社会的未来图景

不同于信息传递和数据储存空间的屏幕阅读时代，元宇宙赋予了虚拟人即"数字原著民"在网络空间中的主体性特性（图 5-15）。这些"数字原著人"可以通过合作、交往、交易等行为形成社会关系，这意味着元宇宙构建和重塑既区别于现实社会又依托于现实社会，它建立了一种新型虚拟空间的社会关系。

图 5-15 从数字孪生到元宇宙

随着虚拟现实、人工智能、区块链等技术的迭代发展，元宇宙的发展可能远远超过人们预期，作为未来社会数字化转型的主要场景之一,元宇宙可能会为社会进步、经济发展、个体创造带来前所未有的巨大影响。

中国"十四五"规划和2035年远景目标纲要对于数字社会建设图景作出了展望,提出了"加快数字社会建设步伐""适应数字技术全面融入社会交往和日常生活新趋势,促进公共服务和社会运行方式创新,构筑全民畅享的数字生活"的总目标,一幅数字社会的未来图景正徐徐展开。

数字社会将是什么样子?民生便捷、普惠包容、文化绚烂的数字社会正在乘"数"而来。

第六章

数据流通

▶▶▶▶▶▶

　　在数字化时代,数据(Data)就像新的石油,已成为一种全新的资源,它的流通给社会经济、科技发展以及人们的生活都带来了深远的影响。简单来讲,数据流通就是数据的产生、收集、存储、处理、分析和使用的全过程,它像血液一样流动在社会的各个角落,为社会的发展提供源源不断的动力。然而,真实的数据流通远比想象的数据流通要复杂得多,因此在建设数字中国的过程中,党中央提出以"推进技术融合、业务融合、数据融合,实现跨层级、跨地域、跨系统、跨部门、跨业务的协同管理和服务"的"三融五跨"为指导,全面构建政府"五跨"数据治理体系,发布了《2021中国城市数据治理工程白皮书》;2022年底,又出台"数据二十条",从数据产权、流通交易、收益分配和安全治理等四个方面加快构建数据基础制度体系;2023年初发布了《数字中国建设整体布局规划》等政策、条例、文件或制度。

　　在大数据国家战略背景下,数据流通的发展更是拥有市场和政策的双重机遇。本章将从数据流通的重要性开始阐述,梳理数据治理和数据交易的工作现状,分析我国在数据流通方面的优势和所面临的挑战,最后提出数据安全问题,并结合现状给出关于保障数据安全的措施建议。

第一节　数据流通乃数据经济的核心

一、数据社会的基础是数据经济

数据作为一种新型生产要素，其重要性不亚于土地、劳动、资本和技术。它的出现为人民生活带来了前所未有的便利，也为各行各业的发展提供了强大的动力。数据社会的基础就是以这些数据为中心，让数据驱动社会，它将数据的收集、处理、分析和应用作为社会运行的重要方式。在这样的社会中，数据经济自然成为其基础。

数据经济的出现，标志着人们已经进入了一个新的经济时代，这是一个以数据为核心资源的时代，数据在这个时代中的价值无法估量。伴随着互联网的普及和深化，大数据技术的发展，数据的收集、处理和分析的能力被不断提高，整个社会的生产模式、交付方式、生活体验和管理决策能力都在向"数据社会化"演进。数据能够平等地被社会各层面使用，打破物理疆界，渗透到社会生活的每个角落，进而驱动虚拟世界与现实社会间的生态交互，让社会资源能够在同一平台上被重新整合、共享和使用，最终实现全部的社会应用价值。

二、数据经济的核心是数据流通

大数据（Big Data）最迷人的地方在于"数据外部性"——同一组数据可以在不同的维度上产生不同的价值和效用。通过维度的增加，数据的能量和价值将被层层放大。数据可以以最低限度的边际成本被"复制"。

互联网时代，最著名的网络效应评估方法是梅特卡夫定律。可能有人会问，梅特卡夫是谁？简单来说，他先发明了以太网，然后创办了3COM公司，生产并销售网卡。他在推销网卡时，对客户解释说：买网卡的成本随着时间是线性增长的（N），但网卡构成的网络价值则是呈指数级增长的（N2）。这也就是说，一个网络的价值和这个网络节点数的平方成正比。现在这个定律也成了互联网经济的基石。

那么，数据经济的基石又是什么？答案毋庸置疑：数据的流通。数据流通不仅包括数据的交易和交换，同时也包括数据的开放和共享。数据的顺畅流通将有效降低创新门槛，带动移动互联网产业、大数据产业及数据服务产业等新兴产业的发展，成为数据经济的引擎。

三、数据流通的概念

数据流通又称为数据要素流通，是指数据在不同的环节中经过采集、存储、加工、传输和应用，从而实现数据的高效共享和互通的过程。数据流通可以帮助企业实现高效协作、提高决策效率、优化服务体验等。同时也可以帮助个人获取更多的信息和资源、更好地利用资源来实现个人目标等。数据流通需要保证数据的高质量、安全性、可靠性和合规性等要求，同时需要运用现代信息技术手段对数据进行加工分析和处理，以提高数据的价值和应用效果。

随着形式的不同，流通的过程有时叫共享，有时叫开放，还有的时候叫交易。用专业的语言来说就是，数据流通是指数据脱离了原有使用场景，变更了使用目的，从数据产生端转移至其他数据应用端，优化了资源配置，成为释放数据价值的重要环节。

数据流通实际上就是实现数据市场化，而数据要素市场化的痛点主要表现为难以资产化、融合化、商品化和合规化四个方面。从资产化来看，由于数据资源标准不统一、数据质量不达标，导致数据归集难；从融合化来看，面临多元主体不愿供给，以及供给侧缺乏统一的融合标准；难以商品化是指缺乏针对场景需求的数据商品和缺乏合格、合法、合规的数据商品；难以合规化表现为场内交易规模较小、场外交易难以监管。此外，由于涉及数据权属、个人信息保护、流通合规性、估值定价、质量评估等一系列容易出问题的地方，数据流通竟然变得敏感起来。近年来,数据流通的市场随着概念炒作而火,随着网络安全法的诞生而万马齐喑,随着买卖个人信息入刑而成为唯恐避之不及的烫手山芋;也随着各地配套政策公布而破冰,随着新技术产品投入使用而回暖。数据流通在一些垂直行业已经取得了一些突破进展,却也会被一两个判罚案例搞得乍暖还寒。也正是因此,数据流通市场成为大数据市场里一个独特而又奇怪的领域,相信数据流通产业终将成为大数据产业下半场最值得骄傲的宠儿。入之愈深,其进愈难,其成果也将更璀璨。

四、数据流通的环节

在平时的日常生活中,数据就像一个无所不在的小精灵,无时无刻不在人们周围飞舞,成为我们生活和工作中不可或缺的一部分。数据流通环节,也被誉为数据的"血脉",它贯穿于数据的产生、收集、处理、存储、分析、应用等各个环节,是数据价值实现的关键。只有经过有效的流通和处理,数据才能转化为有价值的信息或知识。例如,大数据技术就是通过收集、整理和分析海量数据,从而发现其中的规律和趋势,为企业决策提供依据。

五、数据流通的现状与隐患

(一)数据流通的现状

数据和土地、资本、劳动力等生产要素一样,只有流通才能发挥作用。现阶段我国数据流通分为共享、开放、开发利用三个阶段,前两个阶段在政府主导下正在基本实现,"破除数据孤岛,让信息多跑路,让百姓少跑腿"。第三个阶段在初步解决"数据在成为新的生产要素的情况下怎样让它流通起来"。早在"十三五"期间,数字经济提速中国经济发展,已上升至国家战略高度。"十四五"规划提出,加快数字化发展,建立数据资源产权、交易流通、跨境传输和安全保护等基础制度和标准规范,推动数据资源开发利用。

总的来讲,目前数据流通的发展与预期差距较大、数据流通的引爆点尚未到来、数据开放方面遇到的困难不少。从数据交易方面来看,数据的流通还有很大的提升空间。目前的数据流通市场仍未被引爆。

(二)数据流通的隐患

在收获数据红利之前,需要正视数据流通带来的新问题和新挑战,具体包括:数据的使用会不会侵犯用户隐私? 数据的流通是否安全? 数据会不会被滥用? 数据权属和分配机制的安排,是不是能有效激发数据的生产与流转等,这都成为数据流通的隐患。具体如下:

1.数据权属

无法清晰界定。如何定义数据的权利并不是一件容易的事,涉及技术、商业和法律等多方面。在产权不清晰的前提下,拥有数据的主体没有动力将数据分享出去,否则会带来自身利益的损耗。如果无法保护数据产权,数据一旦出售就会面临被无限次倒卖的风险,数据的市场价值也因无限的供给量而骤减。

当前技术条件下,无法清晰界定其所有权和控制权。行业潜规则是"谁采集,谁拥有",企业将客户在其网站和 App 等载体上所生产的数据当成自己的资源,而生产数据者却无法有效控制自己生产的数据。用户每天在各种交易、社交网站和 App 上产生大量的数据——这些都是用户重要的信用资源,但现在却完全无法为用户本人所控制。

2.数据质量

标准不一,良莠不齐。从小数据时代开始,不同来源的数据就各有各的格式。而在大数据时代,由于数据源的千差万别,导致采集的数据在格式与质量上都有很大差别。即使相同格式的数据,也可能存在语意和度量衡的差别,如同形状不一的石块,很难直接垒成摩天大楼。另外,原始数据会有缺漏和错误之处,也可能混有大量无效和垃圾数据,必须使用一些手段进行数据的清洗,否则无法使用。当有一天数据量足够大的时候,也许这两个问题会随之消失。

3. 数据安全

隐私和滥用无法保障。数据安全问题是保障数据权属的核心。数据未经生产主体同意而被采集并使用,甚至流入数据黑市,会造成用户安全、企业安全甚至国家安全方面的连锁反应。但现在数据被私自采集和滥用的现象十分普遍,这反过来导致了很多数据主体参与数据流通的意愿不强。在数据采集、分析技术进步的同时,整个社会角角落落也变得愈发透明,"被监视"的范围被无限扩大。

4. 数据定价

数据价值无法被准确衡量。有了数据权利和保障数据安全这两大前提,数据才能被定价。数据已经被广泛认可为一种资产,具有无形财产和资产的属性。但数据的价值应如何准确衡量呢?对于数据价值的财务量化,已有机构提出需要从数据的内在价值、业务价值、绩效价值、成本价值、市场价值以及经济价值等维度考虑,涉及数量、范围、质量、粒度、关联性、时效、来源、稀缺性、行业性质、权益性质、交易性质、预期效益等多方面因素,只有通过衡量各个因素的权重配比、不同的指标量级,才能实现对数据资产的全方位、标准化评估。目前数据资产进入资产负债表还不太可行,数据定价尚无成熟的方法。通常来说,定价时主要的依据有两个:一是根据效用,即数据使用的频率,从分析结果逆推数据的渊源,从而量化各方数据对结果的贡献度;二是根据稀缺性,即根据数据价值的密度以及历史价格的稀缺性进行定价。还有学者提出了应用博弈论、人工智能等方法对数据资产进行评估的观点,但是都不能很好地解决数据价值量化的问题。

【案例 6-1】   **我国数据要素市场**

2022 年底,国家出台"数据二十条",从数据产权、流通交易等四方面加快构建数据基础制度体系;2023 年初,《数字中国建设整体布局规划》发布,强调畅通数据资源大循环;组建国家数据局,统筹推进数字中国、数字经济、数字社会规划和建设等。

随着顶层设计的持续完善，我国数据要素大市场正逐步落地、加快布局中。截至目前，全国已成立 48 家数据交易机构，数据资产评估、登记结算等市场运营体系加快建设中，数据采集、存储、应用等领域专业化企业快速发展，数据要素产业体系初步形成。在深圳数据交易所，自成立以来，已推出 1500 多个数据产品。

同时，我国数据要素产业生态逐步健全，已发布 33 项大数据领域国家标准，数据要素流通标准体系逐步建立。广东、天津等多地探索建立"首席数据官"机制，加快培育数据管理人才。建设成立 12 个大数据领域国家新型工业化产业示范基地，产业集聚效益持续激发。

随着各地加快探索数据流通新模式、创新场景应用，数据要素价值的持续释放正成为推动经济高质量发展的新动能。根据网信办发布的《数字中国发展报告（2022 年）》显示，2022 年，我国大数据产业规模达 1.57 万亿元，同比增长 18％；数据产量达 8.1ZB，同比增长 22.7％，占全球数据总产量 10.5％。数据资源供给能力和流通应用创新不断提升，数据要素正成为劳动力、土地、资本、技术之外最先进、最活跃的新生产要素。

第二节　数据治理

一、数据治理的概念

在当今的信息社会，数据已经成为人们生活和工作中不可或缺的一部分。每一次的点击、浏览、搜索，甚至是购物和出行记录，都会生成大量的数据。这些数据的价值在于它们可以被分析和利用，帮助我们更好地理解世界，预测未来，优化决策。然而，随着数据的爆炸式增长，如何有效地管理和利用这些数据，又成为一个重要的问题。因此，数据治理的概念应运而生。

数据治理（Data Governance），简单来说就是对数据的全面管理和控制，是组织中涉及数据使用的一整套管理行为。它包含了数据的获取、存储、处理、分发和使用等各个环节。数据治理的目标是确保数据的质量、安全和有效利用，以满足组织的业务需求和法规要求。

国际数据管理协会（DAMA）认为，数据治理是对数据资产管理行使权力和控制的活动集合；国际数据治理研究所（DGI）认为，数据治理是一个通过一系列信息相关的过程来实现决策权和职责分工的系统，这些过程按照达成共识的模型来执行，该模型描述了谁（Who）能根据什么信息，在什么时间（When）和情况（Where）下，用什么方法（How），采取什么行动（What）。

数据治理的核心是数据质量。只有高质量的数据，才能支持高效、准确的决策。因此，数据治理需要建立一套完整的数据质量管理机制，包括数据清洗、校验、标准化等步骤，以确保数据的准确性、完整性和一致性。因此，在进行数据治理时需要满足八大原则：统一性，可扩展性，安全性，经济性，先进性，技术稳定性，标准性和开放性。

企业多年来积累下来的数据质量问题，要想彻底全面的解决同样是一个非常繁重的工作，周期长且成绩很难显现。急于求成或者力求一步到位很容易出现半途而废的情况，因此制定一个好的数据治理策略是相当重要和必要的。建议：循序渐进、先治标后治本等是解决顽疾的最佳方案，具体可包括：领导支持、项目立项、找"痛点"、方向确定好、确定原则、框定范围，最后选择最合适的治理工具。

二、数据治理的内容

数据治理以"数据"为研究对象，主张在确保数据安全的前提下，建立健全规则体系，理顺各方参与者在数据流通各个环节的权责关系，形成多方参与者良性互动、共建共享共治的数据流通模式，从而最大限度地释放数据价值。由中国科学院院士梅宏主编、中国人民大学出版社出版的《数据治理之论》对数据治理进行了较为系统的探讨,首先分析了数据治理的重要意义。然后界定数据治理的主要内容,即坚持战略思维,构建良好的数据治理生态体系;坚持辩证思维,处理好虚拟与现实、安全与发展、保护与开放、法治与伦理、自由与秩序的关系;坚持创新思维,探索引入新型数据治理理念;坚持底线思维,守好国家安全、产业发展、个人权益三个底线,切实保障国家安全和人民权益。之后,探索了多学科视角研究数据治理的可行途径,建议选择法学、经济学、管理学、政府信息资源管理以及数据科学的视角,用各自学科原理和方法研究数据治理问题。开展数据治理的理论探索和实践创新,有利于全面释放数据价值,助力数字经济发展,赋能国家治理体系和治理能力现代化。

三、数据治理之"困""道""术"

在以数据为核心的数字化转型大趋势下,切实做好数据治理工作,深挖数据价值、释放数据潜能,加快推进数字化转型,推动数据经济实现高质量发展,需要全面洞察数据治理之"困"、掌握数据治理之"道"、实施数据治理之"术"。

(一)数据治理之"困"

首先,数据中存在信息孤岛,导致很多数据不能用。在数据治理过程中,普遍存在不愿意、不敢、不能共享的问题,导致很多数据散落在不同的机构和信息系统中,形成一个个"数据烟囱"。

其次,数据质量不高,不好用。

再次,融合应用困难,不会用。因为数据来源多、体量大、结构各异、关系复杂。

最后,数据治理体系还需要完善,很多机构不善于使用数据。现在一些从业机构为了商业利益,不顾规定,过度采集数据、违规使用数据、非法交易数据等问题很常见。

【案例 6-2】　　　　手机应用过度采集数据

某些 App 和网站规定,如果用户不授权提供手机号、通讯录、地理位置等信息就无法继续使用和浏览,这实际上是通过"服务胁迫"来达成"数据绑架"。

(二)数据治理之"道"

首先,要依法合规,保障数据安全。数据是个重要的生产要素,所以相关机构要始终恪守的底线就是确保数据安全。在数据治理过程中,可不能因为要开展跨部门数据融合应用就突破现有的法律法规和监管规则,得保护好数据主体的隐私权,不能受到侵害。

其次,数据中心职能要完善。各数据中心的 IT 设施和人才资源要充分利用起来,构建"1 个数据交换管理平台＋N 个数据中心(数据源)"的数据架构格局。制定实施统一的数据管理规则,实现数据的集中管理。

再次,数据使用要规范。要消除掉因为信息"所有权让渡"造成"事权转移"的顾虑,规范数据使用行为,严格控制数据的获取和应用范围,确保数据专事专用、最小够用、未经许可不得留存,杜绝数据被误用、滥用的情况。

最后,源数据管理要明确唯一主体,保障数据完整性、准确性和一致性,减少重复收集造成的资源浪费和数据冗余。同时,建立数据规范共享机制,提升数据利用效率和应用水平,实现数据多向赋能。

(三)数据治理之"术"

做好的、最顶层的设计,把数据规划整理好。这包括三个方面:一是把组织架构弄得更加优化,二是把应用机制弄得更加完善,三是构建一个标准体系。

把数据管理得更好,就要建立健全的治理体系。这包括三个方面:一是做好数据资产管理,二是做好数据分级管理,三是做好数据共享管理。

加强安全管控,保护好数据。要遵循"用户授权、最小够用、全程防护"的原则,充分评估潜在风险,严格把好安全关口,加强数据全生命周期安全管理,严防用户数据的泄露、篡改和滥用。加强科技的支撑作用,把数据应用得更好。数据治理的核心环节是数据应用,要从算力、算法、存储、网络等维度加强技术支撑,切实增强数据应用能力。

【案例 6-3】 数据管理法律

2021 年 6 月 10 日,《中华人民共和国数据安全法》经十三届全国人大常委会第二十九次会议表决通过,于 2021 年 9 月 1 日起正式施行。随着《数据安全法》的出台,我国在网络与信息安全领域的法律法规体系得到了进一步的完善。《数据安全法》明确数据安全主管机构的监管职责,建立健全数据安全协同治理体系,提高数据安全保障能力,促进数据出境安全和自由流动,促进数据开发利用,保护个人、组织的合法权益,维护国家主权、安全和发展利益,让数据安全有法可依、有章可循,为数字化经济的安全健康发展提供强有力的支撑。

四、数据治理与数据市场

(一)提升数据治理能力,撬动数据要素市场

数据要素市场是数据流通交易、场景对接和价值实现的重要媒介,完善优化数据治理是促进数据要素市场发展的基本前提,提升全社会数据治理能力至关重要。

纵观全球数字经济发展,在人工智能、区块链、大数据等新技术迭代更新、迅猛发展的同时,无人驾驶、共享经济等新业态竞相涌现,使得全球数据海量聚集呈爆发式增长,数据流增速超过全球贸易流、商品流和资金流,推动全球数据治理进入深度变革调整期。在此背景下,深层次研判分析数据治理的痛点、难点,提出应对之策,对加快推动数据要素市场发展意义重大。

（二）数据治理面临多重因素制约

从某种程度上来看,数据治理能力是数据要素市场发展的必要保障。没有数据治理,将无法获取高质量的数据,无法确保数据的安全,数据要素市场更无从谈起。数据治理对数据要素市场培育具有不可替代的重要作用。然而,现阶段数据治理仍面临多重问题,主要表现在如下三点:

首先,数据流通受到了很多阻碍,导致数据市场很分散。这是因为数据中心之间的连接不够、数据流通机制不完善,以及大家不太愿意分享数据。在我国,很多行业都存在这个问题,导致数据无法很好地被利用和开发。要解决这个问题,还需要付出很多努力。

其次,关于数据制度方面,现在还存在很多漏洞。目前,我们正处于数据市场的初级阶段,相关的管理制度和规定还不够完善。在数据开放共享、授权运营、交易和跨境流通等方面,都没有明确的规则和标准。这就导致了数据市场比较混乱,很多事情无法得到规范。

最后,我们在数据技术方面也有很多不足之处。虽然近年来国内在这方面的创新能力有所提升,但大多是基于国外开源产品的二次开发,缺乏原始创新。要改变这种局面,需要找到突破口,形成自主可控的大数据技术架构,提高自主研发能力,这样才能为数据市场的安全提供保障。

（三）多措并举发展数据要素市场

为解决数据治理的诸多问题,首先要建立一个多主体参与的数据治理格局,把政府、个人和企业都拉进来,让大家都能参与进来,这样才能更好地推动数据治理的发展。

其次,还需要完善数据治理的基础性制度。比如,在数据的所有权、价值评估等都还不清楚的情况下,会导致市场无法正常运行。所以,我们需要制定一系列的规则,明确各个主体的权利和义务,让市场能够规范运行。

最后,还要加强技术攻关,保证数据治理的安全性。目前,数据治理工作还有很多需要人工完成的地方,这不仅效率低,而且容易出错。所以,我们需要研发一些自动化、智能化的技术工具,来帮助我们更好地进行数据治理,同时也能保证数据的安全性。

五、国家核心数据的治理

(一)国家核心数据的治理困境

在数字时代,数据的管理和保护面临着巨大的挑战,特别是国家核心数据的治理,更是充满了困境。国家核心数据,即涉及国家安全、经济、科技、社会等重要领域的数据,是国家的生命线。对这些数据的有效管理和保护,对于维护国家安全,推动社会经济发展具有重要的意义。

首先,数据的收集和管理成本高昂。随着科技的发展,数据的收集和管理需要大量的技术和人力资源。然而,这些资源的获取和维护成本都非常高昂,这对于国家核心数据的治理是一大困境。其次,数据的安全性问题突出。网络攻击、数据泄露等问题频发,给数据的安全性带来了严重的威胁。尤其是对于国家核心数据,一旦被非法获取或者滥用,可能会对国家安全造成严重影响。再次,数据的隐私保护问题也不容忽视。在数据收集和使用的过程中,如何保护个人隐私,防止数据被滥用,是一个极其重要的问题。然而,这一问题的解决需要在法律、技术、道德等多个层面进行,难度极大。最后,数据的所有权问题也是一个棘手的问题。

(二)国家核心数据的治理思路

1.革新治理理念

要找到安全和发展的平衡点。既要保证国家核心数据的安全,也要让其他数据自由流动。要把国家核心数据控制在合理范围内,建立一套严谨的国家核心数据识别和退出机制,别让这些数据的范围变得太大,否则那些不是国家核心的数据就难以在市场上自由流动。

行政管理的目的是保障数据的自由流动,但管理得太严格反而会损害非国家核心数据的自由流动。因此,应该把行政效率作为评价国家核心数据治理的标准,这样既可以保障国家安全,又可以促进数据的开放利用,实现双赢。

2. 健全数据体制

可以用"规定+组织"两个维度来构建国家核心数据的治理机制。

第一,我们要建立多元化的立法体系。一方面,从上到下,我们得推动国家核心数据的立法工作。另一方面,我们还得硬法和软法一起实施,就像是数据行业的组织对于数据安全行为规范和团体标准等软法在国家核心数据治理中起到的作用一样,都不能忽视。最后,公法和私法要相互配合。国家核心数据治理除了有《数据安全法》《网络安全法》《国家安全法》等公法保障外,还需要《民法典》等私法的协助,比如在构建数据目录、管理数据跨境流动、设立数据交易制度等方面。

第二,我们还要建立协作高效的治理组织体制。为了解决国家核心数据"九龙治水"式的治理难题,中央和地方可以在网信部门设立一个国家核心数据治理的协作组织,专门负责相关统筹工作。这样就可以让各个部门更好地协同合作,提高治理效率。

3. 建构保障机制

建构激励机制。一方面,可以通过优化政绩评估指标体系,来增强国家核心数据治理要素的指标比重,激发公权力机关建构数据主权治理新秩序的积极性。另一方面,应支持行业组织参与国家核心数据的开发利用技术和数据安全标准体系建设,采取多种方式探索国家核心数据开发利用技术。

建构利益协调机制。一方面,中央和各地的公权力机关要定期对数据目录、数据识别、数据转化与利用等国家核心数据治理事务展开磋商,并依此达成共识性规则。另一方面,要构建政府主导、多方参与的国家核心数据治理体系,厘清政府、行业组织、企业等在国家核心数据要素市场中的权责边界,确保多方利益充分保障。两方面工作的合力,既要切断以保护国家核心数据为由阻碍政务数据共享和利用的部门利益链条,又要发挥国家核心数据在数字经济市场的促进作用。

六、数据治理还需要注意的其他问题

(一)把握数据要素治理的三个"着眼点"

数据治理得确保数据安全,促进发展,鼓励创新。首先,得确保数据安全,这是数据流通交易的基础和底线,也是开展数据交易的首要条件,更是在贯彻落实总体国家安全观。其次,我国的数据要素市场正在快速发展,这时候实施数据安全治理制度,得处理好安全和发展之间的关系。最后,培养数据要素市场,既不能过分严格,也不能过于宽松。要找到一个平衡点,才能让市场既安全又充满活力。

(二)反对数据造假,倡导诚实经营、公平竞争

刷单、刷量、刷分、刷好评这些造假手段,就是弄虚作假,掩盖真相,让人们难以看到真实的情况。这样下去,会让受众做出不客观、不理性的判断,就像被骗了一样。那些造假的人,会更加猖狂,让数据造假变得更加严重。所以,我们要治理这种造假行为,倡导诚实经营、公平竞争,让大家都能看到真实的情况,做出理性的判断。

(三)反对数据霸权,提升数据安全治理能力

信息时代,在数据作为重要生产要素、社会财富和战略资源的背景下,西方某些国家奉行"数据霸权",充当全世界的"数据警察",在数据开放流动与保护封锁中大搞双重标准、唯我独尊。我们应坚持总体国家安全观,警惕数据霸权主义,不断提升数据安全治理能力,

捍卫数据主权,推进涉外法治。

(四)反对数据垄断,多元施策综合治理

作为新型生产要素,数据已快速融入生产、分配、流通、消费和社会服务管理等各个环节,深刻改变着我们的生产方式、生活方式和社会治理方式。但是,随着竞争节奏加快、"赢家通吃"涌现和信息壁垒初现,以消除竞争为目的的并购、算法共谋和大数据"杀熟"等数据垄断行为时有发生。新修订的《中华人民共和国反垄断法》中新增加的第九条对数据垄断做出了明确规定。数据垄断到底反什么?怎么反?这需要结合数据竞争特点,多元施策综合治理,以便更好、更快实现数字经济规范健康发展。

(五)数据治理需要加强政策与技术协同、各方交流合作

数据治理就是管理数据的整个生命周期,包括收集、传输、存储,还有怎么处理数据、怎么用数据,直到数据消亡。在这个过程中,不仅要管好数据本身,还要管好处理数据的算法和数据分析的结果怎么用。数据治理不仅要管好数字化、网络化和智能化三个阶段,还要管好每个阶段涉及的政策、技术和产业等多个方面。所以,数据治理很复杂,需要多方面协同合作。首先,要加强政策和技术的研发。其次,要关注数据从生产到流通的每个环节,让政府、企业、学校、科研机构、用户都参与进来,构建一个好的数据生态。最后,还要做好各国之间的比较分析,看看我们的规则跟其他国家有什么不同,看看怎么才能找到一个大家都接受的解决方案。这样,我们才能更好地进行数字经济治理的国际交流与合作。

(六)面临全球数据安全治理的新变化、新挑战

进入数字时代后,数据安全的风险和影响越来越广泛,对政治、科技、经济和社会等方面都有不好的影响。因此,全球都需要更加重视数据安全治理,并且采取行动来应对这个挑战。实现数据价值的最大化往往需要很多不同类型的数据汇聚、流动、处理和分析,在这

个过程中涉及的各种要素和方面也需要得到有效的管理和治理。全球数据安全治理正在经历一些新的变化和特点,从被动到主动,从单一到多元,从静态到动态,从竞争到竞合。这些变化对全球数据安全治理提出了新的挑战和要求,需要凝聚共识,推进体系建设,提升国家治理能力等方面的工作。同时,数据技术的快速发展和数据增量的不断提升也增加了达成全球数据安全治理共识的难度。此外,治理制度供给不足与制度规则间的异质性也增加了全球数据安全治理机制构建的难度。因此,我们需要加强国际合作,共同应对数字时代的数据安全挑战。

第三节　数据交易

数据只有通过交易才能体现价值。2021 年 11 月 25 日,上海数据交易所揭牌成立,全球数商大会在沪召开,《上海市数据条例》于同日颁布,这一系列实践被视为是推动数据要素流通、释放数字红利、促进数字经济发展的重要举措,有望引发全国数据要素市场的新一轮发展。

一、数据交易的概念、特点和主体

(一)数据交易的概念

(1)交易:在法学学科中交易近似于"买卖行为",买卖双方达成协议,一方通过出让某物以换取另一方支付的对价,各取所需,实现资源的流转。

(2)数据:根据《数据安全法》第三条第一款的规定,所谓数据,是指任何以电子或者其他方式对信息的记录。

(3)数据交易:根据《数据安全法》,对数据交易的简单理解就是:不同主体之间达成合意以有偿或无偿的形式,将自己以一定形式掌握或控制的任何以电子或者其他方式对信息的记录,进行价值交换以满足不同主体需求的行为。数据交易一般是指以数据作为商品进行分类定价、流通和买卖的行为，它将有效发挥数据价值，实现从数据资源到数据要素到数据资产再到数据资本的转变。

（二）数据交易的特点

数据交易的对象是无形的、非实体的，因此可由多主体同时对其实现非排他性的占有和支配。又由于数据交易的主体、客体以及交易时间，相较于其他有体物的交易更灵活自由。总体而言，数据交易具有隐蔽性、无形性、灵活性、即时性以及非排他性的特点。

（三）数据交易的主体

目前，我国数据交易中主要涉及三方主体，分别是数据提供方（主要包括数据开源方与数据来源代理方）、数据接受方和数据交易平台，不同的数据交易主体扮演着不同的角色。其中，数据提供方和接受方大多数都是以营利为目的的商业主体，主要以有偿的方式提供和接受商业市场数据。

目前，我国数据提供方与接收方多为央企、国企、科研院所和高校等研究机构，真正有数据需求的商业主体，主要是企业，但它们还未真正参与进来。

交易平台则是为数据交易双方提供服务的交易渠道，属于数据交易的"中介机构"（图 6-1）。并且大部分数据交易平台仅为交易双方提供所必需的一系列服务而不实际存储和处理数据，即仅仅对数据进行简单的脱敏处理。

图 6-1　杭州数据交易所揭牌环节

(四)我国数据交易的模式

1.按业务模式分类

我国的数据交易按业务模式可分为直接交易模式与第三方交易模式。

直接交易模式是指数据交易双方自己寻找交易对象,进行原始数据合规化的直接交易。显而易见,数据直接交易风险较高,市场准入、交易纠纷、侵犯隐私、数据滥用等环节的"无人管理"现象频频发生,并且极易产生非法收集、买卖、使用个人信息等灰色及不法数据交易产业。

第三方交易模式是指数据供求双方通过大数据交易所或者数据交易中心等第三方数据交易平台进行的撮合交易,数据交易平台以第三方的身份为数据提供方和数据需求方提供数据交易撮合服务。例如,贵阳大数据交易所(图 6-2)、上海数据交易中心等政府主导建设的第三方数据交易平台。目前,数据第三交易场所运行现状是供需双方只是通过平台来接触客户,但交易过程本身并不依赖平台,这也是现行大量数据交易中心都未向社会披露数据交易的动态和数量等信息的原因。

图 6-2 贵阳大数据交易所

【案例 6-4】 数据交易所

2015 年 4 月 15 日,全国第一家大数据交易所——贵阳大数据交易所批准成立,开启了国内数据交易的历史。在之后的武汉、哈尔滨、江苏、西安、广州、青岛、上海、浙江、沈阳、安徽、成都等地的大数据交易所或交易中心也如雨后春笋般纷纷冒了出来。

2021年11月25日,上海数据交易所揭牌成立,聚焦数据确权难、定价难、互信难、入场难、监管难等关键共性难题,形成系列创新安排。设立当日,数商体系、数据交易配套制度、全数字化数据交易系统、数据产品登记凭证、数据产品说明书的五大"全国首发"为破解数据交易"五难"问题理清了方向。

截至2023年8月,全国已成立48家数据交易机构,提供了大量的数据交易服务。数据资产评估、登记结算等市场运营体系加快建设;数据采集、存储、应用等领域专业化企业快速发展,数据要素产业体系初步形成。在深圳数据交易所,自成立以来已推出了1500多个数据产品。

2. 按交易产品的类型分类

可分为数据集市型交易与数据加工服务型交易。

在数据集市型交易模式中,数据交易机构以交易粗加工的原始数据为主,不对数据进行任何预处理或深度的信息挖掘分析,仅经过收集和整合数据资源后便直接出售。很多交易所或交易中心在发展初期都是以这种交易模式为基本发展思路。

数据加工服务型交易模式是数据交易商业化中较为成熟的一种方式。互联网龙头企业不用直接进行数据交易,而是将其掌握的数据资源与其行业、市场优势进行结合,通过自己开放数据平台等模式来提供数据服务。简而言之,数据交易机构不是简单地将买方和卖方进行撮合,而是根据不同用户需求,围绕大数据基础资源进行清洗、分析、建模、可视化等操作,形成定制化的数据产品,然后再提供给需求方。从各地实践效果来看,大部分数据交易机构经过多次探索之后,会选择提供数据增值服务的交易模式,而不是基础数据资源的直接交易。例如,阿里巴巴数据交易平台聚焦金融、电子商务、人工智能、生活服务、交通等领域的数据交易服务,百度的 API Store 提供设计开发、运维管理、云服务、App 推广、数据服务等 5 个范畴的服务。

【案例 6-5】　　　　　　　数据交易产品

2021 年 11 月 25 日,上海数据交易所揭牌成立,并达成了部分首单交易。上海市数据交易所的产品类型包括三类:数据集、数据服务和数据应用。数据集指数据资源经过加工处理后,形成有一定主题的、可满足用户模型化需求的数据集合,比如双语对照平行语料、卫星数据、行业报告等。数据服务是指数据资源经过加工处理后,可为用户提供定制化服务,满足其特定信息需求的数据处理结果,一般是通过网络通信接口提供数据。数据应用是指把数据资源经过软件、算法、模型等工具处理,或经过工具处理后可提供定制化服务,从而形成的解决方案。

二、数据的确权、仲裁、交易

(一)数据确权

数据确权意为确定数据的权利属性,其包含两个层面,第一是确定数据的权利主体(产权),即谁对数据享有权利;第二是确定权利的内容,即享有什么样的权利。从这两个层面看,数据从产生到消亡的整个生命周期中,主要涉及四类角色,即数据所有者(即拥有或实际控制数据的组织或个人)、数据生产者(数据的提供方)、数据使用者(使用数据的组织或个人)和数据管理者(由数据所有者授权进行数据管理的职能)。

须知,数据要成为资产,必须有一个明确的权属主体。从会计的角度,没有明确的数据权属,数据资产永远也进入不了企业的财务报表。从法律的角度,没有明确的数据权属,数据滥用的问题将无法解决。从数据的管理和使用角度,没有明确的数据权属,数据的质量问题将无法溯源、无法解决。任何东西要实现交易,首先都需要确权,数据同样如此,只有明确了数据的权属,才能对数据进行估值,之后才是交易和流通。数据确权是保护个人数据安全的重要手段。

数据在流动中产生价值已经成为共识,但是流动的数据面临的第一项挑战便是确权。数据归谁?利益如何合理分配?流动产生的风险又该如何治理?数据确权仍面临挑战,诸如难以确定数据主体、数据要素确权成本较高、识别和追踪数据要素的侵权行为较为困难、数据要素市场化体系建设尚不完善以及跨领域合作不足等问题,并且对于不同企业、不同行业难点不一。

(二)数据认责

权利和责任是并存的,在享有数据权益的同时需要对数据负责。在企业数据资产管理实践中,所谓的数据认责,更多的是指"谁对数据的质量属性负责"!通常,企业中数据的所有者、生产者、使用者、管理者都是比较容易识别的,但是一旦出现数据质量问题,在追责问责的时候,它就常常会变成一个部门之间或业务与 IT 之间相互推诿的问题。

(三)数据仲裁

数据仲裁是解决公民、法人和其他组织之间发生的数据资产合同纠纷和其他财产权益纠纷的一种办法。

仲裁数据化是数字技术广泛应用的时代趋势,其既是仲裁基于效益提升、制度趋同和增强治理能力等需求作出的选择,也得益于各国和仲裁机构在仲裁跨域竞争中为博取优势而作出的努力。

(四)数据确权、交易、治理的途径

1. 发挥"意见"和"数据二十条"等"举旗定向""定道"的作用,做到"数尽其用"

包括 2022 年 12 月 19 日颁布的《意见》或"数据二十条"等很多是原则性内容,都是"举旗定向"或"定道"或"功能定位"的作用,还要落实成为制度、法规,要具备可执行性,要有案例来引导政策落地。这样才能确定数据的使用权和归属权、对数据进行有效治理,使其在资

源配置过程中"数尽其用"。

2. 只有实现确权、流通和交易后数据才能转变为资产

当前数据作为核心要素资源,虽然具有普遍的使用价值,但资产属性还没有充分体现。只有实现确权、流通和交易后,才会从社会资源转变成可量化的数字资产,后续通过进一步金融创新,演变为生产性的数字资本,真正释放其内在价值。因此,要做好企业数据资产登记工作,对数据资源进行盘点梳理,推动建立企业数据资产报表体系;实现企业数据评估入表,挖掘资产价值等。数据除价值属性外,还有人身属性。"数据二十条"除了数据处理者外,还有"数据来源者",它们可以是个人、企业或法人。

3. 注意个人信息与数据确权的保护关系

《个人信息保护法》明确个人对个人信息拥有知情权、决定权,数据处理者在转移时需重新取得授权,这意味着什么?数据来源者的权利或者数据关联者的权利,高于数据处理者所拥有的持有权、加工使用权、产品经营权。不能简简单单地把数据向资金维度去投射。可建立数据来源者的授权通道机制,在数据产品中保留数据关联对象授权通道,从而对数据产品进行确权,促进流通交易,将数据价值化。

(五)让数据可确权、可流通、可交易,构筑数字经济发展新优势

为充分发挥数据的基础资源作用和创新引擎作用,不断释放数据要素潜能,加快形成以创新为主要引领和支撑的数字经济,助力数字经济迈向高质量发展,国家强调要促进数据高效流通使用、赋能实体经济,统筹推进数据产权、流通交易、收益分配、安全治理,并取得良好的成效。

【案例 6-6】　　　　　　　数据要素产业

在上海,以张江科学城为载体正在打造数据要素产业集群;在福建,大数据交易所去年成立以来带动总产值已超过 42 亿元;在陕西,

已有 20 多个省级部门启动应用政府数据共享平台,探索数据合作新模式。

2023 年 8 月 15 日,上海市政府网站发布《立足数字经济新赛道推动数据要素产业创新发展行动方案(2023—2025 年)》,方案中提出全力推进数据资源全球化配置、数据产业全链条布局、数据生态全方位营造,着力建设具有国际影响力的数据要素配置枢纽节点和数据要素产业创新高地。到 2025 年,数据要素市场体系基本建成,国家级数据交易所地位基本确立;数据要素产业动能全面释放,数据产业规模达 5000 亿元,年均复合增长率达 15%,引育 1000 家数商企业;建成数链融合应用超级节点,形成 1000 个高质量数据集,打造 1000 个品牌数据产品,选出 20 个国家级大数据产业示范标杆;数据要素发展生态整体跃升,网络和数据安全体系不断健全,国际交流合作全面深入化。

尽管存在不同类型企业探路数据治理、确权面临多重挑战,多因素交织,企业数据确权难等问题,但未来的数据确权、仲裁、流通、交易都是有法可依、有据可循,数据交易体系将在多种模式、多个维度下并行发展,未来数据交易市场也会走向标准化、多层次、多样化,未来的数据价值会得到充分的展示、体现和应用。

三、数据的归集、清洗、治理

(一)数据归集

数据归集(Data Merger)是指从多个来源和多种格式的数据源中,在逻辑上或物理上有机地集中收集、提取、格式化、清洗、去重、筛选等预处理,然后将其存储在一个集中的地方以便后续分析、处理和挖掘。在企业数据集成领域,已经有很多成熟的框架可以利用。通常采用联邦式、基于中间件模型和数据仓库等方法来构造集成的系统,这些技术在不同的着重点和应用上解决数据共享和为企业提供决策支持。

数据归集有利于打破信息孤岛,形成数据共享,实现数据的及时性、完整性,打破各个部门之间存在的数据壁垒,通过细化和规范归集数据的相关要求,提高数据的汇聚和辐射能力,强化数据溯源,提升归集数据质量,让数据资源变成有质量、有标准的数据资产,实现数据可信共享。做好数据归集工作,除了提供数据渠道保障、技术支撑外,还得强化责任落实、加强联动配合和严格督导检查。

(二)数据清洗

数据清洗(Data Cleaning)是将数据上"脏"的部分清洗干净,让数据变得干净、整洁、可用。从专业角度来说,对于企业中的数据质量历史遗留问题(数据不一致、不完整、不合规、数据冗余等),通过"数据清洗"能够补充其缺失的部分、纠正或删除其不正确的部分、筛选并清除其重复多余的部分,最后将其整理成便于被分析和使用的"高质量数据"。"数据清洗"的工作主要包括:问题数据的补充、调整,冗余数据的查重、映射。

企业的数据质量问题经过多年的累积,清洗难度较大。要彻底"洗掉"企业存量数据中的"脏数据",且有效避免"脏数据"再次出现、形成污染,必须按照一定的原则和方法开展实施工作:首先,分析存量数据质量,从数据的一致性、完整性、合规性和冗余性等维度。原则上应借助专业的数据分析工具,对企业的全部数据进行质量分析。分析时应借用相关算法进行大数据行为分析,实现结果量化并进行可视化呈现,最终借助外部咨询专家总结问题、提出意见,完成《存量数据质量分析报告》的制作,从而有效指导数据清洗策略、规则等的制定。企业存量数据质量的分析工作是否到位,很大程度上决定了数据清洗改造的成功与否。然后是制定清洗策略,包括根据企业自身实际情况选择不同数据清洗模式、根据数据的不同类型选择有针对性的清洗方法。

数据清洗需要有清洗流程、清洗分工、清洗内容、方法手段等,且具体情况具体分析。数据清洗准备工作完成后,其清洗实施需要通过数据清洗平台组件、依靠一定的技术手段来进行。要注意数据清洗后的业务系统处理,存量数据清洗并产生映射关系后,数据清洗工作并未结束。最终还需要确定被清洗出来的问题数据的归属。有些问题数据还处在使用过程中,直接停用会对业务产生影响。

(三)数据归集、清洗与治理关系

数据归集、数据清洗与数据治理是三个不同的、重要的数据化概念,分别解决不同问题,而且都扮演着重要角色。

数据归集是对各类数据按不同的方式进行规整,等待后续分析、处理、挖掘。

数据清洗是清除数据中的错误、缺失、重复或不一致的数据,是数据分析中的一个重要环节。数据清洗主要解决的是数据质量的问题,包括数据的错误、缺失、重复和不一致等。

数据治理是对数据进行管理,使其保持准确、有用和可信,包括设计和实施数据策略、流程和控制,以确保数据质量得到改善并合法合规地使用。数据治理主要解决的是数据质量和合规性的问题,以及确保数据符合法律法规和公司政策的要求。

数据归集、数据清洗与数据治理是相互联系的。数据归集是第一环节,先有数据归集整理,然后对数据进行清洗,数据归集时也需要数据管理、治理。在数据清洗过程中,我们可能会发现某些数据不符合数据治理规定的质量标准,这时就需要通过数据治理的流程来解决这些问题。此外,数据治理和数据清洗也可能会被集成到数据管理平台或数据仓库中,以便更加有效地管理和清洗数据。

【案例6-7】　　　　机场的数据治理工作

长沙机场是4E级民用国际机场,中国十二大干线机场之一。长沙机场智慧机场部联合中兵智航公司,引入数据管理成熟度国际标准,开展机场全岗位、全业务流程梳理及数字化建设评估,涉及12个部门、972个工作流程,对数字化阻塞点进行全面梳理和盘点,构建80个指标模型,共享591项数据,梳理6362项数据资源,逐步建立起机场核心数据资产体系,实现数据驱动的智慧治理、数据决策。长沙机场航班预计到达时间精准度从原有的 15 分钟缩减至 3 分钟;航班调时效率为原来的 9 倍,每日预计为工作人员节约 1 小时的工作时间。

四、数据驱动业务决策

数据驱动决策是指根据目标收集数据,从洞察中分析模式,并利用它们提出策略。企业的成长、业务的发展、产品的迭代离不开数据做指导,尤其是当前阶段,互联网红利消失,增量时代已经过去,存量时代到来。企业需从"业务经验驱动"向"数据量化驱动"转型,从以往的主观分析和预判变成基于存量的数据分析和精细化运营。在第四次工业革命期间,企业所做的决策必须有符合企业目标的事实和数字作为支持。这是数据科学的本质。

(一)数据驱动业务决策的时代已经到来

"大数据"一词已在大众日常生活中屡见不鲜。那么,怎样才能利用好这些数据,帮助我们做决策更明智呢? 比如,在商业增长、提高经济实力这些大事上,怎么用大数据来帮忙呢? 尤其对于企业来说,数据真的越来越重要了。直觉有时候可以帮我们做出决策,但更多时候,还是需要依靠数据来支持我们的决策,这样才能够确保管理报告、业务运营、决策部署这些事儿能稳稳当当地进行。

(二)数据驱动的业务决策真的会决定公司成败

数据在决策中的重要性在于一致性和持续增长。它使公司能够创造新的商机、获得更多创收以及预测未来趋势。数字世界处于不断变化的状态,并且要与周围不断变化的环境一起进步,这就要求我们必须利用数据来制定更明智、更强大的数据驱动型业务决策。

【案例 6-8】　　　　数字驱动提高效益

麻省理工学院斯隆管理学院教授安德鲁·迈克菲和埃里克·布

林约尔夫森曾在《华尔街日报》的一篇文章中解释说,他们与麻省理工学院数字业务中心一起进行了一项研究。在这项研究中,他们发现在接受调查的公司中,以数据为主要驱动力的公司生产率提高4%、利润提高6%。

(三)数据如何驱动业务决策

大数据的真正价值在于数据驱动决策——通过数据来做出的决策,要优于常规决策。当你的想法有更多的证据(即数据)来支持业务决策时,这一点当然听起来不错,但是如何让这个想法真正落地,是一件非常不容易的事。有些公司给出了数据驱动决策的六大步骤:得到尽可能多的数据、制定可衡量的目标、确保每个人都能使用数据、雇佣数据科学家、挑选合适的数据分析工具、让数据的优先级更高。有些资料从业务指标、产品指标、流程指标这三个方面分析了数据如何驱动业务决策。

第四节　数据安全

一、数据安全是什么

《中华人民共和国数据安全法》第三条给出了数据安全的定义,它是指通过采取必要措施,确保数据处于有效保护和合法利用的状态,以及具备保障持续安全状态的能力。数据安全是保护数据不被非法获取、篡改、删除或泄露的能力和措施。数据安全有机密性、完整性和可用性三大要素。

数据安全在计算机和网络技术广泛应用的今天变得尤为重要,因为随着互联网的普及,人们越来越多地使用数字设备进行工作、学习和娱乐,并产生了大量数据。这些数据可能包含个人身份信息、财务信息、商业机密等敏感信息,如果这些信息被黑客攻击、病毒感染、误操作等情况造成泄露,则可能对个人或组织造成严重的损害。因此,数据安全成为企业和个人必须关注和加强的一个方面,需要采取各种措施,如使用加密技术、设置访问权限、备份数据、防火墙等,以确保数据安全。

无论是公司或个人用户的数据,或存放在虚拟计算机环境的云数据库的安全必须通过采取必要措施,确保数据处于有效保护和合法利用的状态。有数据安全才有数据未来。数据量越大,安全保障的重要性就越大,有太多案例已经证明了这一点。在大数据、数字化时代,强化平台数据管理责任,明确数据安全责任人,防范黑客入侵(图 6-3),做好数据安全保障是头等大事。

图 6-3　电影中窃取秘密信息的黑客形象

数据安全问题主要涉及两个方面,即传输过程中的数据安全以及存储过程中的数据安全。在数据传输过程中,我们会利用安全协议来保护数据。在存储过程中,采用密码学技术、访问控制、数据备份等方式来保障数据安全,并可以使用隐私计算技术来实现数据的可用不可见。

【案例 6-9】　　　　　　数字泄露案例

1. 大学生学习软件"超星学习通"被曝数据库信息泄露,泄露数据高达 1 亿 7273 万条,且在境外平台公开售卖。

2. 华为某员工在离职后,利用华为内部 ERP 系统漏洞多次访问机密数据并牟利。对此,从国家到地区到行业各个层面,都对企业数字化转型过程中的数据安全出台了有关的政策。

3. 2022 年 9 月 5 日,国家计算机病毒应急处理中心和 360 公司分别发布了关于西北工业大学遭受美国国家安全局（NSA）网络攻击的调查报告，报告指出，美国国家安全局（NSA）下属的特定入侵行动办公室（TAO）使用了40余种不同的专属网络攻击武器，持续对西北工业大学开展攻击窃密，窃取该校关键网络设备配置、网管数据、运维数据等核心技术数据。

二、数据安全技术

要想真正做到数据安全，在技术更新上要关注以下方面。

（1）加密技术：加密技术是保障数据安全的重要手段。不断更新和升级加密技术，采用更加高效和安全的加密算法和密钥管理机制来保证数据在传输和存储过程中的安全性（图6-4）。

（2）认证与授权技术：认证和授权技术是确保数据访问安全的关键。通过使用更为严格的身份验证和授权机制，确保只有授权用户可以访问数据，并对数据的访问权限进行精细的控制。

（3）安全审计技术：安全审计技术可以对系统操作和数据访问记录进行监测和分析，及时发现和纠正潜在的安全问题。

（4）数据备份与灾难恢复技术：建立完整的数据备份和灾难恢复机制，采用多地点备份和异地容灾等技术手段，以确保数据的可靠性和可恢复性。

（5）威胁情报与安全防御技术：利用人工智能、大数据和云计算等技术手段，构建威胁情报与安全防御系统，及时检测和抵御各种网络攻击和恶意软件的威胁。

图6-4　需要给我们的个人信息加密

三、加强企业数字化转型中的数据安全

近 11 年里,数字经济在国家 GDP 中的占比从 20.9% 达到了 41% 的变迁,数据在我国经济发展中越来越重要。2022 年,国家已将数据列为第五生产要素,数据已经从一个单一要素,发展成为一种新型的战略性资产。为此,国家作出了"数字经济"和"十四五"规划,提出了要加快"数字中国"的建设。无论从国家、行业企业、还是老百姓的生活等不同层面,都要加强做好数字化转型,保障数据安全意义。

(一)企业数字化转型遇到的数据安全风险

从宏观的角度来看,企业数字化转型遇到的数据安全风险,主要有以下六个方面的风险。

这六个方面如果再去细化,主要分为两大块,一块为企业内部的风险,另一块为企业外部的风险。关于企业内部的风险,主要有:数字化安全战略与架构的缺失、数字身份识别与访问管理的缺失、新兴技术可能带来的安全方面的冲击、数字化产生的个人隐私保护及跨境风险、数据安全常态化运营与相应机制的缺失。企业外部的风险主要就两块,一块为外部攻击向大规模数据窃取转变,另一块是触碰到国家对数据安全强监管的红线。

(二)企业如何应对数据安全风险

企业可从以下三个层面应对数据安全风险:

首先,要将数据安全治理作为出发点,从了解自己开始,先去做全方位的自身资产梳理,然后通过数据安全管理制度的建设,数据资产的分类分级,数据安全风险的评估再到数据安全建设规划,打造一套数据安全治理体系。其次可通过以资产为中心,以身份为边界,以风险为界面、"韧性"为理念展开的模式;它不是让我们不遭受风险,而是帮助我们在遭受风险时,能够快速反应,并且快速恢复;在遭受风险后,还能继续进化,从而持续提升自己,以应对更多的风险。最后,我们要以数据安全运营为目标,通过"规范化""流程化""集中化"

"指标化"来实现企业的数据安全长效机制。

(三)在企业数字化转型中,数据安全具体如何保证

在企业数字化转型中,要保证数据的安全,得采取这些关键措施:

(1)制定好数据安全政策:企业得有清晰明确的数据安全政策,包括怎么分类数据、谁有权限访问、数据备份和灾难恢复等。

(2)加密技术:对于敏感数据,企业得用加密算法来保护,确保只有拿到授权的人能看。

(3)管理好访问权限:通过给特定的人和角色分配访问权限,企业要保证只有需要的人能接触到敏感数据。

(4)网络安全防御:企业得有网络安全防御措施,像防火墙、检测系统、反病毒软件等,来防止网络被攻击。

(5)培训员工:企业得给员工提供培训和教育,让他们了解数据安全政策,知道怎么正确处理敏感数据。

(6)检查和审计数据安全:企业得定期检查和审计数据安全措施,确保有效,并及时发现和纠正可能的安全问题。

就是说,企业在数字化转型过程中要保证数据的安全,得综合运用这些技术和措施,确保企业的敏感数据不会被人偷走、篡改或泄露,这样才能保护企业的声誉和利益。

四、数据安全是激发企业创新活力的关键保障

党的二十大报告明确指出,要加快发展数字经济,加快建设数字中国。数据作为推进数字化转型发展的核心要素,是构建国家竞争新优势的战略选择。而数据安全,则是建设安全高效的数据要素市场,激发企业创新活力的关键保障。

今年,随着数据安全政策环境不断完善,数据安全需求侧的建设动力明显攀升,数据安全供给侧的技术产品及服务市场不断释放,供需双侧对接能力持续迭代更新。

【案例 6-10】 数据安全标准体系

中国信通院云大所联合近百家企业共同完成多项数据安全产品、技术、服务标准的编制工作,共完成 44 家企业的数据安全治理能力评估,47 项数据安全产品即服务的评测评估工作。在行业交流方面,成立数据安全推进计划,征集来自电信、金融、汽车、互联网、能源等行业的 300 余个专家成员,共同搭建行业交流平台,丰富行业生态建设。并将从以下四个方面持续推进数据安全工作:一是推进数据安全标准体系的建设,持续开展数据安全技术、产品、服务等方面的标准制定,构建全面多元的数据安全标准体系,促进数据安全产品和技术创新发展。二是推动数据安全评估评测,不断完善可信的数据安全评估体系,为企业、供应商提供第三方评估服务,促进行业数据安全能力建设,推动数据安全产业健康有序发展。三是深化行业数据安全关键问题研究,依托数据安全推进计划,整合业内专家资源,组建行业工作组,对行业领域数据安全关键问题进行分析研讨,梳理最佳实践,赋能行业数据安全高质量发展。四是丰富业内人才交流活动组织形式,发挥品牌引领作用,持续与科研院校、行业组织、企业专家开展学术交流,助力数据安全可持续发展。

【案例 6-11】 数字安全创新能力全景图谱

ISC 2022 数字安全创新能力百强(以下简称"创新百强")正式发布 ISC 2022 数字安全创新能力全景图谱。该全景图谱是从参加本次 ISC 创新百强的 300 余家厂商、600 余份案例中筛选提炼,历经专家评审团针对领域划分、综合创新等标准的探讨研判,致力成为数字安全创新领域的维基百科图谱,向全行业展现出数字安全领域中具有代表性的创新力量。

创新百强(ISC)聚焦时代需求,联合多家数字安全行业权威机构、媒体,对整体数字安全行业的创新领域重新进行了一轮深度梳理,最终凝结为全景图谱中数据安全、安全运营、供应链与应用安全、工业互联网安全、威胁检测与响应、攻击面与资产管理、云安全、零信任、安全访问服务边缘 SASE、流量安全、移动安全、身份安全、密码管理的 14 个领域维度,全面覆盖了数字安全当下的热点技术方向,将有效助力洞见行业未来的发展趋势。

对于全行业的客户来说,该份全景图谱中的创新领域全面覆盖了各类热点数字化应用场景,相当于一整套数字安全知识库。针对数字安全建设中的重重挑战,其可助力客户第一时间感知数字安全各创新领域的最新动向。不同行业客户可以根据自身的个性化需求,在其中寻找到最合适的体系化解决方案,助力为全行业的数字安全建设按下"加速键"。

五、构筑数据安全下的数字技术创新

(一)《数字中国建设整体规划布局》(简称规划)重点解读

2023 年 2 月 27 日国务院印发的《数字中国建设整体规划布局》(简称规划),整篇《规划》大约 2600 字,这是我至今看到的关于数字中国最高指导、最权威的文件。

在《规划》中,国务院明确给出了建设数字中国的意义:"建设数字中国是数字时代推进中国式现代化的重要引擎,是构筑国家竞争新优势的有力支撑。"

《规划》中,制定战略用一句话来总结,"数字中国建设按照'2522'的整体框架进行布局"。第一个"2"说的是两大基础"数字基础+数据资源";第二个"5"说的是五位一体"经济+政治+文化+社会+生态文明";第三个"2"说的是两大能力"数字技术创新+数字安全屏障";第四个"2"说的是两大环境"国内数字化+国际数字化"。

(二)要有自主研发独立权属的数字技术创新体系

《规划》中,对于企业或者创业者来说最直接相关的就是第三个"2"。且《规划》中对此给出了明晰的指导,第三个"2"的意义就是"要强化数字中国关键能力"。

《规划》中的关键能力体现在两个方面,数字技术创新和数字安全。从数字中国角度而言，"数字技术创新和数字安全"是构筑国家竞争新优势的有力支撑，可以说是中国的命脉，没有比这更重要的了。

因此，在技术创新上，要有自主研发独立权属的数字技术创新体系。认清现实才能有自主研发独立权属的数字技术创新体系。

企业所有的硬件设备都需要软件和数字工具来控制，如果软件和数字工具都采用国外的，那就相当于命脉被别人掐住了。当别人以此要挟或者作为谈判条件的话，后果很难想象。目前，在我们国家的大型船只、发电厂等重要基础设施上面，用的还是国外的软件和数字工具（图 6-5），先不要说他们可能会在上面做手脚，就算万一地缘政治紧张，软件和数字工具被勒令停止使用和供应，造成的一系列连锁反应是不可估量的。

图 6-5　专业设计软件

【案例 6-12】　　　　工业软件的"卡脖子"问题

像甲骨文、微软、达索这样的巨型企业从来都不只是一家跨国企业，更是政府一个强有力的政治工具，就像 20 世纪六七十年代，美国运用金融工具收割拉丁美洲的故事一样，后来美国用这一招又席卷了亚洲四小龙。EDA 软件就是制造芯片的核心工具。如果没有专用的 EDA 软件，设计者就无法完成算法，布局，性能测试等一系列工作。目前 Synopsys、Cadence、MentorGraphics 三家美国公司并称为 EDA 三巨头，在全球 EDA 领域的市场份额高达 80％以上，而在中国，他们占据了85％的市场份额。2022年8月，美国商务部工业和安全局颁布了EDA出口禁令，希望借此打压中国芯片设计产业的发展势头。

【案例6-13】　　　　工业软件的泄密问题

2011年，媒体曝出国外知名的三维设计软件SolidWorks中存在严重泄密问题，会将个人计算机上的信息泄露给他人。国家相关部门已通知各军工企业停止使用该软件，以防资料被窃取而可能导致的泄密事件。工信部也下发通知，要求加强工业控制系统信息安全管理。

（三）重视现状：自主研发独立权属的数字技术创新体系还任重道远

独立创新技术的研发当然也没那么容易，在我们国家，大部分的研发主体是一些高等院校和研发机构。直到现在为止，很多高校的研发成果还处于"躺尸"的阶段，技术只有产生经济、市场价值，才算一条完整的技术链条。

很显然，高校或者研发机构对于技术转化成产品或者服务，并不擅长也不愿意做。例如：某985高校一个老师带来500万的赞助，远不如在"自然"上发表一篇文章更有价值，因为985高校就不是一个盈利机构，这个属性注定了只能做理论和研发，搞不了转化。尽管这是个例，但确实不可小觑。

从发现一个技术问题出发，到用技术方案解决技术问题，再到最后技术方案产生技术效果，这个过程叫作研发。但技术效果毕竟还只是从理论层面证明的，具体还需要把技术效果用一个产品的形式展现出来，去解决实际中的问题。从技术效果到产品，再到产品推向市场有人买单，这个过程是社会上的企业擅长的，虽然企业也有独立研发的部分，但把一个产品或一项服务推向市场，企业更擅长。而最关键的是，只有市场有人买单，才能证明该技术确实有需求，而不至于是一种空中楼阁的技术。

　　高校擅长研发，企业擅长市场，就有了产学研的结合。在《规划》中，有这样一段话，可以看出国家对于数字技术创新的决心和态度。"健全社会主义市场经济条件下关键核心技术攻关新型举国体制，加强企业主导的产学研深度融合"。这段话的关键词"攻关新型举国体制"。本质是在说，要从根基上解决"操作系统"完全自主的问题。后面紧跟着一句"企业主导"的产学研深度融合，背后的深意是由于企业直接面向市场，更主要的是"企业更清晰问题的核心关键点"在哪儿。

　　产学研的合作还有一个关键的问题，就是在研发的过程中，沉淀出来的知识产权的归属问题。这是一个比较容易忽视的隐形问题，在《规划》中也提及此问题，并且给出了指导性方案，《规划》中是这么说的："加强知识产权保护，健全知识产权转化收益分配机制。"

　　总之，在技术创新上，既要注重产学研，也要注重知识产权的权属和来源清晰。有高屋建瓴的《规划》，相信在各个行业领域有自主研发独立权属的数字技术创新体系会尽早实现的。

(四)筑牢可信可控的数字安全屏障

　　技术创新属于进攻型策略，数字安全就属于防守型策略，攻守兼备才能长久治安。

　　《规划》中提出，数字安全是筑牢可信可控的数字安全屏障。切实维护网络安全，完善网络安全法律法规和政策体系。增强数据安全保障能力，建立数据分类分级保护基础制度，健全网络数据监测预警和应急处置工作体系。这段话把整个保护的链条全部概括完了，从最初的预警，到分层级的保护，再到提升保障能力，再到健全法律法规和政策体系，防御之盾既完善又坚实。

【案例 6-14】　　　　　　工业控制系统信息安全事件

　　2006 年，伊朗重启核计划，在纳坦兹建立核工厂，安装大量离心机生产浓缩铀。2010 年 1 月，联合国负责核查伊朗核设施的国际原子能机构(IAEA)发现纳坦兹核工厂出现问题，原本预期使用寿命 10 年的 IR-1 型离心机出现大规模故障。后来安全人员发现这些故障是一些计算机软件病毒引起的。该病毒是由美国和以色列的程序员共同编写,其主要功能是针对特定区域范围内,那些安装有 SIMATIC Step 7 或 SIMATIC WINCC 这两种西门子公司专有软件的计算机,通过西门子软件控制离心机频繁启动,从而缩短离心机的使用寿命,伊朗核计划因此大幅推迟。

六、数据安全就是国家安全

当今时代,大数据不仅是重要的生产资源,更是和"枪杆子""笔杆子"一样重要的执政资源,对国家长治久安和综合国力竞争具有极高重要性。

(一)要坚持党管数据、保障数据安全

《中共中央、国务院关于构建数据基础制度更好发挥数据要素作用的意见》中指出:"切实加强组织领导。加强党对构建数据基础制度工作的全面领导,在党中央集中统一领导下,充分发挥数字经济发展部际联席会议作用,加强整体工作统筹,促进跨地区、跨部门、跨层级协同联动,强化督促指导。""数据基础制度建设事关国家发展和安全大局,要维护国家数据安全,保护个人信息和商业秘密,促进数据高效流通使用、赋能实体经济,统筹推进数据产权、流通交易、收益分配、安全治理,加快构建数据基础制度体系。"因此,必须坚持和加强党管数据,进一步健全和完善党管数据的制度机制。

坚持党管数据,一手抓数据开发,一手抓数据安全,是党领导数据治理必须坚持的重要原则。坚持和加强党管数据,必须坚持人民性、安全性、前瞻性的基本原则,从落实主体责任、优化战略规划、健全制度规则、强化安全审查、筑牢意识形态底线等方面持续发力,落到实处。

(二)未来的战争是数据驱动的战争

军事大数据是信息化武器装备的核心,是智能化战争的血液,更是一种极度重要的新型战略性资源。21 世纪以来,美国、俄罗斯、英

国、法国等主要国家持续发力,颁布了一系列军队数字化改革发展规划。如今,军事大数据发展已经进入"深水区",不断催生新战争思维、新战争观念,同时驱动战争在制胜机理、能力生成模式、体系构建方式、武器装备形态等方面发生颠覆性深刻变革。

数据催生"孪生战场":在信息化战场上,数据的作用和地位日渐凸显,某种意义上已经与航母、导弹、卫星等处于同一"位级"。没有数据,以精确制导武器为代表的现代武器装备大部分将变为一堆钢铁。想要构建数字化"孪生战场",打破"数据孤岛"尤为重要。未来战争制胜的因素不再是军舰、战车等武器本身,而是使大数据能够在这些武器之间无缝流转的"孪生战场"。

【案例 6-15】　　　各国军队强力推进现代化转型

美军"第三次抵消战略",以智能化军队、自主化装备和无人化系统为重点,计划在 2050 年全面实现作战平台、信息系统、指挥控制等智能化甚至无人化,形成新的装备"代差",实现真正的"机器人战争"。在新一轮巴以冲突中,以色列利用其人工智能技术优势,融合汇聚多源情报信息与战场数据。2023 年 7 月,以色列国防军使用一款名为"Fire Factory"的人工智能软件,快速组织空袭以及精准投递后勤物资。该软件使用目标数据计算弹药装载量,并将目标分配给战斗机和军用无人机,另外它还能制订时间表,节省大量时间和伤亡。

第七章

数字化改革

　　随着第四次工业革命走向纵深,大数据、人工智能、区块链等新兴技术深刻影响着国家治理、经济发展、人民生活的方方面面。在政府侧主要是建设全国一体化的国家大数据中心,推进技术融合、业务融合、数据融合,实现跨层级、跨部门、跨地域、跨系统、跨业务"一件事一次办",让数据多跑路,让群众少跑腿。在社会治理中,实现智慧城市、智慧商业、智慧医疗、智慧教育等。大力保障和改善民生,让人民群众拥有更多的幸福感、获得感。在企业侧,主要是通过产业数字化和数字产业化来提高企业的决策和管理水平,优化生产流程,降本增效。

　　建设数字中国是数字时代推进中国式现代化的重要引擎,是构筑国家竞争新优势的有力支撑。《数字中国发展报告(2022 年)》指出,2022 年中国数字经济规模达 50.2 万亿元,稳居世界第二,同比名义增长 10.3％,占 GDP 比重提升至 41.5％。各行各业已充分认识到发展数字经济的重要性,围绕数字化赋能实体经济,推动数字技术与千行百业深度融合,促进传统产业转型升级和新兴产业培育壮大。

第一节　数字化改革内涵

一、数字化改革的定义、意义和本质

　　数字化改革是围绕数据这一关键要素,聚焦数据如何汇聚、如何共享、如何应用,着力调整数据生产关系,激发数据要素生产力,构建

数据运营体制机制。有人称其为数字化革命或第四次工业革命或第四次科技革命,也有人称其为数字化转型。

数字化改革的意义不仅仅在具体的场景应用上,更在于推动生产方式、生活方式、治理方式发生根本性、全局性、长期性的改变。

数字化改革的本质从体系架构看,理论体系和制度规范体系成为重大标志性成果的落脚点;从改革内涵看,关键在于实现数字赋能到制度重塑、技术理性向制度理性的新跨越;从改革重点看,战略路径重塑、体制机制重塑、发展动能重塑、组织体系重塑、干部能力重塑等五个维度体现了改革突破的着力点。

二、浙江首发《数字化改革术语定义》地方标准

2021 年 8 月 5 日,浙江在全国首发《数字化改革术语定义》省级地方标准。该标准界定了数字化改革中所涵盖的管理类和技术类的术语和定义。标准中所定义的数字化改革是指围绕建设数字浙江为目标,统筹运用数字化技术、数字化思维、数字化认知,把数字化、一体化、现代化贯穿到党的领导和经济、政治、文化、社会、生态文明建设全过程各方面,对省域治理的体制机制、组织架构、方式流程、手段工具进行全方位、系统性重塑的过程。

该标准对数字化改革语境下的通用基础、路径方法、成果展示、基础设施、数据资源、应用支撑中的整体智治、V 字模型、多跨协同、链、码、在线、一件事、数字社会、城市大脑、未来社区、管理驾驶舱等 59 个术语的定义做了统一规范,适用于浙江省党政机关整体智治、数字政府、数字经济、数字社会和数字法治五大领域、一体化智能化公共数据平台以及相关理论体系和制度规范体系建设。

数字化改革是浙江全面深化改革的自觉行动,是深刻把握新时代改革系统集成、协同高效新特征的全新部署,核心要义是运用数字化技术、数字化思维、数字化认知对省域治理的体制机制、组织架构、方式流程、手段工具进行全方位系统性重塑,是高效构建治理新平

台、新机制、新模式的过程。

三、重庆数字化改革实践路径

(一)改革的总体目标

重庆数字化改革实践提出了数字重庆建设的总体目标,就是运用数字化技术、数字化思维和数字化认知,把数字化、一体化、现代化贯穿到党的领导和经济、政治、文化、社会、生态文明建设全过程各方面,以跨层级、跨地域、跨系统、跨部门、跨业务的高效协同为突破,以数字赋能为手段,以数据流整合决策流、执行流、业务流,推动各领域工作体系重构、业务流程再造、体制机制重塑,从整体上推动市域经济社会发展质量变革、效率变革、动力变革,推进市域治理体系和治理能力现代化。

数字重庆建设的根本目的是深入践行以人民为中心的发展思想,通过丰富拓展场景应用,顺应民心、尊重民意、关注民情、致力民生,致力维护好、发展好人民群众的根本利益,持续提升大家的获得感、幸福感、安全感和认同感。

(二)改革的总体定位

现代化建设中具有乘数效应的关键变量和基础设施,改革攻坚的关键手段,推动市域治理体系和治理能力现代化的重要路径,提升干部适应,并引领现代化能力的大舞台。以数字化引领、撬动、赋能现代化,对传统理念、制度、体系和手段进行全方位提升和系统性重塑,从根本上破除制约迈向现代化的瓶颈和障碍,推动党建统领、推动各领域发展、服务、治理体系和治理能力迈向现代化,不断促进人的全面发展和社会全面进步。

(三)改革的基本方法

数字重庆建设,本质上是对经济社会发展体制机制的系统性重塑,是一项全新的探索实践。经济社会本身是一个开放复杂的大系统,要综合运用现代科学知识体系,集成运用现代化手段来解决传统方式难以解决的复杂问题,最终实现多跨协同、整体智治的能力跃升。

(四)改革的基本路径

按照"一年形成重点能力、三年形成基本能力、五年形成体系能力"的目标,推动各地、各部门、各系统核心业务和重大任务流程再造、协同高效,加快实现市域治理体系和治理能力现代化,形成一批具有重庆辨识度和全国影响力的重大应用,打造引领数字文明新时代的市域范例,将数字重庆建设打造成为现代化新重庆的标志性成果。

2023 一年形成重点能力:一体化、智能化公共数据平台初步建成,数字化城市运行和治理中心实现三级贯通、一体部署,各系统实现重要功能上线运行;初步建立数字重庆建设的内涵、目标、思路、举措、项目等理论体系;初步形成平台技术支撑、业务应用管理、数据共享开放、网络安全保护等制度体系。

2025 三年形成基本能力:基本构建起协同高效的数字化履职能力体系,泛在可及、智慧便捷、公平普惠的数字化服务体系,科学规范的数字化建设制度体系,全方位、多层级、一体化的数字化安全保障体系;形成2~3个具有重庆辨识度和全国影响力的重大应用;数字重庆建设取得创新性、突破性进展,打造智慧之城。

2027 五年形成体系能力:数字化发展水平西部领先;形成数字党建、数字政务、数字经济、数字社会、数字文化、数字法治、基层智治融合发展体系,数字化建设理论体系、制度体系日益完备;市域治理体系和治理能力现代化水平显著提升,建成引领数字文明新时代的市域范例。

(五)改革的重点任务——"1361"整体构架

"1"即一体化、智能化公共数据平台;"3"即三级运行和治理中心;"6"即六大应用系统;"1"即基层智治体系。

1.一体化、智能化公共数据平台

包含一体化数字资源系统(IRS)、渝快办、渝快政。

"四横四纵两端""四横"是一体化、智能化公共数据平台的基础"硬件"支持,"四纵"是规则"软件"保障,"两端"是业务应用的集成入口。"四横四纵两端",构成数字重庆建设的"四梁八柱"。

"四横"即基础设施、数据资源、能力组件、业务应用"四大支撑体系"。"四纵"即标准规范、制度规则、安全防护、工作推进"四大保障体系"。"两端"即"渝快办"和"渝快政"。

2. 三级运行和治理中心

三级运行和治理中心,包括在市区建设城市运行和治理中心,在区县城市运行和治理中心,在乡镇(街道)建设基层治理中心。

3. 六大应用系统

(1)数字党建系统。健全重大任务推进机制,形成纵向贯通、横向协调、执行有力的高效执行链。统筹推进组织建设、群团建设、从严治党、民主法制、安全生产等核心业务数字化,深化重大任务综合集成应用。推进党建统领整体智治综合应用,加快推进重点数字化应用场景。

(2)数字政务系统。完善经济运行监测数字化平台,建设经济调节数字大脑。推行数字化市场监管,优化"互联网+监管"平台。推进数字化城市治理,保障城市运行"一网统管"。加强数字化生态环保,构建生态环境保护数字化发展平台。优化利企便民数字化服务,打造"一件事一次办"套餐服务。

(3)数字经济系统。推进数字技术融合应用,构建产业数字化能力中心,实施制造业数字化转型专项行动,形成产业链"一链一网一平台"赋能生态,新建一批智能工厂、数字化车间,推动农业、服务业数字化转型。做大、做优、做强数字经济核心产业,打造智能网联新能源汽车等数字产业集群,健全数字企业培育机制,培育一批数字经济骨干企业,开展中小企业梯度培育行动。

(4)数字社会系统。推动数字公共服务普惠化,提升智慧教育、数字健康、智慧康养等领域水平。促进数字生活智能化,深入推进数字社区建设,打造智慧便民生活圈,丰富购物消费、居家生活、养老托育、家政服务等数字化场景应用。协同推进城乡数字化,分级分类推进新型智慧城市建设,深入实施数字乡村发展行动。

(5)数字文化系统。拓展数字化思想舆论阵地,推动党的创新理论数字化普及,构建"媒情网情社情"联动闭环处置机制。提升文化事业数字化服务能力,加快公共文化资源数字化,构建市域文明创建体系。增强文化产业数字化创新活力,推动文化旅游数字化发展,培育数字文化新型业态。

(6)数字法治系统。完善政法一体化办案体系,协同推进智慧法院、数字检察、数字警务、智慧司法、智慧监狱、智慧戒毒等应用建设。完善综合行政执法体系,梳理行政监管、行政处罚等执法事项清单,推进执法规范化、标准化、智能化建设。完善法治惠民体系,迭代升级互联网违法和不良信息举报中心、"警快办"等应用。

4. 基层智治体系

完善乡镇(街道)职能配置和运行机制,健全党建统领基层治理"一中心四板块一套网格"体系。打造乡镇(街道)一体化治理智治平台,承接重大应用在基层集成落地。深化乡镇(街道)综合行政执法改革,构建"法定执法＋赋权执法＋派驻执法"的综合行政执法新模式。实施党建统领网格治理专项行动,梳理社区服务、风险管控和安全生产等清单,推动网格全面嵌入县乡村应急体系。

重庆市数字化改革将重点建设"渝快办""渝快政"集成入口,通过建立健全这两个端口的应用编目、贯标、开发、上架、发布、运行、评价机制等,形成具有辨识度的数字重庆集成入口。

(六)改革的特色亮点

数字化城市运行和治理中心是数字重庆建设的基石,抓好数字化城市运行和治理中心,坚持市、区县、乡镇(街道)一体部署,构建全局"一屏掌控"、政令"一键智达"、执行"一贯到底"、监督"一览无余"数字化协同工作场景,打造重庆作为直辖市的最具辨识度成果。

其中,市城市运行和治理中心将围绕"城市大脑"定位,发挥抓统筹、建体系、定标准的作用,依托一体化、智能化公共数据平台,推进全市层面社会治理业务应用集成。区县城市运行和治理中心将围绕"实战枢纽"定位,发挥上下贯通、横向协同、系统集成作用,推动区县层面的数据归集治理和共享交换。镇街基层治理中心将围绕"联勤联动"定位,在乡镇(街道)层面发挥综合集成、条抓块统的作用,实现"以算力换人力、智能增效能",为基层减负赋能。

(七)"一件事"策划应用开发流程

1. 核心业务梳理(图 7-1)

核心业务梳理是数字重庆建设的规定动作,也是业务流程再造和工作体系重塑、构建业务协同模型和数据共享模型的基础性、关键性工作。核心业务是指基于职权责任体系和阶段性重大任务所形成的基础、重点、应急等工作事项。对该事项进行系统的分析整理,并发现和解决其中的冗、堵、漏等问题,为推动业务流程再造和工作体系重塑创造条件,就是核心业务梳理主要包括以下三个方面。

一是对照上级部署的重大任务确定核心业务。将本单位工作主线、法定职责与当前需要落实上级部署的重大任务对接,明确本单位要完成的重点事项,将其作为核心业务。上级部署的重大任务包括党中央国务院及国家有关部委和市委市政府对本领域本地区本单位提出的重大工作要求。二是对照本单位当前需要解决的突出问题确定核心业务。将本单位工作主线、法定职责与当前基层企业群众反映强烈、亟待解决的突出问题对接,明确涉及本单位的重点事项,将其作为核心业务。三是避免核心业务梳理"碎片化"。各单位不能直接将"三定"的职能职责确定为核心业务,更不能将内设机构的业务确定为本单位核心业务,从而梳理出数十个"核心业务",造成核心业务"碎片化"。

2."V"模型应用——流程再造

拆解核心业务到业务事项,运用"V"模型方法,将核心业务拆解为一级业务、二级业务直至能独立支撑事项办理的最小颗粒度业务事项,找出二级业务、业务事项电子化运行的指标所对应的数据,形成数据集、数据项。

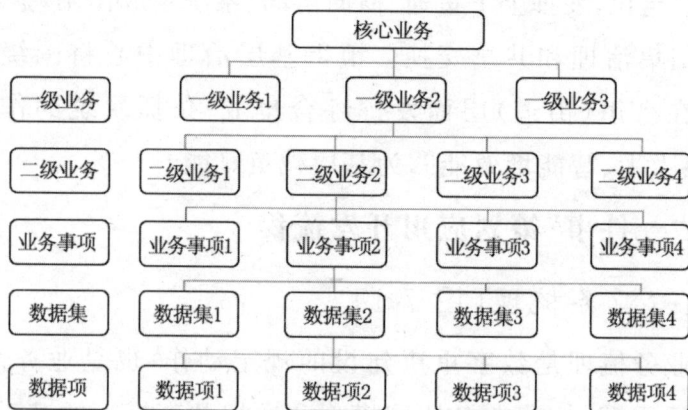

图7-1 数字化改革核心业务梳理

3.分类处置核心业务梳理结果,编制"三张清单"

对未发现问题的核心业务(图7-2),不需要开发数字化应用,也不需要再造业务流程,按照原工作流程落实重大任务即可;对存在问题但可以不开发数字化应用的核心业务,利用改革优化业务流程,完善工作体系,解决突出问题,推动重大任务落实。对存在问题且需要开发数字化应用的核心业务,按照"同类的归并、关联的协同"原则,对拆解出来的业务事项优化整合,形成二级业务;之后,将同一范围的二级业务归并成一个业务大类,形成一级业务。按照一级业务、二级业务、业务事项顺序,汇总形成新的业务层级及对应事项。核心业务集成图在优化整合过程中,加强路径分析、资源分析、指标分析、效能分析,以"一件事"思维构建多跨场景,谋划改革举措,解决流程不优、材料重复提交、协同不够等问题。整合重大任务需求、问题需求等内容,编制"需求清单";梳理整合构建的多跨场景,完善多跨数据共享和业务协同,以及贯通层级功能,编制"场景清单";梳理改革举措,编制"改革清单"。

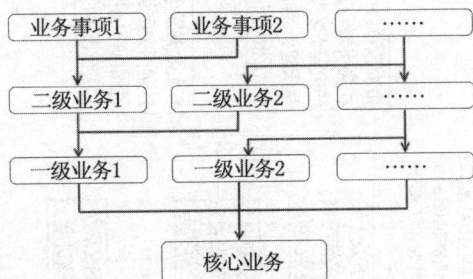

图 7-2　核心业务

4."一件事"应用策划开发

"一件事"指政务部门围绕推动发展、服务群众企业基层、深化社会治理,将分散在不同部门、业务关联、需求高频的多个"单项事",以数字化应用为载体,通过数据共享、业务协同、流程再造后,整合为"一件事"。按大类分,"一件事"可分为发展"一件事"、服务"一件事"、治理"一件事"(图 7-3)。

第一步,组织辖区各部门全覆盖开展核心业务梳理,按照"上接天线、下接地气"的要求,梳理提出各自在发展、服务、治理领域分别承担的重大任务、工作主线。第二步,选择其中困难问题相对多、能够通过数字化方式解决的一条核心业务主线,策划提出一个"一件事"事项,研究确定业务"起点",整理从"起点"到"终点"各环节业务办理现状,找准原关联业务在办理和流转时部门协同不够、闭环管理不足、数据共享不畅、责任边界不清等问题及具体表现,形成基于该"一件事"的"一图两清单"(业务流程图、关联业务事项清单、问题清单)。第三步,对照"一图两清单",以事项联办、工作联动、问题联治、风险联防为目标,设计塑造"一件事"场景,推动业务流程优化再造。对新的业务流程,逐环节明确工作体系、目标体系、责任体系、评估体系,以及工作协同的数据共享需求、破除堵点的改革举措需求,形成"新一图两清单"(新业务流程图、数据需求清单、改革清单)。

区县围绕重点领域策划开发"一件事"特色应用流程步骤图（1.0版）

开展核心业务梳理	谋划"一件"事项	编制"三张清单"	"一件事"应用	向对口市级部门及市级专题组备案	立项、开发、上线	推广

组织本区县部门（单位）全覆盖核心业务梳理
注：核心业务梳理方法详见《核心业务梳理指南》。

选择其中一条"需求最紧迫、问题最突出"的核心业务

策划"一件"事项名称、梳理形成"原一图两清单"

通过改革报表系统填报规范出的"一件"名称及内容

市委改革办审核是否纳入"名录库"
是／否

流程终止
注：市级部门已完成或拟新纳入的"一件"事项，区县不再重复策划。

通知区县部门（单位）启动"一件事"应用编制"三张清单"

通知区县部门编制"新一图两清单"
1个月内形成成果并经市委改革办审核通过
1个月内未形成成果或成果进度不够的次级回
流程终止
移除"名录库"

区县部门完成"三张清单"编制

区县数建办论证审查
通过／不通过

市大数据发展局查重
通过／不通过

区县数建办
在改革报表系统更新状态

市委改革办审核进度

通知编制部门完善后续流程

注：每一个"一件事"要应用编制"三张清单"，要应用"原、新一图两清单"梳理成果。
注：各区县参照形成"三张清单"，论证审查时结合本区实际执行。

区县"三张清单"编制部门

对口市级部门
备案

根据应用清单和跨部门、专题系统"三张"所属系统、报市级专题组备案
备案

启动立项和开发程序
注：各区县自行制定本区县绩效考核的数字应用开发管理办法。

应用开发上线后所有关情况状况区县数建办

区县数建办通过改革报表系统更新状态

市委改革办审核进度

市委改革办会同相关市级专题组研究谁推荐在数字重庆建设推进会汇报演示

市大数据发展局会同相关市级专题组研究组织在全市推广

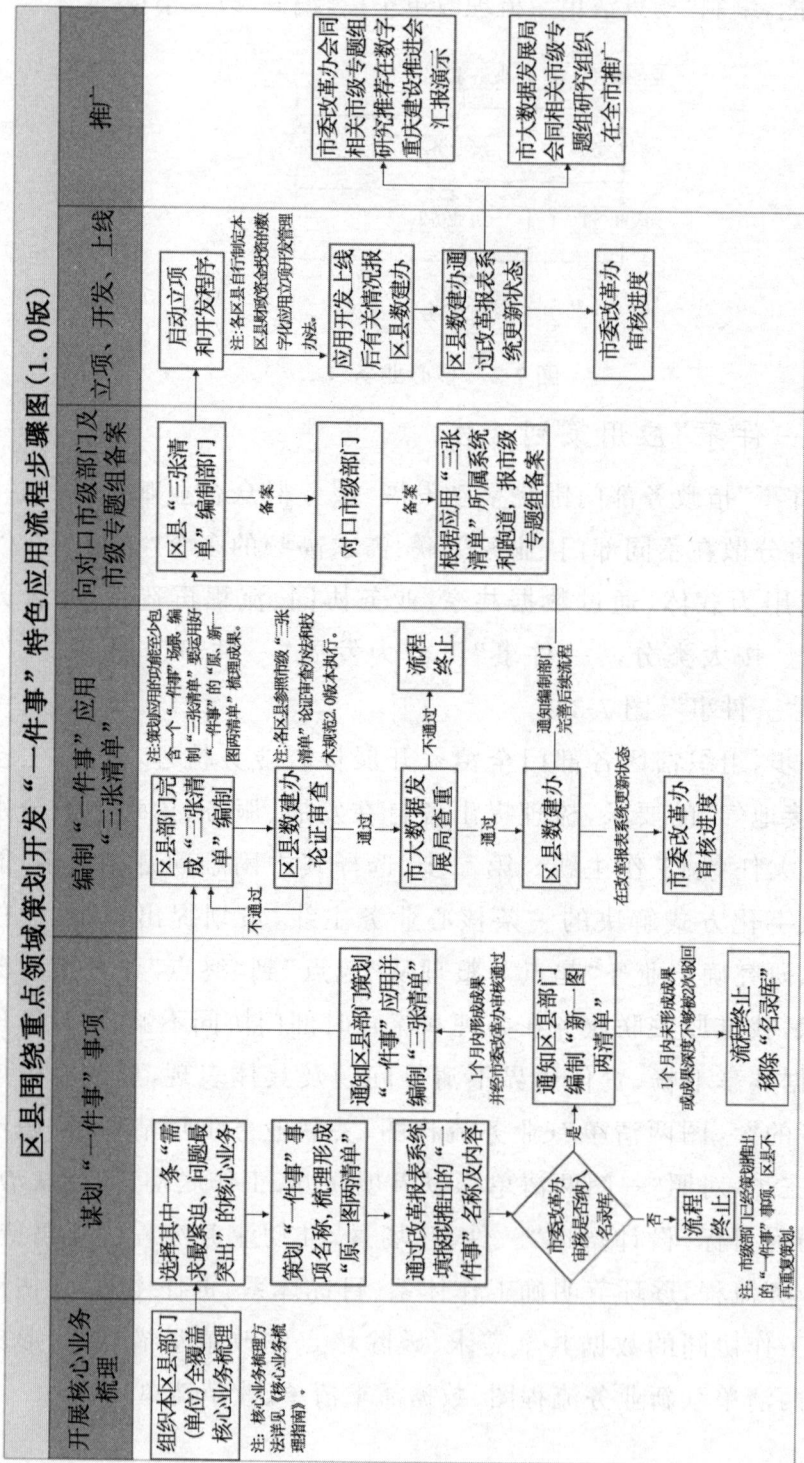

图7-3 "一件事"流程图1.0

第二节 数字化改革的难点和堵点

一、数字化转型的五大陷阱

在《"十四五"数字经济发展规划》公布之后，充分释放了政府加快发展数字经济部署的信号，数字化转型已成为摆在大小企业面前的重要课题。

企业的数字化转型，就是通过利用数字化技术，为企业引进数字化治理思想，升级数字化人才，驱动商业模式创新，数字化赋能企业经营和管理，最终使企业达到组织变革、管理变革、质量变革、效率变革。然而企业数字化转型容易掉入五大陷阱：

(一)把数字化转型当成项目，而非战略

战略要解决的是企业做什么和不做什么的问题。如同画画，战略更写意，项目更写实。战略是一个逐渐清晰的过程，而项目是有着明确目标和边界的，一个战略通常需要许多个项目来分解和落地。

企业数字化转型对每一家公司来说都是不一样的，都没有经验可以总结，都是看看行业怎么做，摸着别人的石头过河。所以，企业数字化转型是战略层面的，而不是具体项目层面的。那些试图"先上几个项目试试看"，分散数字化风险的做法，就是缺乏战略定力的表现，必将导致数字化转型的失败。

(二)缺乏对数字化的基本认知和底层逻辑

企业数字化转型并不是简单地买一套软件系统，企业就能长出数字化能力来。数字化转型本质上是通过数字化技术手段，对企业的商业模式进行创新再造，对企业经营和管理理念进行升级，对员工日常工作进行提质增效。

企业的数字化转型是有一套方法论的，结合先进的企业 IT 治理

理念，就能够让数字化转型事半功倍，提升数字化转型成功率。

（三）组织变革不到位，缺乏数字化人才

企业数字化转型，一定会涉及组织的变革，影响到一部分人的利益，这也是数字化转型会受到来自企业内部阻力的原因。

许多企业的 CIO/CTO 大多是空降兵。高级打工仔，没有意愿也没有能力驱动组织变革，他们通常只能对这只"烫手山芋"避而不见，从而导致企业在"伪数字化"的道路上渐行渐远。

（四）业务创新缺位阻滞价值增长

企业的数字化转型，最终是要给企业带去价值增量的。不论是颠覆式创新，还是渐进式创新，不论是眼下或是将来，不论是资本增值还是订单的增长，总归是要给企业带来切切实实的收益。否则，再漂亮的数字化战略都只是空中楼阁，无法落地，对企业也就没有任何意义。

（五）盲目崇拜咨询公司

很多传统企业盲目崇拜咨询公司，认为只要引进咨询服务就能够药到病除，以至于忽略了自身数字化人才的培养。以往那些优秀实践和经验的沉淀，很容易导致咨询公司的方法论水土不服，让咨询效果大打折扣，最终数字化转型以失败告终。

二、数字化转型的困境与难点

数字化转型不仅仅是一种战略，也是项目持续变革的一个过程，可能大家在筹划阶段都充满着信心和希望，但实施阶段往往会出现进展缓慢、效果不尽如人意的局面，有的可能以失败告终。

2021 年，埃森哲和国家工业信息安全发展研究中心发布的报告显示：中国领军企业开展数字化转型成效达到预期的只有 16%。这意味着，即便是那些要资金有资金、要人才有人才、要顾问有顾问、要技术有技术的领军企业，在开展数字化转型时，依然困难重重，超过

八成都没有达成管理者的变革预期。特别是对于工业企业来说，这种难度将超乎想象。

工业 4.0 时代，为什么数字化转型这么难？因为数字化转型的基本矛盾是企业全局优化的需求和碎片化供给之间的矛盾，企业的竞争是资源优化配置效率的竞争，而这样一个竞争需要在更大的范围、更广阔的领域进行全流程、全生命周期、全场景的数字化转型。

首先，工业企业通常拥有复杂而庞大的生产流程。这些流程包括原材料采购、生产制造、质量控制、库存管理等。在数字化转型过程中，需要将这些复杂的流程数字化，并通过信息技术进行整合和优化。然而，工业企业的流程繁多、环节复杂，数字化转型就变得异常困难。需要投入大量的人力、物力和财力，才能够完成对整个生产流程的数字化改造。

其次，工业企业的设备和设施通常具有较长的使用寿命。这意味着在数字化转型过程中，很可能需要对现有的设备进行升级或更换。这不仅需要大量的资金投入，还需要进行复杂的工程改造。而且，工业企业的规模通常较大，设备的更新周期也会相对较长，这也给数字化转型带来了一定的时间压力和成本压力。

再次，工业企业数字化转型还面临着技术和人才的挑战。在数字化转型过程中，需要运用各种信息技术，如物联网、大数据分析、人工智能等。这就要求企业拥有一支专业的技术团队，能够熟练运用这些技术工具，并将其应用于生产实践中。然而，目前市场上对于这些高技术人才的需求量大于供给量，这就导致了企业在数字化转型过程中面临着人才短缺的问题。

最后，工业企业数字化转型还需要面对一些文化和管理上的难题。在传统的工业企业中，人们习惯于使用纸质文件和手工记录的方式进行工作。而数字化转型要求企业改变传统的工作方式，采用电子化的信息管理系统。这就需要企业进行文化转变,并培养员工适应新的工作方式。此外,数字化转型还需要企业进行管理创新,建立起适应数字化时代的管理体系。这对于一些传统的工业企业来说,是一项极具挑战性的任务。

此外,数字化转型最大的难题在于中国农村经济的主体是以家庭为中心的小农经济,难以在生产端有效组织起数字化生产所需的人力、物力和财力,难以在销售端为市场提供大量质优价廉的品牌农特产品。随着大量农村劳动力向城市转移,导致从事农业的人口数量急剧下降。现在的"00后"几乎没有人愿意从事农业生产,农业数字人才短缺。我国将土地经营权交给农民,小农户、小地块的碎片化,导致生产经营的地块比较小、农业生产效率比较低。目前中国的农业机械化率较低,资源利用率低,成本高。农民涉农成本高、获利很少甚至为负数,导致其种地积极性较低。农产品销售比较困难,虽然有带货平台和网络电商,但让农民自家去做这种电商,很难做起来(图7-4)。

图7-4 农业大数据公共平台

农业数字化转型缺乏顶层设计,农村物流和网络基础设施建设薄弱,数字农业发展存在成本较高,数字农业人才不足,农业配套设施落后等问题。

第三节　改革场景和应用

一、教育领域数字化改革

2023年9月,武汉理工大学迎来2023级本科新生。9234名新生全部通过信息采集、人脸识别等智能化手段完成报到。学生报到、人车流动、食堂就餐、迎新接站等数据实时显示在学校智能运行中心的智慧大屏上,各职能部门通过数据驾驶舱实时优化资源,连线调度。

早上9时许,武汉理工大学南湖校区,此时正是新生入校的高峰期,校园内车水马龙,部分路段拥堵较为严重。在智能运行中心的智慧大屏上,显示此时段进校车辆数据远大于出校车辆数据,车位资源紧张。"是哪些地方堵住了? 有没有安排志愿者现场疏导?"在数字驾驶舱,校党委副书记孟芳兵要求切换到实景地图,调出多个点位的摄像头,查看现场行车情况,发现管理学院附近的主干道上拥堵较为严重,出校车辆通行困难,由此立即发出指令,要求增派人员前往现场疏导。约半小时后,智慧大屏的数据显示出校车辆增加了400多辆,校园内车辆拥堵的情况大为缓解。

在数字驾驶舱,学生反映的水、电、网等报修数据也能实时显现。一位新生反映,购买的收音机没有收到。看到这条信息,相关部门立即给这位学生打电话了解具体情况,不到5分钟就解决了问题。

数字文明下的教育领域改革可以从以下几个方面入手。①引入数字技术:在教学中引入数字技术,如在线课程、虚拟实验室、智能评估等,以提高教学效率和质量。②推广在线学习:将传统课堂转化为线上授课,让学生可以随时随地进行自主学习,并提供更加个性化的教学服务。③发展远程教育:利用互联网技术,建立起远程教育平台,在城市与农村之间、不同地区之间打破时间和空间的限制,促进资源共享。④提高信息素养:在教育过程中注重培养学生的信息素养,包括网络安全意识、信息搜索和分析能力等。⑤加强师资队伍建设:培养一支具备数字化思维和技能的师资队伍,为数字化教育提供有力保障。⑥探索新型评价方式:推广使用基于数据分析和人工智能的评价方式,打破传统考试模式的束缚,更好地反映学生真实水平。⑦推动创新发展:鼓励学生参与数字化创新和创业,提高学生的创新意识和实践能力。

二、医疗领域数字化改革

"电子接种证确实方便,每次带孩子打疫苗,只要拿上手机就可以了。"浙江省嘉兴市嘉善县居民张女士带孙女到罗星街道社区卫生服务中心接种疫苗时,通过扫描手机上的电子预防接种证照码,轻松完成预约取号、信息登记和接种核对,短时间内便完成了疫苗接种。

2022年,浙江省推进"预防接种一件事"改革,开展省县共建电子预防接种证改革项目,打造"浙里民生关键小事智能速办"应用。作为电子预防接种证试点县,嘉善县通过数据协同、线上线下融合,于同年6月16日推出全国首张电子预防接种证,打造线下智慧化接种门诊。随后,浙江省在全省范围内推广使用电子预防接种证。一年多以来,群众普遍反映,预防接种服务更加便捷、高效、安全。

电子预防接种证推广以后,已上线9年的浙江政务服务网一体化平台"浙里办"又添新功能。浙江省居民通过"浙里办"App或支付宝、微信的"浙里办"小程序入口,即可申领电子预防接种证,将同一个人不同年龄段的疫苗接种信息归总合一,随查随用,解决了一人多本证、纸质证明携带不便和接种信息查询难等问题。使用电子预防接种证可在全省接种门诊接受预约取号、登记、接种、留观等全过程预防接种服务,实现全程无纸化、全生命周期一证通。

数字文明下的医疗领域改革可以从以下几个方面入手。①推广数字化医疗:引入大数据、云计算、物联网等技术,建立起数字化医疗平台,实现患者信息共享和医疗资源整合。②提高远程诊断能力:利用视频会议、远程影像传输等技术,加强远程诊断能力,为偏远地区和无法前往医院的患者提供更好的服务。③智能医疗设备:推广使用智能医疗设备,如智能床垫、智能手环等,实时监测患者生命体征和健康状态。④促进药品信息化管理:将药品管理信息化,建立起全国统一的药品追溯系统,保障药品质量安全。⑤发展移动医疗服务:开展移动医疗服务,如在线问诊、预约挂号等,提高就诊效率和便捷度。⑥加强人工智能应用:在辅助诊断、精准治疗等方面应用人工智能技术,提高临床决策水平和治疗效果。⑦推动医学教育创新:加强医学教育的数字化建设,培养一支具备数字化思维和技能的医学人才队伍,为数字化医疗提供有力保障。

三、金融领域数字化改革

"扫码数字人民币,只需要一分钱即可体验香醇咖啡""开通数字人民币钱包,即可参与红包雨活动……"在2023年中国国际服务贸易交易会上,"数字人民币大道"全面升级为3.0版,并引入了潮流艺术集市、网络购物、网络直播、老字号、文化旅游等众多消费场景,吸引了大量关注。在数字时代大潮下,数字人民币的推出是中国经济数字化转型的重要一步,其不仅仅是一种支付工具,更是一种全新的金融创新,在为人民群众提供更加便利、安全、高效支付方式,促进金融创新的同时,也成为推动中国金融体系改革的重要一环,将为构建现代化经济体系和数字化社会作出积极贡献。我国数字人民币驶入发展"快车道"。在数字人民币应用场景逐渐丰富的背后,蕴含着对金融科技的深刻思考和对未来发展的远见。

数字文明下的金融领域改革可以从以下几个方面入手。①推动金融科技创新:引入人工智能、区块链等技术,推动金融科技创新,提高金融服务效率和质量。②优化支付体系:建立全球统一的支付体系,实现跨境支付的便捷和安全。③加强风险管理:利用大数据分析和人工智能等技术,加强风险管理,提高金融市场的稳定性和可持续性。④创新金融产品：推出符合数字经济需求的金融产品，如虚拟货币、数字证券等。⑤引导资本流向实体经济：通过税收优惠、财政补贴等方式引导资本流向实体经济领域，促进经济发展。⑥保护消费者权益：建立完善的消费者保护机制，加强对金融产品宣传、销售等环节的监管。⑦推广普惠金融：通过互联网技术和移动支付手段，为农村地区和中小微企业提供更加便捷的金融服务。

四、传媒领域数字化改革

2019年6月，在第23届圣彼得堡国际经济论坛上，新华社联合俄罗斯塔斯社和中国搜狗公司推出了全球首个俄语"AI合成主播"丽莎，出席论坛的世界媒体巨头为之注目。然而，早在2018年11月，在第五届世界互联网大会上，新华社联合搜狗发布了全球首个合成新闻主播——"AI合成主播"。事实上，早在2017年12月，新华社在中国新兴媒体产业融合发展大会上就已面向全球发布了中国第一个媒体人工智能平台——"媒体大脑"。一系列重大成果的推出运用，标志着新华社在媒体融合创新发展中处于世界媒体领先地位。

2023年是媒体融合发展作为国家战略整体推进的第十年。如何把握"数字中国"下的媒体新机遇，深化媒体融合，赋能媒体行业发展是面临的重要议题。

人工智能生成内容（AIGC）技术正在媒体行业中得到广泛应用，改变了媒体的生产方式和内容形式，提高了生产效率和用户体验。媒体机构应该把握下一个风口，实现更加快速和可持续的发展。媒体机构要深入了解AIGC技术的应用场景和作用机制，加强AI人才的培养和引进，建立强大的AI应用团队，与技术企业合作研发新的AIGC技术应用，并充分利用其在内容生产中的优势和特点，实现数字化转型。

数字文明下的传媒领域改革可以从以下几个方面入手。①推广数字化转型：加快传统媒体向数字化、网络化、智能化转型，建立数字化新闻生产流程和内容分发平台。②加强内容创新：推动内容创新，提高媒体的原创性和品质，满足用户多样化需求。③拓展跨界合作：与科技公司、互联网企业等开展合作，共同探索传媒与科技的深度融合。④注重精准营销：利用大数据和人工智能等技术实现精准营销，提升广告效果和用户体验。⑤保护知识产权：加强知识产权保护工作，维护良好的版权秩序。⑥加强自律管理：完善行业自律机制，规范行业发展秩序。⑦推动全球传播：利用互联网平台扩大国际影响力，推动中国传媒走向世界。

五、企业管理领域数字化改革

产值超 300 亿元的重庆钢铁，曾经也是乌烟瘴气，粉尘漫天的"傻大粗、厚笨重"劳动密集型企业，如今率先推进数字化变革，从而迅速蝶变为"高精尖、专精特"的行业链主企业。工人师傅守在中控室的大屏幕前，利用 AI 算法的智能系统，轻松地从云端对加热炉温进行精准控制。近年来，重庆钢铁投资 1.9 亿元实施加工车间数字化改造，实现了从原材料采购到成品钢出库的全生产工艺流程一体化智慧管控，打造了从生产现场分析、质量追溯、能耗管理到生产全方位协同等 10 多个数字化应用场景，几十个关键点位实现了全天候实时监测，搭建了可感知、可预警、可分析、可控制的轧钢数字化管控系统，智能化程度达到国内先进水平。管理人员决策能力大幅度提升，一线操作工人远离生产现场危险区域，企业生产效率提高了 30% 以上、运营成本降低了 18% 以上、人均产值提高了 80% 以上、产品不良品率降低了 20% 以上、能源利用率提高了 10% 以上，成为同行业数字化转型的示范企业。在这里，我们可以看到云计算等新一代信息技术与工业制造碰撞出的火花，正照亮工业企业数字化转型之路。

首先，数字化技术可以提高企业管理的效率和准确性。通过数字化工具，企业能够更加高效地收集、处理和分析大量的数据。这些数据可以帮助企业管理者更好地了解市场趋势、顾客需求以及内部运营状况。例如,企业可以借助数据分析工具来预测销售趋势,以便更好地制订采购计划和生产计划。此外,数字化技术还可以自动化许多烦琐的管理任务,如财务管理、人力资源管理和库存管理,从而减少人力成本和人为错误的发生。

其次,数字化技术可以提供更好的沟通和协作平台。在传统的企业管理中,信息的传递和共享通常需要通过传真、纸质文件或面对面会议来完成。这种方式效率低下,且容易出现信息丢失或误解的情况。而借助数字化技术,企业可以建立在线协作平台,实现实时沟通和信息共享。例如,企业可以使用云存储和共享工具来存储和共享文件,员工可以随时随地访问和编辑这些文件,提高工作效率和协作能力。另外,数字化技术还可以通过视频会议、即时通信工具等实现远程办公,使企业能够更好地利用全球化的资源和人才。

最后,数字化技术还可以提供更好的客户关系管理。通过数字化工具,企业可以更好地了解客户需求和行为,从而更好地满足客户需求。例如,企业可以利用数据分析工具来分析客户的购买历史和行为模式,以便更好地制定营销策略和个性化推荐。数字化技术还可以通过社交媒体和在线客服平台与客户进行实时互动,提高客户满意度和忠诚度。通过数字化技术,企业可以更好地与客户建立良好的关系,提升品牌形象和竞争力。

六、社会公共服务领域数字化改革

2023年10月,集合政务服务和城市运行的温州"城市大脑"正式上线,这是温州政府数字化转型的一个重大突破,标志着温州城市治理的现代化水平已迈上一个新台阶。

温州"城市大脑"是基于数据的城市治理中枢,旨在集成政府数字化转型成果和城市服务管理应用,更好赋能经济社会高质量发展,服务人民群众美好生活。"城市大脑"自今年3月启动建设以来,累计打通了169个业务系统、归集了14亿条数据,初步具备了实时感知、远程调度、应急指挥、便民惠民、开放共享等能力。

温州"城市大脑"1.0版综合集成了经济运行、社会治理、智慧公安、城市智管、交通畅行、医疗健康、文化旅游、生态环保、市民生活等方面的65个应用场景，引领城市迈入"数治之城"。项目突出整体智治，强化数字赋能，打造各地各部门数据汇集、系统集成、开放共享、有效联动的运行体系，实现"一城通办统管"。突出协同高效，把解决实际问题作为突破口，加快从"能办"向"好办"转变，让城市治理更高效、更便捷、更精准。突出便民惠民，持续拓展应用场景，方便更好地对接群众和企业需求。

数字文明下社会公共服务领域改革可以从以下几个方面入手。①推广数字化转型：加快公共服务向数字化、网络化、智能化转型，建立数字化的服务体系和管理平台。②注重数据应用：利用大数据和人工智能等技术进行数据分析，提高公共服务的精细化和智慧化水平。③优化服务流程：通过优化服务流程，提高公共服务效率和质量，满足群众多样化需求。④推动信息共享：加强政府部门之间以及政府与社会组织之间的信息共享，实现资源整合和协同发展。⑤推广在线办事服务：方便群众办理各种业务，缩短等待时间。⑥加强安全保障：加强网络安全保障措施，确保公共服务系统的安全可靠运行。⑦提高便民利民水平：通过数字技术手段提供更加便捷、高效、优质的公共服务，提高人民群众的获得感和幸福感。

第八章

数字时代的公平与正义

数字化让全社会更加开放、包容、透明、共享。数字化变革的本质就是要打破行业壁垒、破除权力寻租、消除暗箱操作，让社会更加公开、公平、公正，让每一个人都有机会参与到社会的监督、管理中，让每一个机构都能实现多跨融合，但是数字时代仍充满隐忧：数据隐私泄露、贫富差距等使得数字鸿沟、数字不公平问题依旧凸显；数字纠纷案件时有发生，数字正义还待法制化。以"数字"促"法治"，坚持"法治""数智"双轮驱动，平等融入数字社会、参与数字生活、共享数字红利，让公平正义可观、可感、可触。法治让数字公平正义离老百姓更近了。

第一节　数字调查带你在"数"字里感受公平

当前，数字化正深刻影响着人们的生产方式、生活方式和治理方式，实现数字公平无疑是实现经济社会全面公平发展的重要前提和基本保障。随着以大数据、云计算、物联网等为代表的新一代信息技术的快速发展和普及，数字化已渗透到经济社会发展的各领域，数字鸿沟、数字不公平等一系列问题逐渐凸显，并引发各界对于数字公平的关注。对此，人民智库通过互联网和微信平台发起"数字公平，您怎么看"问卷调查，结果如下：

(1)我国公众数字公平感普遍较高,在性别、年龄、收入、地区和阶层上存在显著差异。

(2)数字公平具有层次性,公众对于数字结果公平和基础公平关注度高,对能力公平的认知相对较低。在数字时代,数字公平作为最为基础性的公平,对其他方面公平的影响也日益显著。

(3)当前数字公平整体体现在基础设施的享有和使用层面,公众享受到的数字化红利多表现在信息获取便捷、精神文化生活丰富和服务优化,而政治参与机会和收入增加方面的体现相对较少。

(4)公众享有的数字基础公平、能力公平、结果公平在代际、地区间均存在显著差异,"50后""60后"、西部地区人群感受到的数字不公平较多(图8-1)。

(5)要素资源的错配、经济发展动力不足、民生改善迟缓是数字不公平最突出的负面影响。提高公众数字技能和数字素养、推动数字公共服务普适普惠,是治理数字不公平问题的关键。

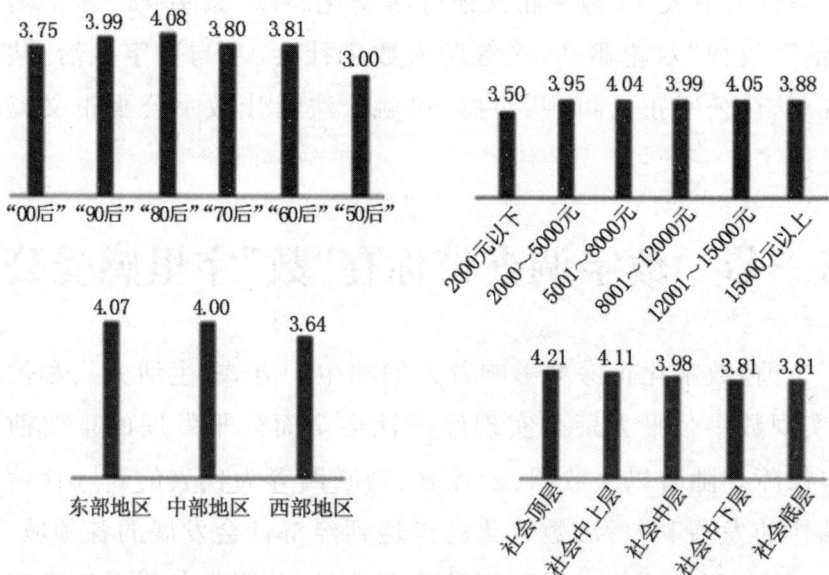

图8-1 不同年龄、收入、地区和阶层受访者数字公平感得分

调查表明,对于数字不公平的负面影响,受访者认为其负面影响表现在如下方面:"要素资源的错配"(48.04%)、"经济发展动力不

足"（46.92％）、"民生改善迟缓"（46.75％）、"治理效能低下"（45.08％）、"产业升级乏力"（43.27％）。数字不公平除了会影响个体的公平感和干事动力外，还会影响经济运行的效率和动力，影响治理的效果和成效。

一、结果分析

（一）调查揭示了数字不公平最突出的负面影响的原因

数字本身就是重要的生产要素，也是重要的治理工具，数字不公平背后折射的是数字资源分配的不公平以及人的数字化素质能力差异、数字化红利享有不公平三个层面，必然会导致资源要素错配、产业和经济发展乏力以及社会治理效能降低、民生改善迟缓等问题。

（二）调查表明公众认可政府部门在维护数字公平方面的权威性

在数字时代，政府部门掌握着海量公共数据，如何释放数据的潜能，满足公众对公共数据获取和利用的需求，促进经济高质量发展、实现社会公平正义，已成为政府部门亟须面对的重大挑战。调查表明：公众认可政府部门在维护数字公平方面的权威性，有55.79％的受访者认为，"当前海量公共数据由政府及相关部门掌握，这是现阶段维护数字公平的重要保障"。鉴于此，政府部门要主导一个健全的公共数据资源体系，统筹公共数据资源开发利用，推动基础公共数据安全有序开放，保障各社会主体平等使用数据。

同时，政府部门要时刻注意数字不公平带来的影响，采取有效手段进行治理。若治理手段不合理，不仅会加剧数字不平等的现象，而且会有损政府的形象。调查显示，50.19％的受访者认为，"如果政府在维护数字公平方面做得不好，那么不管之后其怎样努力，这种'不好'的印象也很难消除"。为此，政府部门要制定全面、系统的数字治理对策，着重解决好数字基础设施建设、弱势群体的接入和使用以及数字化红利公平分配等关键性问题。

数字企业特别是大型数据及数字技术企业已经成为推动数据要素配置和数字技术创新的主要力量,为推进数字化进程做出重要贡献。然而,有些企业为满足特定诉求,借助数字资源优势,通过不正当手段进行牟利,造成个人信息泄露、算法歧视、数字垄断等一系列问题,损害公众和其他企业利益,加剧了数字不公平现象。因此,数字企业应自觉遵守法律法规,依法经营,主动承担社会责任,尤其要强化对受到数字经济冲击的弱势群体的保障帮扶。

(三)调查给出了治理数字不公平问题的关键

在问及"促进数字公平,哪些方面需要进一步强化推进"时,调查显示,"提高公众数字技能和数字素养"(33.25%)、"推动数字公共服务普适普惠"(33.03%)、"促进数字基础设施更广泛覆盖"(32.34%)为更多受访者所选择。与此同时,依据调查结果,在提高数字素养和技能方面,还可以通过建立数字教育和培训体系(30.15%)、提高党政干部数字化能力和水平(29.94%)等方式。

除此之外,调查结果还表明,"推动数字资源合理开放共享"(30.28%)、"处理好政府和市场关系"(30.28%)、"完善数字化治理体系"(29.94%)能够在政府主导下激发市场主体创新活力,筹集更多资源,并取得更高的效率,有效预防和治理数字不公平问题,这也是有关部门今后应重点加强的一项工作。同时,"提高技术自主创新能力"(29.16%),能够为数字化健康均衡发展提供动力和支撑,也有利于减少数字不公平现象。

二、调查意义

人民对日益增长的美好生活的需要强调的是公平的重要性,因为"人民美好生活需要日益广泛,不仅对物质文化生活提出了更高的要求,而且在民主、法治、公平、正义、安全、环境等方面的要求也日益增长。"我们要"扎实推进共同富裕""正确处理效率和公平的关系""促进社会公平正义、促进人的全面发展"。可见,公平对推动经济高质量发展、治理体系和治理能力现代化具有重要意义。

第二节　数字化社会中个人隐私面临的挑战与应对策略

一、个人隐私安全的重要性

随着互联网的普及和技术的发展、数字化时代的到来,我们的生活、工作和社交日益依赖于互联网和数字技术,个人信息不断传播和共享、个人数据正日益成为商业和政府机构的宝贵资源,隐私安全也受到前所未有的威胁,隐私保护成了一个重要的社会议题。

隐私安全是维护个人自由和尊严的基本权利。在数字化时代,我们的大部分活动都在线上进行,包括社交媒体互动、在线购物、医疗记录和金融交易等。这些活动产生了大量的个人数据,包括我们的姓名、地址、电话号码、社交关系、购买记录和健康信息等。如果这些信息被不法分子窃取或滥用,将会对我们的生活造成严重的影响。

保护数字隐私是维护个人权利和自由的重要一环,它涉及信息安全、个人权利、商业利益以及社会稳定等多个方面。然而,这也带来了个人信息泄露和滥用的风险,我们的个人数据如同赤裸裸地暴露在空中,给我们的隐私带来了巨大挑战。

二、个人隐私面临的挑战

(1)数据泄露:数据安全是当今社会面临的一个最重要的挑战之一,数据泄露经常会导致个人的敏感信息被不法分子获取,例如姓名、住址、社交账号、银行卡号等,给个人财产和人身安全带来威胁(图8-2)。

图 8-2 个人隐私面临的挑战

（2）网络追踪和黑客攻击：在互联网上采取的各种行为都会留下数字足迹，包括搜索记录、网站浏览和公开信息等，这些足迹可以被网络公司或黑客用来跟踪你的具体位置、兴趣点和行踪，从而暴露更多的隐私信息。

（3）虚拟身份被盗用：由于许多服务都需要用户进行身份验证，而通过盗用虚拟身份可以获得大量的敏感信息，比如个人邮箱地址、信用卡信息等。

（4）社交工程：不法分子可以通过伪装成信任的实体，如银行或政府机构，来欺骗人们提供个人信息，如密码或社会安全号码。

（5）侵犯版权和网络霸凌：在数字化社会中，难免会涉及版权、隐私和名誉权等问题。网络霸凌、网络暴力、网络谣言等行为不仅会损害个人权益，也会导致社会的不稳定和恶性循环。

（6）隐私侵犯：一些公司可能会搜集和分析我们的在线活动，以了解我们的偏好和习惯，然后用于广告定位和个性化推荐，这其实也会侵犯我们的隐私。

（7）大数据分析：别有用心的组织或个人，通过汇总分析大量的个人数据来识别个人习惯和行为模式，这也会导致对我们隐私的侵犯。

三、应对策略

（1）加强个人数据安全意识：个人应该时刻警惕数据安全问题，避免使用没有加密保护或软件安全性不够的网站，不随意泄露个人敏感信息,避免使用易受攻击的公共 Wi-Fi 网络等。

(2)教育和意识提高:提高对社交工程和网络欺诈的意识,教育自己和家人如何识别和避免这些威胁。

(3)强密码和多因素认证保护:选择好的账户密码,使用强密码、避免使用简单密码,建议启用多因素认证来保护您的在线账户,不同应用使用不同密码,降低黑客入侵的风险。

(4)隐私工具和加密:使用虚拟专用网络(VPN)来加密互联网连接,使用加密通信工具来保护您的消息隐私。

(5)合理处理或掌控自身信息泄露:个人应该掌控信息公开的数量和范围,限制信息被获取的渠道,最大限度地保护自己的隐私。在不需要公开信息时,绝不公开个人资料和照片等。

(6)定期检查隐私设置:定期检查社交媒体和在线服务的隐私设置,确保只有必要的人能够访问您的个人信息。

(7)定期监测信用报告:定期监测您的信用报告,以检测任何未经授权的信用活动。

(8)支持隐私法律和法规:支持并遵守适用于个人数据处理的隐私法律和法规,这些法律旨在保护个人数据安全和隐私权。

(9)维权申诉:一旦遭受到隐私泄漏、网络霸凌等行为的侵犯,可以进行维权申诉,利用现有法律手段维护自己的合法权益。同时,在网络中培养良好的社交习惯,确保网络身份安全,积极应对网络言行等问题。

在数字化时代,个人隐私所面临的挑战不容小觑、保护个人隐私安全至关重要。隐私威胁层出不穷,但通过采取适当的策略,如强密码、多因素认证和教育提高、个人应该加强数据安全和网络安全意识、积极参与维权申诉,就可以大大降低风险。此外,企业和政府也有责任保护个人隐私(图 8-3),确保我们的数字世界更加安全、可信。只有共同努力,我们才能在数字时代享受到更大程度的隐私安全。

图 8-3　数据保护

第三节　数字化转型中的教育公平问题与解决措施

一、何为教育公平、为什么强调教育公平

教育公平指国家在对教育资源进行配置时依据的合理性的规范或原则。这里所说的"合理"是指要符合社会整体的发展和稳定,符合社会成员的个体发展和需要,并从两者的辩证关系出发来统一配置教育资源。2022 年 3 月,新华社联合百度发布的《大数据看 2022 年全国两会关注与期待》显示:教育公平位居教育改革第 10 位。

教育公平主要包括三个层次:确保人人都享有受教育的权利和义务,提供相对平等的受教育的机会和条件,教育成功机会和教育效果要相对对等,即每个学生接受同等水平的教育后能达到一个最基本的标准。

为什么强调教育公平? 在理论上,教育公平是社会公平的基础,高质量是全球各国教育发展的目标和方向。在实践上,我国当下,城乡、东西部等教育差异依然显著,教育公平仍面临着严重考验。在时间上,我国依然在应试教育牢笼中,课业负担重、学校教育制度僵化等现象依然存在。

二、数字化转型下教育公平问题主要表现

数字化转型带来的教育不公平主要表现为数字鸿沟、数字素养和教师培训等。

(1)数字鸿沟：由于地域、家庭背景等原因，一些学生无法获得良好的计算机和网络设备，无法享受到数字化教育带来的便利。这会导致他们在数字技术方面的知识和能力不足，进而影响到他们未来的职业发展。

(2)数字素养：虽然数字技术已经成为现代社会不可或缺的一部分，但是许多学校仍然没有将数字素养纳入课程体系中。这使一些学生在竞争中处于劣势地位。

(3)教师培训：由于教师缺乏数字化教育方面的知识和技能，他们可能无法有效地利用数字工具来提高教学效果。这也会导致一些学生无法获得最新的、最优质的教育资源。

三、推进数字化教育公平的措施

可依靠促进教育资源均衡分配、打破地域和时间限制、提供个性化教育、降低教育获得门槛、开发与利用数字化教育资源等措施来推进教育公平。

(一)促进教育资源均衡分配

教育资源的分配问题一直是制约我国教育公平的重要因素之一。数字化教育平台可以让教育资源更加均衡地分配到不同地区和学校，从而解决资源匮乏和不均衡的问题(图8-4)。一方面，教育平台可以提供全国范围内的数字化教育资源，为全国各地的学生提供相同的学习机会和平台，从而消除了地理位置的限制，使得学生可以

获得更加公平的教育资源。另一方面,数字化教育平台还可以通过在线直播、远程教学等方式,让优质教育资源更加有效地传递到基层学校和教育机构,从而解决资源分配不均衡的问题。

此外,数字化教育平台还可以通过智能化的学习推荐系统,让每个学生都能够获得最适合自己的教育资源和学习方式,进一步提高教育资源的利用率和公平性。

图 8-4　数字化学习环境

(二)打破地域和时间限制

数字化转型可以打破地域和时间限制,使得学生可以在任何时间、任何地点通过互联网获取教育资源,进而解决地域和时间限制所带来的不公平问题,让每个学生都有机会参与到教育中来。一是学生可以通过网络上的教育平台随时随地地学习,不必再受到交通、时间等因素的限制,从而获得更加自由和灵活的学习方式。二是数字化教育平台还可以提供多种学习资源,如视频、音频、课件等,让学生可以根据自己的需求和兴趣进行学习,提高学习的效率和兴趣(图 8-5)。三是数字化教育平台还可以通过在线互动、在线答疑等方式,让学生和教师之间的交流更加便捷高效,从而提高教育的质量和效果。四是数字化教育平台还可以让学生随时随地地进行学习成果的评估和反馈。

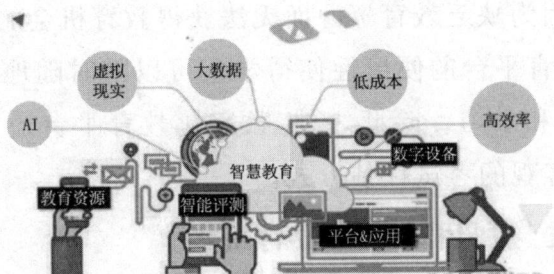

图 8-5　智慧教育

(三)提供个性化教育

数字化转型可以提供更加个性化的教育,为每个学生提供个性化的学习内容和学习方式,满足不同学生的学习需求,进而提高教育的质量和效果。

数字化教育平台可以通过对学生进行数据分析和智能化推荐等,为每个学生提供适合自己的学习内容和学习方式。数字化教育平台可以根据学生的学习情况和兴趣,推荐相应的学习资源和学习方案,让每个学生都可以根据自己的需求和特点进行学习。此外,通过数字化教育平台的个性化教学服务,教师可以根据学生的学习情况和特点针对性地进行教学,提供更加具有针对性和个性化的教育服务。数字化教育平台还可以根据学生不同的学习情况和表现,提供相应的反馈和建议,帮助学生更好地了解自己的学习情况和难易点,从而更好地调整自己的学习计划和方向。

(四)降低教育获得门槛

教育获得门槛是制约教育公平的主要因素之一。许多学生因为经济原因而无法获得优质的教育资源和机会,导致了教育不公平现象的加剧。而数字化转型可以降低教育获得门槛,让更多的学生能够获得教育机会。

学生可以通过网络学习课程,减少由于地理位置和交通等原因带来的时间和经济成本。同时,数字化教育平台的学习资源更加丰富和多样化,学生可以根据自己的需求和兴趣选择相应的课程和学习资源,避免因为缺乏教育资源而无法获得教育机会的问题。

数字化教育平台的便捷性使得学生可以随时随地与教师和其他学生进行交流和学习。除此之外,数字化教育平台还可以为学生提供更加公正、客观的考试评估方式。

(五)开发与利用数字化教育资源

(1)数字化教材的开发:数字化教材是指利用数字化技术制作的,具有交互性、可视化、动态化和个性化特点的教材。

数字化转型的发展为数字化教材的开发提供了技术支持和条件。其中,数字化教材的个性化特点使得教育资源更加丰富多彩,可以根据学生的兴趣、能力、水平等进行定制,从而提供更加适合学生的学习内容和学习方式。这种个性化的教育资源可以满足不同学生的需求,促进教育公平的实现。与此同时,数字化教材还可以提供更加丰富、生动、互动的学习内容,使学生更容易理解和掌握知识,从而提高学习效果。数字化教材的开发还可以促进教学方式的改革,为学生提供更加丰富、多样化的学习方式,如基于虚拟现实技术的学习、游戏化学习、在线互动等,使得学生可以更加主动地参与到学习中,提高学习效果和学习兴趣。

数字化教材的开发需要考虑学生的经济水平和技术条件,确保学生都能够获得数字化教材的学习机会。同时,数字化教材的质量也需要得到保证(图 8-6)。

图 8-6　教育数字化

(2)在线课程的利用:在线课程是指基于网络技术在线上开展的课程。随着数字化转型的不断发展,越来越多的学校开始利用在线课程进行教学。利用在线课程可以不受时间、地点的限制，让学生随时随地参与到教育中，提高教育的公平性和普及率，解决地域和时间限制所带来的不公平问题。同时，在线课程还可以提供更加便捷、低成本的教育方式。利用在线课程可以降低学生和家庭的经济负担，即提供更加低成本的教育方式，让更多的学生能够获得教育机会。

（3）数字化图书馆的建设：数字化图书馆是指将实体馆藏的图书数字化处理，并在互联网上提供在线检索、阅读、借阅等服务的图书馆。数字化图书馆的建设可以解决由于地域限制所带来的不公平问题。传统的图书馆往往需要学生到馆内进行借阅，这对于一些地理位置较为偏远或教育资源较为匮乏的学生来说，会造成较大的不公平。而数字化图书馆则可以打破地域限制，让学生可以随时随地借阅图书，提高教育的公平性和普及率。同时，数字化图书馆还可以提供更加便捷、低成本的图书借阅服务。

数字化图书馆可以降低学生和家庭的经济负担，提供更加低成本的图书借阅服务，让更多的学生能够获得图书资源。数字化图书馆的建设还可以提供更加多样化的图书类型和学科领域，满足学生的个性化需求，促进教育公平。

数字化图书馆可以突破这些限制，提供更加多样化的图书馆藏，让每个学生都能够获得自己所需的图书资源。数字化图书馆的建设也需要注意到版权保护的问题。在数字化处理过程中，需要遵循相关版权法规，保护图书原著作人的合法权益。

四、解决教育不公平的其他措施

（1）加强基础设施建设：政府需要投入更多资金来改善农村和贫困地区的基础设施，并向低收入家庭提供补贴，以确保他们能够获得数字化教育所需的设备和网络。

（2）引入数字素养课程：学校将数字素养纳入课程体系，并为学生提供必要的培训和支持。这有助于提高学生在数字技术方面的知识和技能,使他们能够更好地适应未来的职业发展。

(3)加强教师培训:政府和学校需要投入更多资源来培训教师,使他们掌握数字化教育方面的知识和技能,并有效地利用数字工具来提高教学效果。

五、未来,数字化转型下的教育会更公平

未来,数字化转型在教育公平方面将会发挥越来越重要的作用。数字化教育技术将为教育公平提供更多的机会和资源,如在线教育、远程教育等,使得学习变得更加灵活、便捷。

数字化转型也需要更多的投入和支持,以便更好地应对可能带来的挑战,如数字鸿沟、数据隐私泄露等问题。同时,可以进一步深入探讨数字化转型与教育公平的关系,为数字化转型在教育领域的应用提供更加科学的理论依据。另外,还需要探讨数字化转型如何更好地服务于教育均衡和教育质量提升。未来数字化转型下的教育会更公平。

第四节 数字时代中知识产权
公正问题与解决措施

一、数字时代,知识产权保护公正问题

在数字时代,知识产权保护公正问题是一个越来越重要的话题。随着数字技术的发展,知识产权的创造和传播方式也发生了巨大变化。同时,知识产权保护面临着新的挑战和困难。以下是一些可能涉及的知识产权保护公正问题:

(1)数字盗版:数字技术使得知识产权可以轻松地复制和传播。这也导致了数字盗版现象的普遍存在,对原创作者造成经济损失,并影响到知识产权保护的公正性。

（2）知识产权滥用：在某些情况下，企业或个人可能会滥用他们所拥有的知识产权，例如滥用专利、商标等来限制竞争或者压制市场价格。

（3）跨境侵权：随着全球化进程不断加速，跨境侵权问题也逐渐凸显。因为各国之间法律法规不同、执法标准不一致以及司法系统存在差异等情况，跨境侵权问题给知识产权保护带来了新的挑战。

二、数字时代，知识产权保护的不公正问题的解决措施

为了解决知识产权保护的不公正问题，我们可以采取以下措施：

（1）加强知识产权保护力度：政府应该加强对知识产权的保护力度，制定更加完善的法律法规，并加强执法力度。

（2）推广数字版权技术：数字版权技术可以有效地防止数字盗版，提高知识产权保护公正性。政府和企业应该积极推广数字版权技术，并鼓励原创作者使用这些技术来保护自己的作品。

（3）强化跨境合作：各国之间应该加强合作，共同打击跨境侵权行为。同时，各国之间也应该建立相互信任、协商一致的机制来解决知识产权保护问题。

总之，知识产权保护的公正问题是一个复杂而严峻的问题。解决这个问题需要政府、企业、社会各方共同努力，通过协作与创新来实现知识产权保护的公正性。

第五节 数字经济利益分配公平问题及解决措施

一、数字经济利益分配不公平问题

数字经济是指以数字化技术为基础的经济活动，包括电子商务、互联网金融、物联网等。随着数字经济的快速发展，数字经济利益分

配公平问题也逐渐凸显。以下是一些可能涉及的数字经济利益分配不公问题：

(1)平台巨头垄断：一些大型互联网公司在数字经济领域占据主导地位，通过垄断市场和数据资源来获取巨额收益。而小型企业和个人则往往面临竞争压力和生存困境。

(2)数字劳动力剥削：随着数字技术的发展，越来越多的人从事网络工作或者平台劳动。然而，在某些情况下，这些工作者可能会遭受低薪、长时间工作、缺乏保障等问题。

(3)数据隐私泄露：在数字经济中，数据被认为是最重要的资源之一。然而，在某些情况下，数据可能被滥用或者泄露，对用户造成损失，并影响到社会稳定性。

二、数字经济利益分配不公问题的解决措施

为了解决这些问题，我们可以采取以下措施：

(1)加强监管力度：政府应该加强对数字经济领域的监管，防止大型互联网公司垄断市场和数据资源，并制定相关法律法规来保障小型企业和个人的合法权益。

(2)建立数字劳动力保护机制：政府和企业应该建立数字劳动力保护机制，确保工作者能够获得公平的报酬、良好的工作条件和社会保障。

(3)加强数据安全保护：政府和企业应该采取措施加强用户数据安全保护，避免数据泄露和滥用，并为用户提供必要的数据隐私保护服务。

总之，数字经济利益分配公平问题是一个复杂而严峻的问题。解决这个问题需要政府、企业、社会各方共同努力，通过协作与创新来实现数字经济的持续发展。

第六节　以数字正义推动
更高水平的公平正义

一、何为数字正义

数字正义是适应时代变化和科技发展,推动以在线化、智能化的方式来预防与化解纠纷,最大限度便利当事人,并降低诉讼成本。

进入数字时代,人们的工作、生活都已与数字化无缝衔接,对公平正义的期盼与需求也是全方位的。因此,数字正义是指公平正义在数字时代、数字应用、数字空间实现的方式与程度,包括但不限于在线解决纠纷,还涵盖了数字空间治理、数字技术伦理、数字安全保护等各个方面。体现在诉讼服务和司法审判领域是更好地运用"数字技术",缩小"数字鸿沟",建立"数字信任",推动"数字治理",服务"数字经济",让人民群众全方位地感受到公平正义,是"更高水平的数字正义"的基本内涵。

数字正义是人类发展到数字社会对公平正义更高水平需求的体现,是数字社会司法文明的重要组成部分,也是互联网司法的最高价值目标。数字正义以保护数字社会主体合法权益为出发点,以激励和保护数字经济依法有序发展为原则,以互联网司法模式的深度改革和高度发展为保障,以多方联动的数字治理为手段,以满足数字经济高质量发展对司法的新需求、规范数字空间秩序和数字技术应用伦理、消减因数字技术发展带来的数字鸿沟,进而实现数字社会更高水平的公平正义这一目标。

二、数字正义的维度

数字正义主要是在政府指导下,通过法院、司法以及互联网司法来实现的。数字正义可以从以下几个维度来理解:

第一，数字正义必须以法治思想为指导，符合社会主义核心价值观，贯彻新发展理念。数字正义的实现水平是数字社会司法文明发达程度的重要标准。

第二，数字正义是对人类正义观的丰富，二者既一脉相承，又具有明显的发展和进步，主要体现数字社会、数字经济的时代特征和正义需求，以满足数字经济高质量发展对司法的新需求、规范数字空间秩序和数字技术应用伦理为主要价值目标。

第三，数字正义是不断发展的，在数字社会发展的初级阶段，数字正义的实现是以互联网审判模式的完善和有效运行为基础，互联网法院作为互联网司法模式的探索者、先行者，应当成为数字正义创造和输出的引领力量。

第四，互联网法院是以数字方式生产正义，生产数字空间的正义，公正高效的在线审判是基础、裁判规则的持续输出是核心、规则的有效执行和遵守是目标。

第五，在数字技术的支撑下，实现正义的效率更高、更精准，但对于数字技术应用产生的数字鸿沟、技术向恶等问题则需要通过机制和规则的完善予以弥合，以促进数字技术创新活力不断释放。

第六，数字经济发展和数字技术不断进步，新类型纠纷不断出现，社会主体对数字正义的需求必然会更加多元化。更高水平的数字正义需要社会各方协同的数字治理才能实现。

【案例8-1】　　　　"浙江全域数字法院"改革

以数字正义保障"公正与效率"。近年来，浙江省高级人民法院坚持以习近平新时代中国特色社会主义思想为统领，围绕"公正与效率"的永恒主题，以"世界眼光"的站位和"整体智治"的理念，大力推进智慧法院建设和互联网司法创新，推动创造更高水平数字正义。从"平台＋智能"建设探索、无纸化办案模式创新，到全面推进"全域数字法院"改革，沿着从"数字建设""数字应用"到"数字改革"的发展路径，全力打造新时代全域数字法院变革高地。运用数字化手段，不增编、不建房，一根网线、一块屏，把指导调解、化解纠纷、线上诉讼、普法宣传、基层治理等司法服务，送到群众家门口，送法下乡，种法进乡，打造一站式诉讼服务、多元解纷、基层治理的最小支点。全省建成共享法庭 27448 个，覆盖 100% 的镇街、97% 以上的村社以及众多行业协会、调解组织、社会团体等，化解纠纷 18.85 万件，纠纷就地化解率 76.32%，开展网上立案、在线诉讼、协助执行 22.05 万件次，普法宣传 5.98 万场、325.07 万人次，受到基层和群众的广泛好评，推动司法服务向基层末梢延伸。

第七节 数字法治让公平正义离老百姓更近了

一、数字正义成为人类进化与重生关注的新问题

从计算机到互联网，从人工智能到万物互联，人类社会正在经历数千年未有之变局。当互联网科技带来巨大生活便利的同时，也成为达摩克利斯之剑。从网络过度使用，我们开始关注数字健康问题；从 Facebook 个人信息泄露，开始反思当人的一切喜怒哀乐被数据化、算法化、货币化所带来的危害；从基因编辑婴儿案件，开始担忧科技伦理缺失可能导致的无法预估的风险。在万象更新的数字世界，如何实现正义成为人类进化与重生中的新问题。

全球数字正义理论的开创者伊森·凯什与奥娜·拉比诺维奇·艾尼所著《数字正义——当纠纷解决遇见互联网科技》（下称《数字正义》）首次提出了互联网世界里的数字正义理论，指出数字正义理论将会逐步取代传统正义理论，成为数字世界的原则和准绳。数字正义理论具有一种划时代的意义，不仅是正义理论研究中重要的里程碑，也是我们通向未来、了解未来、掌握未来的指令与代码。

二、构建数字法治,让人民群众感受法律的高效、公平与正义

2022年12月4日,是第九个国家宪法日,2022年也是我国现行宪法公布实施40周年。学习宣传贯彻党的二十大精神,推动全面贯彻实施宪法,是未来各行各业要全面落实的重要工作。坚持依宪治国、依宪执政是全面依法治国的首要任务,在宪法公布40周年的今天,法律人应思考,依法治国有什么新任务?

法律是治国之重器,良法是善治之前提,二十大报告对良法善治注入了新内容——"以人民为中心"。在新时代,贯彻"以人民为中心",实现良法善治,需要多点开花。就生产模式而言,我国正在从工业时代转向数字时代,数字时代的良法善治,需要构建数字法治,充分利用数据资源和数字技术,实现国家治理体系与治理能力的现代化,进一步让人民群众感受到法律的高效、公平与正义。

【案例8-2】 因智而彰——湖北智慧法院建设成果回顾

扫描二维码,当事人就可以接通法官办公电话;轻触屏幕,法官就可以查询不动产信息;足不出户,双方当事人就能实现在线诉讼……在日新月异的数字化时代,这一幕幕智能化场景正在成为湖北法院法官们的工作日常。近年来,湖北法院将现代科技与法院工作深度融合,持续推进以智能化、一体化、协同化、泛在化、自主化为特征的湖北法院信息化建设,努力创造更高水平的数字正义,为全省法院更好地服务湖北、加快建设全国、构建新发展格局先行区提供了智慧支撑。

三、数字法治是良法实现的一个重要保障

长期以来,世界许多国家都存在私权保护低效的问题。例如,美国旧金山移民法庭的案件平均等待时间为1113天。同样,我国法院系统也面临着"案多人少"的困境。在传统的审判模式下,当事人去法院递交诉状、开庭应诉、申请执行等,需要花费巨大时间与经济

成本。

数字法院让良法更有效率。近年来,我国法院先后推出移动微法院、全域数字法院、智慧法庭等措施。当事人可以通过小程序立案、在线打官司,不用舟车劳顿,就可以直接在手机 App 上在线提交证据、远程开庭。对一些金融、借贷等简单案件,智慧审判系统可以直接智能化地输出判决。而且,数字法院一切留痕,各地法院不断利用大数据技术,实现类案推送,保障了同案同判的公平性。有了数字技术的加持,打官司从高成本、低效率、易腐败的无奈之举,逐渐变成了高效、便捷、阳光的私权胜利之路。从"马锡五审判方式"到"全域数字法院",中国法院正在向全球展示"以人民为中心"的司法模式。

四、数字法治是实现善治的利器

以人民为中心,不仅需要良法,更需要善治。一方面,善治需要实现治理能力的现代化。长期以来,老百姓办事难、看脸色办事的情形在基层时有发生。近年来,数字化改革对推动"以人民为中心"的行政模式发挥了巨大作用。例如,浙江省推动"让数据多跑路、让群众少跑路"的行政改革,实现了"最多跑一次",并正在朝"一次不用跑"的目标前进,大大提高了行政效率。实践证明,群众去政府大楼的次数少了,对政府工作的满意度反而提高了。另一方面,善治还需要治理的文明化。任何国家都有违法犯罪行为存在,也需要对少数越轨者采用强制措施、惩罚手段。

在现代社会,各国都在追求文明化执法,在数字法治的建设过程中,我国实现了执法文明程度的跨越式发展。例如,杭州市检察院推出全球首个"非羁码",取保候审等非羁押人员在手机上下载 App 后,每日打卡报告行踪,司法机关在后台通过数据技术定位嫌疑人的位置、了解其活动情况,就可以实现数字化监管,凸显司法的文明性。

五、数字法治必须遵循宪法,以防止数据权力被滥用

数字法治是新时代落实良法善治的利器,但也需要防止数据滥用。依据宪法,我国先后颁布了《个人信息保护法》《网络安全法》《数据安全法》等法律。这些法律保障着数字法治"为民服务"的正确方向,防止某些机构滥用数字技术侵犯人民群众利益。换言之,数字法治建设必须遵循宪法,任何机构都应当按照宪法的要求行使数据权力。

数字法治既是对宪法中"依法治国"的具体落实,也是对宪法中"法治国家"的内容丰富。党的二十大之后,"以人民为中心"的良法善治必将全面升级,数字法治是从生产形态角度对这一新任务的回答。对内而言,数字法治是落实"为民服务"的有力帮手;对外而言,数字法治是展示"以民为本"的制度样本。用数据让法律服务于人民,中国正在勾画未来法治蓝图。

【案例8-3】　　　　　正义提速、企业敢干

苏州"数字法院"释放数字红利。"仅用半个月,便高效化解了企业金融纠纷,帮企业度过最难阶段。2023年,公司将投入研发新技术,争取能够开拓国际市场。"对新的一年,江苏众志新禹环境科技有限公司法人李小虎充满信心。在"苏州中小微企业司法金融纾困联动平台"启用后的首案中,苏州法院推动银行将该企业的贷款纠纷纳入该联动平台,通过数字平台联动数据共享,在线制订纾困方案,及时将企业拉出困境。作为全国经济优等生,法治是苏州营商环境的最硬内核!近日,苏州市中级人民法院发布了司法服务保障"企业敢干"18项举措,提出要"有效降低涉诉企业解纷成本",强调"持续推进数字法院建设"。从曾经闻名全国的"苏州模式——千灯方案"到如今打造非互联网法院的互联网司法"苏州方案",苏州法院的每一次"智慧进阶",带来的是审判效率呈几何级增长,更让企业享受到了司法"数字红利",节约的是实打实的"真金白银"。公平公正、高效有感的司法保障成为苏州广大企业"敢干"的重要底气。

结语　拥抱数字新时代

　　万物数字化开启了一次重大的时代转型,大规模生产、共享和应用数据正在改变我们的生活、生产方式以及我们的思维,成为新机遇、新挑战。各种商业模式、创新方式正蓄势待发。未来的世界是人工智能驱动的世界,数字化浪潮已经成为世界新一轮经济和科技发展的重要战略制高点。

　　未来的经济,数字产业化、产业数字化必将成为发展的一条新路径,一种新趋势,需要每一个企业和创业者树立数字思维,共同努力、上下协同。大数据、大算力、强算法成为人工智能的三大技术支撑,将推动以 ChatGPT 为代表的人工智能发展迈向新天地。未来的数字化转型将加快推动新技术与传统产业的深度融合,更多推动交互场景的呈现。无人驾驶,今后将成为一种常态,智能穿戴、人机交互、智慧医疗、智慧旅游、智慧教育、智慧城管、智慧工厂将彻底改变人类生存环境、生产方式、生命价值。

　　在不久的将来,数据孤岛、行业壁垒将会被数字共享、多跨协同所取代。数据正成为巨大的经济资产,成为新世纪的石油与矿山,成为创造新产品、新服务、新业态的生产要素,带来全新的创业方向、发展模式和投资机会。数据的归集、清洗、确权和交易,将成为千行百业竞争力的来源,也将成为综合国力竞争的关键因素。全数字化颠覆才是最大的危机和机遇,产业的感知力、科学的决策力、高效的执行力是全数字化漩涡的最大竞争力。未来产业、未来行业、未来企业如果不面对全数字化,将会瞬间被颠覆。

　　未来的产业,分行业、分产品的大模型和对应的商业模式才是王道,谁不遵从谁就会被打倒。人类前三次文明都是缓坡式前进,此次数字文明,将会让未来产业拔葱式上升,而非螺旋式增长。科技含量高的产业将会在未来数字化颠覆中受到最大的冲击,相反,相对传统的产业受到的冲击较小，这就是未来产业的一种趋势线。

多跨协同是数字化转型的关键。数字化转型不是单个企业、单个行业、单个专业、单个部门、单个领域、单个地区、单个层级的行为，而是跨层级、跨部门、跨区域、跨系统、跨专业高效协同的结果，只有多跨协同才能避免数据孤岛。数字化转型必将使全社会的产业协同升级，而只有打通数据在产业链条中的流转，才能发挥数字化转型的作用。当前我国经济发展面临需求收缩、供给冲击及预期减弱三大挑战，中央明确提出，经济的复苏要通过加快推进数字化转型，依靠技术进步，数据要素市场化来实现，形成新的数字经济生态，其重要性可见一斑。

历史实践表明，科技革命和产业革命对任何国家而言，都既是机遇，也是挑战。我们要充分认识到数字化进程中的风险与挑战，如不公平正义、隐私泄露、数字鸿沟、人工智能的道德问题等；也当勇立潮头、迎接挑战、兼收并蓄、扬长避短，拥抱数字文明新时代，一起逐梦数字未来！

人类的经济、政治、社会、文化和科学门类都将在数字时代发生本质上的变化，进而影响人类的价值体系、知识体系和生活方式，推动组织体系重构、价值体系重塑、生产关系重建，改变社会的公平与正义、民主与法制。未来的世界充满着无限可能，数字世界将催生更多的创新和变革。

人类需要智慧，更需要智治。大数据与云计算、区块链、机器换人并不是一个只有算法和算力的冰冷世界，它们提供的不是人类生活的终极答案，人类的作用依然无法被全面替代。在这一次数字化浪潮，中国在很多领域有着创新和领先的地位，只要我们以开放的心态、执着的信念和创新的勇气拥抱数字文明新时代，就一定会抓住历史赋予中国的新机遇，让数字科技为人类创造更加美好的未来！

参考文献

[1] 张冬梅,姜志敏. 中国民间数字风俗渊源考[J]. 邵阳师专学报,1995(3):21-23.

[2] 伊森·凯什,奥娜·拉比诺维奇·艾尼所. 数字正义——当纠纷解决遇见互联网科技[M]. 赵蕾,赵精武,曹建峰,译. 北京:法律出版社,2019.

[3] 洪学军. 数字赋能共治共享创新引领数字正义推动新时代互联网司法高质量发展[R]. 法治网,2022(7).

[4] 党的十九届五中全会《建议》学习辅导百问[J]. 当代党员,2020(23):65.

[5] 邓仁娥. 马克思恩格斯选集[M]. 北京:人民出版社,2012.

[6] 商务国际辞书编辑部. 现代汉语词典[M]. 北京:商务印书馆国际有限公司,2020.

[7] 刘坤. "东数西算"让数字化"脚步"更快更稳[N]. 光明日报. 2022-02-28.

[8] 李宝花,孟雨涵. 插上科技翅膀,元宇宙文旅项目迎来高速发展期场场爆满背后,上海政策和市场都走在前[N]. 解放日报,2023-10-04.

[9] 黄忠. 揭秘宜昌精细化工"样板工厂",全智能化生产车间无须人操作[N]. 极目新闻,2023-10-17.

[10] 梅宏. 数据治理之论[M]. 北京:中国人民大学出版社,2022.

[11] 中国电子与清华大学数据治理工程联合课题组. 2021 中国城市数据治理工程白皮书[R]. 北京:中国电子信息产业集团有限公司,清华大学,2021.

[12] 观研报告网. 中国机器人行业发展趋势分析与未来前景研究报告(2022—2029 年)[R]. 北京,2022.

[13] 许诗军. 云上企业战略与发展设计框架[R]. 深圳综合开发研究

院,阿里云,2021.

[14]B. Danette Allen. Digital Twins and Living Models at NASA
[R].NASA,2021.

[15]新华社.关于抓好"三农"领域重点工作确保如期实现全面小康
的意见[R].北京,2020.

[16]罗杰.基于大模型的代码生成及其发展趋势[R].北京 WAVE
SUMMIT 深度学习开发者峰会,2022.

[17]沈寅飞.度小满开源千亿参数金融大模型"轩辕"[N].经济参考
报,2023-05-31.

[18]中国信息通信研究院,京东探索研究院.人工智能生成内容
(AIGC)白皮书[R].北京,2022(9).

[19]刘晓林.汽车芯片自主率不足 10% 智能网联时代芯片瓶颈越来
越高[N].经济观察网,2022-12-20.

[20]赵宇豪.数字孪生的应用与发展[N].光明网,2022-03-11.

[21]徐银.META 第一届元宇宙大会暨元宇宙元年颁奖盛典在沪举
办[N].新华社,2021-12-15.

[22]李宝花.文旅融合、科技助推,上海一批新兴文旅项目火出圈
[N].上观新闻,2023-10-02.

[23]国瀚文.区块链第三方存证平台的司法应对[R].人民法院报,
2022(10).

[24]顾阳.我国绿色电力交易试点正式启动——绿电消费有了"中国
方案"[N].经济日报,2021-09-09.

[25]王聿昊,张辛欣.年增长率近 30% 我国算力总规模全球第二
[N].新华社,2023-04-11.

[26]比尔·盖茨.未来之路[M].北京大学出版社,1996.

[27]工信部科技司、办公厅、工信微报.徐晓兰出席 2023 世界物联网
博览会[R].无锡,2023(10).

[28]谢良兵.车联网先导区"国家队"再扩容,为什么是这三个地方?
[R].新京报评论,2023(5).

[29]David Reinsel,JohnGantz,JohnRydning. 数据时代 2025[R]. IDC,2017.

[30]梅宏.大数据与数字经济[J].求是,2022(2):28-34.

[31]GB/T 37393—2019.数字化车间通用技术要求[S].北京:中国机械工业联合会,2019.

[32]赵秋玥.最强生产力|管江勇:领先行业的秘诀就在于以用户为中心[R].新华网,2022(8).

[33]何习文."安全生产楚天行"|长青生物:打造化工"智造"样板工厂[R].湖北省人民政府门户网站,2023(10).

[34]叶子.全球"灯塔工厂"中,超 1/3 位于中国——制造业加速迈向数字化[N].人民日报海外版,2022-03-15.

[35]汪淼.全球最新一批 18 家"灯塔工厂"发布,中国增至 50 家排名第一[R].IT 之家,2023(1).

[36]王琛伟,贾彦鹏.把握数字化机遇构筑制造业新优势[N].经济日报,2023-09-05.

[37]王连香,李楠桦.航天科工发布航天云网工业互联网操作系统和产业数字大脑 2 项创新成果[J].中国新闻网,2022(8).

[38]唐海燕.全球价值链分工、新发展格局与对外经济发展方式新转变[J]华东师范大学学报(哲学社会科学版),2021(5):212-225.

[39]赵鸿宇.河北馆陶:数字农业助力农民增收农业增效[N].新华网,2023-03-29.

[40]彭程.惠农网:打造农业全产业链大数据服务平台[N].国际商报,2021-09-24.

[41]高晗."慕课西行"实现教育资源共享——新疆师范大学与扬州大学同上一堂课[N].新华社,2022-04-20.

[42]张金加.亚洲电子体育官方赛事"亚运征途"在澳门开幕[R].新华网,2023(6).

[43]朱彩云.支付宝发布助力实体经济年度报告:降费让利超百亿元[N].中国青年报,2023-01-10.

[44]李子晨.促消费稳增长服务业数字化大有可为[N].国际商报, 2023-05-22.

[45]中国人民银行.关于手机支付业务发展的指导意见[R].北京,2014.

[46]温源.试点地区数字人民币交易额破千亿元[N].光明日报, 2022-10-13.

[47]戴丽娜,郑乐锋.人脸识别技术应用的机遇与挑战[N].光明日报,2019-12-26.

[48]周靖杰.网商银行发布"大雁系统"超500家品牌接入供应链金融进入数字化时代[N].新华网,2021-10-14.

[49]叶晓珺,汪浩.又见大罚单网商银行被罚超2200万元[N].每日商报,2022-02-08.

[50]用友平台与数据智能团队.一本书讲透数据治理:战略、方法、工具与实践[M].机械工业出版社,2011.

[51]梅宏.数据治理之论[M].中国人民大学出版社,2020.

[52]王伟玲,涂子怡.提升数据治理能力,撬动数据要素市场[J].科技日报,2021.

[53]央视新闻客户端.让数据可确权、可流通、可交易构筑数字经济发展新优势[EB/OL].中央网络安全和信息化委员会办公室,2023.

[54]赵家瑞.长沙机场联合中兵智航打造"数据治理工程"助力智慧机场迈入快车道[N].新华网,2023-05-30.

[55]董建国,王思北.2022年我国数字经济规模达50.2万亿元[N].新华社,2023-04-27.

[56]许诺.中国信通院何宝宏:数据安全是激发企业创新活力的关键保障[J].新京报,2023.

[57]ISC.ISC 2022数字安全创新能力全景图谱[R].上海,2022.